解析几何

邢　妍　杨在荣　编

西南交通大学出版社

·成都·

图书在版编目（ＣＩＰ）数据

解析几何 /邢妍，杨在荣编. —成都：西南交通
大学出版社，2010.8（2014.12 重印）
ISBN 978-7-5643-0803-2

Ⅰ.①解… Ⅱ.①邢… ②杨… Ⅲ.①解析几何
Ⅳ. ①O182

中国版本图书馆 CIP 数据核字（2010）第 162042 号

解析几何

邢 妍　杨在荣　编

*

责任编辑　张宝华
封面设计　墨创文化

西南交通大学出版社出版发行
四川省成都市金牛区交大路 146 号　邮政编码: 610031
发行部电话: 028-87600564
http://www.xnjdcbs.com

四川森林印务有限责任公司印刷

*

成品尺寸: 170 mm×230 mm　　印张: 15
字数: 269 千字
2010 年 8 月第 1 版　　2014 年 12 月第 2 次印刷
ISBN 978-7-5643-0803-2
定价: 29.80 元

前　言

　　解析几何是几何学的一个分支，是近代几何的基础，是大学数学系的基础学科．它的许多概念和方法在代数、分析、微分几何、力学、物理等领域有着广泛的应用，它是用代数的方法研究空间几何图形的一门学科．

　　在本书编写过程中，主要遵循了以下几点：内容上力求简洁明了；强调各种代数式的几何意义；重视几何直观性；突出解析几何的基本思想和基本方法；加强与中学内容的衔接；拓广学生的知识视野，用克莱因的群论观点鸟瞰几何体系．

　　本书的知识体系如下：

　　第一章　向量代数：注重与中学内容衔接，开始时暂不引进坐标系，目的是让学生更好地掌握向量本身的运算，强调向量的各种运算的几何意义和在几何中的应用；在此基础上再通过向量引进坐标系（主要是仿射坐标系和直角坐标系），用坐标进行向量运算．

　　第二章　空间平面和直线：主要是用向量法和坐标法建立平面和直线的方程，并通过方程讨论它们的仿射性质和度量问题．

　　第三章　特殊曲面和二次曲面：曲面与空间曲线的方程；对有较为明显的几何特征的球面、柱面、锥面和旋转曲面等特殊曲面，从图形出发，讨论曲面的方程；从二次曲面（椭球面、双曲面、抛物面）的方程出发，讨论其图形与性质．

　　第四章　二次曲线的一般理论：从代数角度研究二次曲线的构造规律；将二次曲线的代数理论与几何理论相结合；利用直角坐标变换，给出二次曲线的化简及分类．

　　第五章　变换群与几何学：主要介绍几何学的另一种方法——克莱因变换群的思想，并用此思想处理平面欧氏几何、仿射几何、射影几何的内容；从较高观点的角度鸟瞰几何体系；揭示各类几何的本质和它们的内在联系. 第五章介绍基本概念，注重直观理解，引申数学思维. 我们这样做的目的主要是考虑解析几何的内容不能过于贫乏，不能仅局限于欧氏几何；为了引导学生从欧氏几何中"跳出来"，必须拓宽学生的视野，提高学生的认识层次，及时传达现代数学思想、数学方法和发展精神. 本章内容可根据各学校的实际情况做灵活安排处理，如选讲一部分或做专题介绍或让学生课外阅读等等.

附录介绍了线性代数的相关内容及坐标变换.

本书书末附有答案及提示，供学生及时核对.

我们在编写过程中，参考了苏步青等著的《空间解析几何》，朱鼎勋、陈绍菱著的《空间解析几何》，王敬庚、傅若男编著的《空间解析几何》，吕林根、许子道编的《解析几何》，宋卫东编的《解析几何》等等，特向原作者表示衷心地感谢.

本书初稿的打印，得到了张鹏同学的大力帮助，在此，向他表示诚挚的谢意！

鉴于笔者的水平有限，书中有些内容的处理方法不一定妥当，错误也在所难免，诚恳地希望大家批评指正.

作 者

2010 年 4 月

目　　录

第一章　向量与坐标

解析几何的基本思想是用代数的方法研究几何问题. 为了把代数运算引入几何研究中, 必须将几何结构进行系统的代数化. 一般地, 可以通过坐标系将几何结构代数化. 另外, 也可以不通过坐标系而直接通过向量将之代数化. 有时则需先引进向量及其运算, 再通过向量建立坐标系, 使得点能用有序数组(称为点的坐标)来表示、图形能用方程来表示, 进而将几何问题转化成代数问题, 用代数方法研究几何.

向量是数学的基本概念之一, 有时用向量解决几何问题比用坐标更简洁. 若将向量法与坐标法相结合, 则能够更为简捷地把几何的形象和关系代数化. 由此, 向量代数是研究几何问题, 特别是空间几何问题的有力工具. 不仅如此, 向量在其他一些学科, 例如在力学、物理学等学科中也是解决问题的有力工具.

为了使读者更好地掌握向量自身的运算和各种运算的几何意义, 以及在几何中的应用, 本章将在中学里已掌握向量知识的基础上, 先讨论向量及其运算, 然后再引进坐标系以及用坐标进行向量运算.

第一节　向量及其线性运算

一、向量的概念

现实世界中的量, 有些只要取定了某个单位, 就可以用一个实数把它们表示出来, 如长度、面积、时间、质量、温度等. 这种只有大小的量叫做数量. 而有些量, 它们不仅有大小, 还有方向, 如位移、速度、加速度、作用在物体上的力等, 仅用一个数是不能表示它们的本质的. 这种既有大小又有方向的量叫做向量.

定义 1.1 既有大小又有方向的量叫做**向量**.

向量用有向线段来表示. 有向线段的长度表示向量的大小, 有向线段的方向表示向量的方向, 有向线段的始点和终点分别叫做向量的始点和终点. 以 A 为始点, B 为终点的向量记作 $\overrightarrow{AB}$ (见图 1-1), 向量还常用 $\vec{a}, \vec{b}, \vec{c} \cdots$ 来表示 (见图 1-2); 排印时为了方便有时用黑体字 $\boldsymbol{a}, \boldsymbol{b}, \boldsymbol{c} \cdots$ 来表示(见图 1-3).

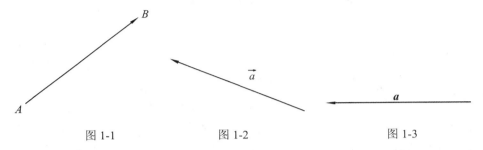

图 1-1   图 1-2   图 1-3

向量的大小叫做向量的**模**(或向量的**长度**). 向量 $\overrightarrow{AB}$ 与 $\vec{a}$ 的模分别记作 $|\overrightarrow{AB}|$ 与 $|\vec{a}|$.

模为零的向量叫做**零向量**, 记作 $\vec{0}$. 它是始点与终点重合的向量. 零向量的方向不确定, 或者说零向量的方向是任意的, 可根据需要来选取它的方向.

模等于 1 的向量叫做**单位向量**. 如果 $\vec{a} \neq \vec{0}$, 那么与 $\vec{a}$ 同向的单位向量叫做 $\vec{a}$ 的单位向量, 记作 $\vec{a^0}$.

定义 1.2 若两个向量的模相等且方向相同, 则这两个向量称为**相等向量**. 向量 $\vec{a}$ 等于 $\vec{b}$, 记作 $\vec{a} = \vec{b}$.

规定：所有的零向量都相等.

定义 1.3 若两个向量的模相等且方向相反, 则这两个向量称为**互为反向量**.

向量 $\vec{a}$ 的反向量记作 $-\vec{a}$.

显然, $\overrightarrow{AB}$ 与 $\overrightarrow{BA}$ 互为反向量, 即

$$\overrightarrow{AB} = -\overrightarrow{BA} \quad \text{或} \quad \overrightarrow{BA} = -\overrightarrow{AB}$$

例如, 在平行四边形 $ABCD$ 中(见图 1-4), 有

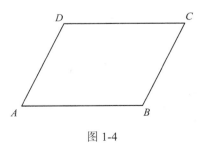

$$\overrightarrow{AB} = \overrightarrow{DC}, \quad \overrightarrow{AD} = \overrightarrow{BC}$$

$$\overrightarrow{AB} = -\overrightarrow{CD}, \quad \overrightarrow{AD} = -\overrightarrow{CB}$$

图 1-4

向量由两个要素——大小和方向决定, 与它的始点无关. 因此我们可以

根据需要把一个向量任意的平行移动,移动后的向量仍代表原向量,或者按需要把一组向量归结到共同的始点.

如果向量 $\vec{a}$ 与 $\vec{b}$ 所在的直线相互平行,那么,就称向量 $\vec{a}$ 与 $\vec{b}$ **相互平行**,记作 $\vec{a} /\!/ \vec{b}$. 仿此,可以得到一个向量与一条直线平行或一个向量与一个平面平行的概念.

定义 1.4 平行于同一直线的一组向量叫做**共线向量**. 平行于同一平面的一组向量叫做**共面向量**.

显然,零向量与任意向量共线,共线向量必共面,任意两个向量必共面.

二、向量的加法和减法

在物理学中,位移与力都是向量. 连续两次位移,先从点 O 位移到点 A,再从点 A 位移到点 B,其结果仍然是一个位移——从点 O 位移到点 B,即两次位移 $\overrightarrow{OA}$,$\overrightarrow{AB}$ 的结果为位移 $\overrightarrow{OB}$. 位移的这种合成方法可以用一个三角形表示(见图 1-5).

作用于同一点的两个力的合力,可以用平行四边形来表示,两个力 $\overrightarrow{OA}$,$\overrightarrow{OB}$ 的合力就是以 $\overrightarrow{OA}$,$\overrightarrow{OB}$ 为邻边的平行四边形 $OACB$ 的对角线向量 $\overrightarrow{OC}$ (见图 1-6).

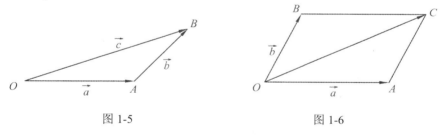

图 1-5 图 1-6

位移与力的这种合成法则具有普遍意义.

定义 1.5 给定空间两个向量 $\vec{a}$ 与 $\vec{b}$,在空间任取一点 O,作 $\overrightarrow{OA} = \vec{a}$,$\overrightarrow{AB} = \vec{b}$,则向量 $\overrightarrow{OB} = \vec{c}$ 叫做向量 $\vec{a}$ 与 $\vec{b}$ 的**和**,记作

$$\vec{c} = \vec{a} + \vec{b} \quad \text{或} \quad \overrightarrow{OB} = \overrightarrow{OA} + \overrightarrow{AB} \tag{1-1}$$

这种求两个向量的和的方法叫做向量加法的**三角形法则**. 求两向量 $\vec{a}$ 与 $\vec{b}$ 的和 $\vec{a} + \vec{b}$ 的运算叫做向量的**加法**.

由定义 1.5 我们不难得到:

(1) 当 $\vec{a}$ 与 $\vec{b}$ 同向时, 有

$$|\vec{a}+\vec{b}| = |\vec{a}|+|\vec{b}| \tag{1-2}$$

(2) 当 $\vec{a}$ 与 $\vec{b}$ 反向且 $|\vec{a}| \geq |\vec{b}|$ 时, 有

$$|\vec{a}+\vec{b}| = |\vec{a}|-|\vec{b}| \tag{1-3}$$

(3) 当 $\vec{a}$ 与 $\vec{b}$ 不共线时, OAB 构成三角形, 则

$$|\vec{a}+\vec{b}| < |\vec{a}|+|\vec{b}| \tag{1-4}$$

由(1-2)和(1-4)式可得向量加法的三角形不等式:

$$|\vec{a}+\vec{b}| \leq |\vec{a}|+|\vec{b}| \tag{1-5}$$

当且仅当 $\vec{a}$ 与 $\vec{b}$ 同向时取等号.

类似地, 我们还可以从力的合成法则——平行四边形法则中抽象出向量加法的另一定义.

定义 1.6 设 $\overrightarrow{OA}=\vec{a}$, $\overrightarrow{OB}=\vec{b}$, 则以 $\overrightarrow{OA}$, $\overrightarrow{OB}$ 为邻边的平行四边形 $OACB$ 的对角线向量 $\overrightarrow{OC}=\vec{c}$ 叫做向量 $\vec{a}$ 与 $\vec{b}$ 的**和**, 记作 $\vec{c}=\vec{a}+\vec{b}$.

这种求两个向量的和的方法叫做向量加法的**平行四边形法则**.

由向量相等的定义和图 1-6 不难知道, 向量加法的三角形法则和平行四边形法则是一致的, 只不过平行四边形法则不适用于共线向量.

定理 1.1 向量加法满足如下运算律:

(1) 交换律: $\vec{a}+\vec{b}=\vec{b}+\vec{a}$.

(2) 结合律: $(\vec{a}+\vec{b})+\vec{c}=\vec{a}+(\vec{b}+\vec{c})$.

(3) $\vec{a}+\vec{0}=\vec{a}$.

(4) $\vec{a}+(-\vec{a})=\vec{0}$.

(1)与(2)由图 1-7 和图 1-8 立即可证. 请读者自行证明. (3)与(4)由定义 1.5 显然成立.

由于向量加法满足交换律与结合律, 所以三向量 $\vec{a},\vec{b},\vec{c}$ 相加就不必再用括号来表示它们的运算顺序, 简记为 $\vec{a}+\vec{b}+\vec{c}$. 而且可将之推广到有限个向量相加的情形, 即有限个向量 $\vec{a}_1,\vec{a}_2,\cdots,\vec{a}_n$ 的和, 记为 $\vec{a}_1+\vec{a}_2+\cdots+\vec{a}_n$.

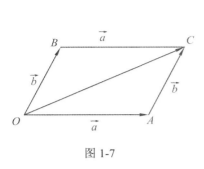

图 1-7

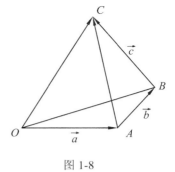

图 1-8

如果从空间任意点 O 开始，依次作

$$\overrightarrow{OA_1} = \vec{a}_1, \quad \overrightarrow{A_1A_2} = \vec{a}_2, \quad \cdots, \quad \overrightarrow{A_{n-1}A_n} = \vec{a}_n$$

得一折线 $OA_1A_2\cdots A_n$(见图 1-9)，那么向量 $\overrightarrow{OA_n} = \vec{a}$ 就是 n 个向量 $\vec{a}_1, \vec{a}_2, \cdots, \vec{a}_n$ 的和，即

$$\vec{a}_1 + \vec{a}_2 + \cdots + \vec{a}_n = \vec{a}$$

或

$$\overrightarrow{OA_1} + \overrightarrow{A_1A_2} + \cdots + \overrightarrow{A_{n-1}A_n} = \overrightarrow{OA_n}$$

这种求向量的和的方法叫做向量加法的**多边形法则**.

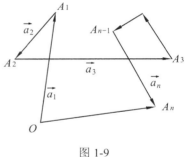

图 1-9

向量加法的三角形不等式可推广到有限个向量的情形，即

$$|\vec{a}_1 + \vec{a}_2 + \cdots + \vec{a}_n| \leqslant |\vec{a}_1| + |\vec{a}_2| + \cdots + |\vec{a}_n| \tag{1-6}$$

向量的减法定义为加法的逆运算.

定义 1.7　如果 $\vec{b} + \vec{c} = \vec{a}$，那么向量 $\vec{c}$ 叫做向量 $\vec{a}$ 与 $\vec{b}$ 的**差**，记作 $\vec{c} = \vec{a} - \vec{b}$.

由向量 $\vec{a}$ 与 $\vec{b}$ 求它们的差的运算叫做向量的**减法**.

由定义 1.7 和向量加法的三角形法则可得向量减法的几何意义(见图 1-10):

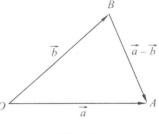

图 1-10

$$\overrightarrow{OA} - \overrightarrow{OB} = \overrightarrow{BA} \tag{1-7}$$

即将两向量归结到共同的始点, 则由减向量的终点指向被减向量的终点的向量为两向量的差向量.

根据定义 1.7, $\vec{c}=\vec{a}-\vec{b}$, 则

$$\vec{b}+\vec{c}=\vec{a}$$

在等式两边都加上 $-\vec{b}$, 得

$$\vec{b}+(-\vec{b})+\vec{c}=\vec{a}+(-\vec{b})$$

所以 $$\vec{c}=\vec{a}+(-\vec{b})$$

从而 $$\vec{a}-\vec{b}=\vec{a}+(-\vec{b})$$

即减去一个向量等于加上它的相反向量. 这样, 就把向量的减法转化为向量的加法.

例 1 如图 1-11 所示, 在平行六面体 $ABCD\text{-}A_1B_1C_1D_1$ 中, 已知 $\overrightarrow{AB}=\vec{a}$, $\overrightarrow{AD}=\vec{b}$, $\overrightarrow{AA_1}=\vec{c}$, 试用 $\vec{a},\vec{b},\vec{c}$ 表示 $\overrightarrow{AC_1}$, $\overrightarrow{A_1C}$.

解 $\overrightarrow{AC_1}=\overrightarrow{AB}+\overrightarrow{BC}+\overrightarrow{CC_1}=\overrightarrow{AB}+\overrightarrow{AD}+\overrightarrow{AA_1}=\vec{a}+\vec{b}+\vec{c}$.

$\overrightarrow{A_1C}=\overrightarrow{A_1A}+\overrightarrow{AB}+\overrightarrow{BC}=-\overrightarrow{AA_1}+\overrightarrow{AB}+\overrightarrow{AD}=-\vec{c}+\vec{a}+\vec{b}=\vec{a}+\vec{b}-\vec{c}$.

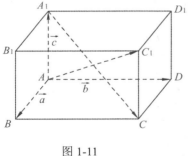

图 1-11

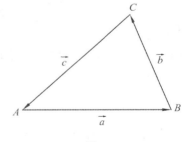

图 1-12

例 2 试证明: 不共线三向量 $\vec{a},\vec{b},\vec{c}$ 的终点与始点连接构成三角形的充要条件是 $\vec{a}+\vec{b}+\vec{c}=\vec{0}$.

证明 必要性. 设 $\vec{a},\vec{b},\vec{c}$ 的终点与始点连接构成三角形 ABC(见图 1-12), 则有

$$\overrightarrow{AB}=\vec{a}, \quad \overrightarrow{BC}=\vec{b}, \quad \overrightarrow{CA}=\vec{c}$$

于是
$$\vec{a}+\vec{b}+\vec{c}=\overrightarrow{AB}+\overrightarrow{BC}+\overrightarrow{CA}=\overrightarrow{AA}=\vec{0}$$

充分性. 设 $\vec{a}+\vec{b}+\vec{c}=\vec{0}$，作 $\overrightarrow{AB}=\vec{a}$，$\overrightarrow{BC}=\vec{b}$，则

$$\vec{a}+\vec{b}=\overrightarrow{AB}+\overrightarrow{BC}=\overrightarrow{AC}$$

从而
$$\overrightarrow{AC}+\vec{c}=\vec{0}$$

所以 $\vec{c}$ 是 $\overrightarrow{AC}$ 的反向量，即 $\vec{c}=\overrightarrow{CA}$，所以 $\vec{a},\vec{b},\vec{c}$ 可构成三角形 ABC.

三、数乘向量

在实际应用中，还会经常出现实数乘向量的情况. 例如，两个同样的力 $\vec{a}$ 作用于同一个物体上，其合力 $\vec{b}=\vec{a}+\vec{a}$ 的大小显然是力 $\vec{a}$ 的两倍，且方向相同，于是可表示为 $\vec{b}=2\vec{a}$.

再如，逆水行船时，若船行驶的速度的大小是水流速度大小的 5 倍，而船行驶的速度 $\vec{u}$ 与水流速度 $\vec{v}$ 是两个方向相反的向量，则两者的关系可表示为 $\vec{u}=-5\vec{v}$.

定义 1.8　实数 λ 与向量 $\vec{a}$ 的乘积仍然是一个向量，记为 $\lambda\vec{a}$，其模为

$$|\lambda\vec{a}|=|\lambda||\vec{a}| \tag{1-8}$$

$\lambda\vec{a}$ 的方向：当 $\lambda>0$ 时，与 $\vec{a}$ 同向；当 $\lambda<0$ 时，与 $\vec{a}$ 反向.

实数 λ 与向量 $\vec{a}$ 的这种运算叫做**数乘向量**. 直观地，当 $\lambda>0$ 时，$\lambda\vec{a}$ 等于沿 $\vec{a}$ 的方向"伸缩" λ 倍；当 $\lambda<0$ 时，$\lambda\vec{a}$ 等于沿 $\vec{a}$ 的反方向 "伸缩" $|\lambda|$ 倍(见图 1-13).

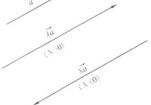

图 1-13

由定义 1.8 可知：

(1) $\lambda\vec{a}=\vec{0}$ 的充要条件为 $\lambda=0$ 或 $\vec{a}=\vec{0}$.

(2) $1\cdot\vec{a}=\vec{a}$.

(3) $(-1)\cdot\vec{a}=-\vec{a}$.

(4) 任何非零向量 $\vec{a}$ 都可表示成

$$\vec{a}=|\vec{a}|\overrightarrow{a^0} \quad \text{或} \quad \overrightarrow{a^0}=\frac{1}{|\vec{a}|}\vec{a} \tag{1-9}$$

定理 1.2　数乘向量满足如下运算律：

(1) 与数因子的结合律：

$$\lambda(\mu\vec{a}) = (\lambda\mu)\vec{a} \tag{1-10}$$

(2) 向量对数的分配律:

$$(\lambda + \mu)\vec{a} = \lambda\vec{a} + \mu\vec{a} \tag{1-11}$$

(3) 数对向量的分配律:

$$\lambda(\vec{a} + \vec{b}) = \lambda\vec{a} + \lambda\vec{b} \tag{1-12}$$

证明 (1) $\vec{a} = \vec{0}$ 或 $\lambda\mu = 0$ 时,(1-10)式显然成立. 因此,设 $\vec{a} \neq \vec{0}, \lambda\mu \neq 0$,因为

$$\left|\lambda(\mu\vec{a})\right| = |\lambda||\mu\vec{a}| = |\lambda||\mu||\vec{a}|, \quad |(\lambda\mu)\vec{a}| = |\lambda\mu||\vec{a}| = |\lambda||\mu||\vec{a}|$$

且当 $\lambda\mu > 0$ 时,$\lambda(\mu\vec{a})$ 与 $(\lambda\mu)\vec{a}$ 都与 $\vec{a}$ 的方向相同;当 $\lambda\mu < 0$ 时,$\lambda(\mu\vec{a})$ 与 $(\lambda\mu)\vec{a}$ 都与 $\vec{a}$ 的方向相反,所以

$$\lambda(\mu\vec{a}) = (\lambda\mu)\vec{a}$$

(2) 设 $\vec{a} \neq \vec{0}, \lambda\mu \neq 0$,且 $\lambda + \mu \neq 0$,否则,(1-11)式显然成立.

① 若 $\lambda\mu > 0$,则 λ, μ 同号,$\lambda\vec{a}, \mu\vec{a}$ 同向. 所以

$$\left|(\lambda + \mu)\vec{a}\right| = |\lambda + \mu||\vec{a}| = (|\lambda| + |\mu|)|\vec{a}| = |\lambda||\vec{a}| + |\mu||\vec{a}|$$

$$\left|\lambda\vec{a} + \mu\vec{a}\right| = |\lambda\vec{a}| + |\mu\vec{a}| = |\lambda||\vec{a}| + |\mu||\vec{a}|$$

即 $(\lambda + \mu)\vec{a}$ 与 $\lambda\vec{a} + \mu\vec{a}$ 的模相等. 又因为 $(\lambda + \mu)\vec{a}$ 与 $\lambda\vec{a} + \mu\vec{a}$ 的方向或者都与 $\vec{a}$ 的方向相同($\lambda > 0$,$\mu > 0$),或者都与 $\vec{a}$ 的方向相反($\lambda < 0$,$\mu < 0$),所以 $(\lambda + \mu)\vec{a}$ 与 $\lambda\vec{a} + \mu\vec{a}$ 的方向相同,于是

$$(\lambda + \mu)\vec{a} = \lambda\vec{a} + \mu\vec{a}$$

② $\lambda\mu < 0$,不妨设 $\lambda > 0$,$\mu < 0$,则有 $\lambda + \mu < 0$ 和 $\lambda + \mu > 0$ 两种情况. 现证 $\lambda + \mu > 0$ 的情形,$\lambda + \mu < 0$ 时可以仿照证明.

因为 $\lambda > 0$,$\mu < 0$,$\lambda + \mu > 0$,所以 $-\mu(\lambda + \mu) > 0$,由①得

$$(\lambda + \mu)\vec{a} + (-\mu)\vec{a} = [(\lambda + \mu) + (-\mu)]\vec{a} = \lambda\vec{a}$$

所以

$$(\lambda + \mu)\vec{a} = \lambda\vec{a} + \mu\vec{a}$$

(3) $\lambda = 0$ 或 $\vec{a}, \vec{b}$ 至少有一个为 $\vec{0}$ 时,(1-12)式显然成立. 因此设 $\lambda \neq 0$,$\vec{a} \neq \vec{0}$, $\vec{b} \neq \vec{0}$.

①　如果 $\vec{a}\ //\ \vec{b}$，当 $\vec{a},\vec{b}$ 同向时，取 $m=\dfrac{|\vec{a}|}{|\vec{b}|}$；当 $\vec{a},\vec{b}$ 反向时，取 $m=-\dfrac{|\vec{a}|}{|\vec{b}|}$，那么 $\vec{a}=m\vec{b}$．根据(1-10)和(1-11)式有

$$\lambda(\vec{a}+\vec{b})=\lambda(m\vec{b}+\vec{b})=\lambda[(m+1)\vec{b}]=\lambda(m+1)\vec{b}$$

$$=(\lambda m+\lambda)\vec{b}=(\lambda m)\vec{b}+\lambda\vec{b}=\lambda(m\vec{b})+\lambda\vec{b}=\lambda\vec{a}+\lambda\vec{b}$$

②　如果 $\vec{a},\vec{b}$ 不共线，如图 1-14 所示，则由 $\vec{a},\vec{b}$ 为两边构成的 $\triangle OAB$ 与由 $\lambda\vec{a},\lambda\vec{b}$ 为两边构成的 $\triangle OA_1B_1$ 相似，因此，第三边所成的向量满足

$$\overrightarrow{OB_1}=\lambda\overrightarrow{OB}$$

而 $\overrightarrow{OB_1}=\lambda\vec{a}+\lambda\vec{b}$，$\overrightarrow{OB}=\vec{a}+\vec{b}$，所以

$$\lambda(\vec{a}+\vec{b})=\lambda\vec{a}+\lambda\vec{b}$$

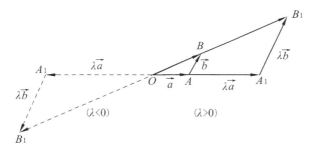

图 1-14

从向量加法与数乘向量的运算可知，向量也可以像实数及多项式那样进行运算．

向量的加法和数乘向量统称为向量的**线性运算**．

例 3　已知 $\vec{a}=\vec{e}_1-2\vec{e}_2+3\vec{e}_3$，$\vec{b}=-\vec{e}_1+3\vec{e}_2+\vec{e}_3$，$\vec{c}=13\vec{e}_2-3\vec{e}_3$，求 $2\vec{a}-3\vec{b}+\vec{c}$．

解　$2\vec{a}-3\vec{b}+\vec{c}=2(\vec{e}_1-2\vec{e}_2+3\vec{e}_3)-3(-\vec{e}_1+3\vec{e}_2+\vec{e}_3)+(13\vec{e}_2-3\vec{e}_3)=5\vec{e}_1$．

例 4　如图 1-15 所示，AM 是 $\triangle ABC$ 的中线，求证：$\overrightarrow{AM}=\dfrac{1}{2}(\overrightarrow{AB}+\overrightarrow{AC})$．

证明　因为 $\overrightarrow{AM}=\overrightarrow{AB}+\overrightarrow{BM}$，$\overrightarrow{AM}=\overrightarrow{AC}+\overrightarrow{CM}$，而 $\overrightarrow{BM}+\overrightarrow{CM}=\vec{0}$，所以

$$2\overrightarrow{AM}=\overrightarrow{AB}+\overrightarrow{AC}$$

从而 $$\overrightarrow{AM} = \frac{1}{2}(\overrightarrow{AB} + \overrightarrow{AC})$$

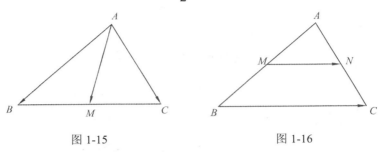

图 1-15　　　　　　　　　　图 1-16

例 5　用向量法证明:三角形两边中点的连线段平行于第三边,且等于第三边的一半.

证明　设 M, N 分别为 AB, AC 的中点(见图 1-16),则

$$\overrightarrow{MN} = \overrightarrow{AN} - \overrightarrow{AM} = \frac{1}{2}\overrightarrow{AC} - \frac{1}{2}\overrightarrow{AB} = \frac{1}{2}(\overrightarrow{AC} - \overrightarrow{AB}) = \frac{1}{2}\overrightarrow{BC}$$

所以 $MN /\!/ BC$ 且 $\left|\overrightarrow{MN}\right| = \frac{1}{2}\left|\overrightarrow{BC}\right|$.

例 6　用向量法证明:四面体对棱中点的连线相交于一点,且互相平分.

证明　设 EF 是四面体 $ABCD$ 一组对边中点的连线,且中点为 P_1(见图 1-17),另外两组对边中点连线的中点分别为 P_2, P_3,只需证 P_1, P_2, P_3 重合即可.

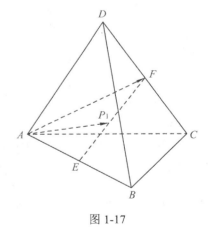

设 $\overrightarrow{AB} = \vec{e}_1$,$\overrightarrow{AC} = \vec{e}_2$,$\overrightarrow{AD} = \vec{e}_3$,则

$$\overrightarrow{AP_1} = \frac{1}{2}(\overrightarrow{AE} + \overrightarrow{AF})$$
$$= \frac{1}{2}\left[\frac{1}{2}\vec{e}_1 + \frac{1}{2}(\vec{e}_2 + \vec{e}_3)\right]$$
$$= \frac{1}{4}(\vec{e}_1 + \vec{e}_2 + \vec{e}_3)$$

图 1-17

同理可得

$$\overrightarrow{AP_2} = \frac{1}{4}(\vec{e}_1 + \vec{e}_2 + \vec{e}_3), \quad \overrightarrow{AP_3} = \frac{1}{4}(\vec{e}_1 + \vec{e}_2 + \vec{e}_3)$$

所以 P_1, P_2, P_3 重合, 命题得证.

由此可见, 用向量法可以比较简洁地证明一些几何命题.

习 题　1-1

1. $ABCD\text{-}EFGH$ 是一个平行六面体, 指出下列各对向量中相等的向量和互为反向量的向量.

(1) $\overrightarrow{AB}$ 和 $\overrightarrow{CD}$；　　　　　　　(2) $\overrightarrow{AE}$ 和 $\overrightarrow{CG}$；

(3) $\overrightarrow{AC}$ 和 $\overrightarrow{EG}$；　　　　　　　(4) $\overrightarrow{AD}$ 和 $\overrightarrow{GF}$；

(5) $\overrightarrow{BE}$ 和 $\overrightarrow{CH}$.

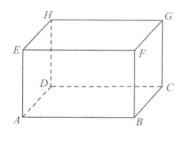
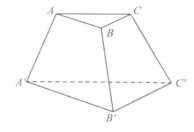

第 1 题　　　　　　　　　　　　　　　第 2 题

2. 设三角形 ABC 和三角形 $A'B'C'$ 分别是三棱台 $ABC\text{-}A'B'C'$ 的上、下底面, 试在向量 $\overrightarrow{AB}, \overrightarrow{BC}, \overrightarrow{CA}, \overrightarrow{A'B'}, \overrightarrow{B'C'}, \overrightarrow{C'A'}, \overrightarrow{AA'}, \overrightarrow{BB'}, \overrightarrow{CC'}$ 中指出共线向量和共面向量.

3. 指出下列情形中向量的终点构成的图形.

(1) 把平行于某一直线的一切向量归结到共同的始点；

(2) 把空间中一切单位向量归结到共同的始点.

4. 指出下列各等式 $\vec{a}, \vec{b}$ 应满足的条件.

(1) $\left|\vec{a} - \vec{b}\right| = \left|\vec{a}\right| + \left|\vec{b}\right|$；　　　　　　(2) $\left|\vec{a} - \vec{b}\right| = \left|\vec{a}\right| - \left|\vec{b}\right|$；

(3) $\left|\vec{a} + \vec{b}\right| = \left|\vec{a} - \vec{b}\right|$.

5. 已知 $\vec{a} = \vec{e}_1 + 2\vec{e}_2 - \vec{e}_3, \vec{b} = 3\vec{e}_1 - 2\vec{e}_2 + 2\vec{e}_3$, 求 $\vec{a} + \vec{b}$, $\vec{a} - \vec{b}$ 和 $3\vec{a} - 2\vec{b}$.

6. 已知四边形 $ABCD$ 中, $\overrightarrow{AB} = \vec{a} - 2\vec{c}$, $\overrightarrow{CD} = 5\vec{a} + 6\vec{b} - 8\vec{c}$, 对角线 AC, BD 的中点分别为 E, F, 求 $\overrightarrow{EF}$.

7. 设 $\overrightarrow{AB} = \vec{a} + 5\vec{b}$，$\overrightarrow{BC} = -2\vec{a} + 8\vec{b}$，$\overrightarrow{CD} = 3(\vec{a} - \vec{b})$，试证明 A, B, D 三点共线.

8. 已知三角形 ABC 三边 BC, CA, AB 的中点分别为 D, E, F，求证三中线向量 $\overrightarrow{AD}, \overrightarrow{BE}, \overrightarrow{CF}$ 可构成三角形.

9. $\vec{a}, \vec{b}$ 不共线，试证明

$$\left|\vec{a} + \vec{b}\right|^2 + \left|\vec{a} - \vec{b}\right|^2 = 2(\left|\vec{a}\right|^2 + \left|\vec{b}\right|^2)$$

并指出等式有什么几何意义.

10. 设 L, M, N 是 $\triangle ABC$ 三边的中点，O 是任意一点，证明：

$$\overrightarrow{OA} + \overrightarrow{OB} + \overrightarrow{OC} = \overrightarrow{OL} + \overrightarrow{OM} + \overrightarrow{ON}$$

11. 用向量法证明：

(1) 平行四边形的对角线互相平分；

(2) 梯形两腰中点的连线平行于上、下两底且等于它们长度和的一半.

第二节　　向量的共线、共面及向量分解

在第一节中我们定义了共线向量组与共面向量组，本节将对两向量共线、三向量共面的条件及向量的分解作进一步讨论.

定理 1.3　向量 $\vec{b}$ 与非零向量 $\vec{a}$ 共线的充要条件是存在唯一的实数 λ，使

$$\vec{b} = \lambda\vec{a}$$

证明　必要性. 设 $\vec{a}, \vec{b}$ 共线，则由第一节(1-12)式的证明可知，必有实数 λ，使

$$\vec{b} = \lambda\vec{a}$$

充分性. 设有实数 λ，使 $\vec{b} = \lambda\vec{a}$，则由数乘向量的定义知，$\vec{b}$ 与 $\vec{a}$ 同向或反向，所以 $\vec{a}, \vec{b}$ 共线.

再证 λ 的唯一性，设另有 λ'，使 $\vec{b} = \lambda'\vec{a}$，则有

$$(\lambda' - \lambda)\vec{a} = \vec{0}$$

而 $\vec{a} \neq \vec{0}$，所以 $\lambda' = \lambda$.

推论　两向量 $\vec{a}, \vec{b}$ 共线的充要条件是存在不全为零的实数 λ, μ，使

$$\lambda\vec{a} + \mu\vec{b} = \vec{0}$$

证明 必要性. 设 $\vec{a}, \vec{b}$ 共线,

① $\vec{a} = \vec{0}, \vec{b} = \vec{0}$, 结论显然成立.

② 若 $\vec{a}, \vec{b}$ 不全为零向量, 不妨设 $\vec{a} \neq \vec{0}$, 则存在实数 λ, 使

$$\vec{b} = \lambda\vec{a}$$

所以有

$$\lambda\vec{a} - \vec{b} = \vec{0}$$

取 $\mu = -1$, 则有

$$\lambda\vec{a} + \mu\vec{b} = \vec{0}$$

且 λ, μ 不全为零.

充分性. 设存在不全为零的实数 λ, μ, 使 $\lambda\vec{a} + \mu\vec{b} = \vec{0}$. 不妨设 $\mu \neq 0$, 于是有

$$\vec{b} = \left(-\frac{\lambda}{\mu}\right)\vec{a}$$

所以 $\vec{a}, \vec{b}$ 共线.

定理 1.4 若向量 $\vec{a}, \vec{b}$ 不共线, 则向量 $\vec{c}$ 与 $\vec{a}, \vec{b}$ 共面的充要条件是存在实数 λ, μ, 使

$$\vec{c} = \lambda\vec{a} + \mu\vec{b}$$

其中 λ, μ 被 $\vec{a}, \vec{b}, \vec{c}$ 唯一确定.

证明 必要性. 因为 $\vec{a}, \vec{b}$ 不共线, 所以 $\vec{a} \neq \vec{0}, \vec{b} \neq \vec{0}$, 设 $\vec{c}$ 与 $\vec{a}, \vec{b}$ 共面,

① 若 $\vec{c} = \vec{0}$, 取 $\lambda = \mu = 0$, 则有 $\vec{c} = \lambda\vec{a} + \mu\vec{b}$.

② $\vec{c} \neq \vec{0}$, 若 $\vec{c}$ 与 $\vec{a}$ 或 $\vec{b}$ 共线, 不妨设 $\vec{c}$ 与 $\vec{a}$ 共线, 则有

$$\vec{c} = \lambda\vec{a}$$

取 $\mu = 0$, 则有

$$\vec{c} = \lambda\vec{a} + \mu\vec{b}$$

若 $\vec{c}$ 与 $\vec{a}, \vec{b}$ 都不共线, 把它们归结到共同的始点 O, 作 $\overrightarrow{OA} = \vec{a}$, $\overrightarrow{OB} = \vec{b}$, $\overrightarrow{OC} = \vec{c}$, 并自点 C 分别作 OB, OA 的平行线分别交直线 OA, OB 于 A', B' (见图 1-18), 于是 $OA'CB'$ 是一个平行四边形. 由向量的平

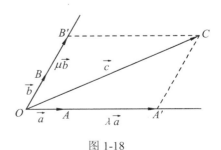

图 1-18

行四边形法则得

$$\vec{c} = \overrightarrow{OC} = \overrightarrow{OA'} + \overrightarrow{OB'}$$

又 $\vec{a}$ 与 $\overrightarrow{OA'}$ 共线，$\vec{b}$ 与 $\overrightarrow{OB'}$ 共线，所以 $\overrightarrow{OA'} = \lambda\vec{a}, \overrightarrow{OB'} = \mu\vec{b}$，于是

$$\vec{c} = \lambda\vec{a} + \mu\vec{b}$$

充分性. 设存在实数 λ, μ，使得 $\vec{c} = \lambda\vec{a} + \mu\vec{b}$，

① 若 λ, μ 中有一个为 0，则 $\vec{c}$ 与 $\vec{a}, \vec{b}$ 显然共面.

② 若 $\lambda\mu \ne 0$，则 $\vec{c}$ 是以 $\lambda\vec{a}$ 和 $\mu\vec{b}$ 为邻边的平行四边形的对角线向量，因此，$\vec{c}$ 与 $\lambda\vec{a}$，$\mu\vec{b}$ 共面. 又 $\vec{a}$ 与 $\lambda\vec{a}$ 共线，$\vec{b}$ 与 $\mu\vec{b}$ 共线，所以 $\vec{c}$ 与 $\vec{a}, \vec{b}$ 共面.

再证 λ, μ 由 $\vec{a}, \vec{b}, \vec{c}$ 唯一确定. 因为 $\vec{c} = \lambda\vec{a} + \mu\vec{b} = \lambda'\vec{a} + \mu'\vec{b}$，则

$$(\lambda - \lambda')\vec{a} + (\mu - \mu')\vec{b} = \vec{0}$$

如果 $\lambda \ne \lambda'$，则

$$\vec{a} = -\frac{\mu - \mu'}{\lambda - \lambda'}\vec{b}$$

与 $\vec{a}, \vec{b}$ 不共线矛盾，所以 $\lambda = \lambda'$.

同理 $\mu = \mu'$.

推论　三向量 $\vec{a}, \vec{b}, \vec{c}$ 共面的充要条件是存在不全为零的实数 λ, μ, ν，使

$$\lambda\vec{a} + \mu\vec{b} + \nu\vec{c} = \vec{0}$$

其证明仿定理 1.3 的推论，请读者自证之.

由向量 $\vec{a}_1, \vec{a}_2, \cdots, \vec{a}_n$ 与实数 $\lambda_1, \lambda_2, \cdots, \lambda_n$ 所组成的向量

$$\lambda_1\vec{a}_1 + \lambda_2\vec{a}_2 + \cdots + \lambda_n\vec{a}_n$$

叫做**向量 $\vec{a}_1, \vec{a}_2, \cdots, \vec{a}_n$ 的线性组合**.

当 $\vec{a} = \lambda_1\vec{a}_1 + \lambda_2\vec{a}_2 + \cdots + \lambda_n\vec{a}_n$ 时，称 $\vec{a}$ 是 $\vec{a}_1, \vec{a}_2, \cdots, \vec{a}_n$ 的线性组合，或称 $\vec{a}$ 可以分解成 $\vec{a}_1, \vec{a}_2, \cdots, \vec{a}_n$ 的线性组合，或称 $\vec{a}$ 可以用 $\vec{a}_1, \vec{a}_2, \cdots, \vec{a}_n$ 线性表示，或称 $\lambda_1\vec{a}_1 + \lambda_2\vec{a}_2 + \cdots + \lambda_n\vec{a}_n$ 是 $\vec{a}$ 的线性表示式或分解式.

定理 1.5　设 $\vec{a}, \vec{b}, \vec{c}$ 为三个不共面的向量，那么空间任意一个向量 $\vec{d}$ 一定能够表示成 $\vec{a}, \vec{b}, \vec{c}$ 的线性组合，即

$$\vec{d} = \lambda\vec{a} + \mu\vec{b} + \nu\vec{c}$$

其中 λ,μ,ν 被 $\vec{a},\vec{b},\vec{c},\vec{d}$ 唯一确定.

证明　因为 $\vec{a},\vec{b},\vec{c}$ 不共面, 所以 $\vec{a}\neq\vec{0},\vec{b}\neq\vec{0},\vec{c}\neq\vec{0}$, 且 $\vec{a},\vec{b},\vec{c}$ 两两不共线.

(1)若 $\vec{d}=\vec{0}$, 则 $\vec{d}=0\vec{a}+0\vec{b}+0\vec{c}$, 命题成立.

(2)若 $\vec{d}\neq\vec{0}$,

①如果 $\vec{d}$ 与 $\vec{a},\vec{b},\vec{c}$ 中某两个向量共面, 不妨设 $\vec{d}$ 与 $\vec{a},\vec{b}$ 共面, 则有

$$\vec{d}=\lambda\vec{a}+\mu\vec{b}$$

取 $\nu=0$, 有

$$\vec{d}=\lambda\vec{a}+\mu\vec{b}+\nu\vec{c}$$

② $\vec{d}$ 与 $\vec{a},\vec{b},\vec{c}$ 中任何两个向量都不共面, 可把它们归结到共同始点 O, 作 $\overrightarrow{OA}=\vec{a}$, $\overrightarrow{OB}=\vec{b}$, $\overrightarrow{OC}=\vec{c}$, $\overrightarrow{OD}=\vec{d}$, 并过 D 分别作三个平面分别平行于平面 OBC,OCA,OAB,并分别交直线 OA,OB,OC 于 A',B',C', 得到以 OA',OB',OC' 为相邻三棱的平行六面体(见图 1-19). 由第一节例 1 可知,

$$\vec{d}=\overrightarrow{OA'}+\overrightarrow{OB'}+\overrightarrow{OC'}$$

又 $\overrightarrow{OA'}$ 与 $\vec{a}$ 共线, 所以

$$\overrightarrow{OA'}=\lambda\vec{a}$$

同理　　$\overrightarrow{OB'}=\mu\vec{b}$, $\overrightarrow{OC'}=\nu\vec{c}$

于是,　　$\vec{d}=\lambda\vec{a}+\mu\vec{b}+\nu\vec{c}$

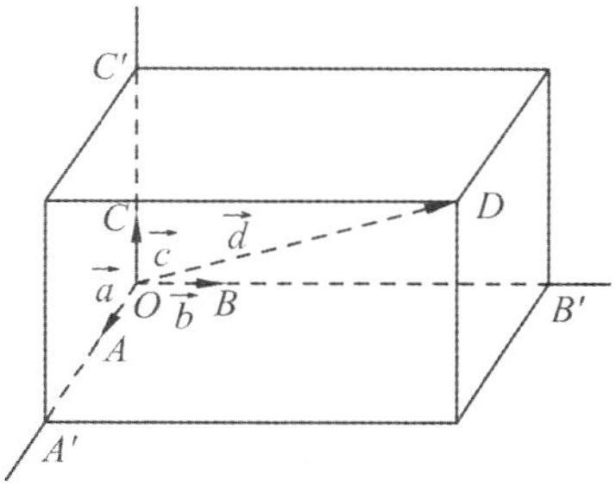

图 1-19

再证 λ,μ,ν 的唯一性. 如果还存在 λ',μ',ν', 使 $\vec{d}=\lambda'\vec{a}+\mu'\vec{b}+\nu'\vec{c}$ 成立, 那么, 有

$$\lambda\vec{a}+\mu\vec{b}+\nu\vec{c}=\lambda'\vec{a}+\mu'\vec{b}+\nu'\vec{c}$$

从而　　$(\lambda-\lambda')\vec{a}+(\mu-\mu')\vec{b}+(\nu-\nu')\vec{c}=\vec{0}$

若 $\lambda'\neq\lambda$,即 $(\lambda-\lambda')\neq0$, 则

$$\vec{a}=-\frac{\mu-\mu'}{\lambda-\lambda'}\vec{b}-\frac{\nu-\nu'}{\lambda-\lambda'}\vec{c}$$

从而 $\vec{a},\vec{b},\vec{c}$ 共面, 与题设矛盾. 所以

$$\lambda'=\lambda$$

同理
$$\mu' = \mu, \quad v' = v$$

于是命题得证.

例 7　设 $\overrightarrow{OA}, \overrightarrow{OB}, \overrightarrow{OC}$ 是三个两两不共线的向量, 并且 $\overrightarrow{OC} = \lambda\overrightarrow{OA} + \mu\overrightarrow{OB}$,
试证: A, B, C 共线的充要条件为 $\lambda + \mu = 1$.

证明　必要性. 设 A, B, C 共线(见图
1-20), 则 $\overrightarrow{AC}, \overrightarrow{CB}$ 共线, 于是有

$$\overrightarrow{AC} = m\overrightarrow{CB}$$

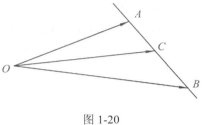

图 1-20

因为 A, B 不重合, 所以 $m \neq -1$. 于是,

$$\overrightarrow{OC} - \overrightarrow{OA} = m(\overrightarrow{OB} - \overrightarrow{OC})$$

所以
$$(1+m)\overrightarrow{OC} = \overrightarrow{OA} + m\overrightarrow{OB}$$

即
$$\overrightarrow{OC} = \frac{1}{1+m}\overrightarrow{OA} + \frac{m}{1+m}\overrightarrow{OB}$$

由向量 $\overrightarrow{OC}$ 对 $\overrightarrow{OA}, \overrightarrow{OB}$ 分解的唯一性, 得

$$\lambda = \frac{1}{1+m}, \quad \mu = \frac{m}{1+m}$$

故 $\lambda + \mu = 1$.

充分性. 假设 $\lambda + \mu = 1$, 则 $\mu = 1 - \lambda$, 又 $\overrightarrow{OC} = \lambda\overrightarrow{OA} + \mu\overrightarrow{OB}$, 所以

$$\overrightarrow{OC} = \lambda\overrightarrow{OA} + (1-\lambda)\overrightarrow{OB} = \lambda\overrightarrow{OA} + \overrightarrow{OB} - \lambda\overrightarrow{OB}$$

所以
$$\overrightarrow{OC} - \overrightarrow{OB} = \lambda(\overrightarrow{OA} - \overrightarrow{OB})$$

即
$$\overrightarrow{BC} = \lambda\overrightarrow{BA}$$

即　$\overrightarrow{BC}, \overrightarrow{BA}$ 共线, 所以 A, B, C 共线.

习　题　1-2

1. 在 $\triangle ABC$ 中, $\overrightarrow{AB} = \vec{e}_1$, $\overrightarrow{AC} = \vec{e}_2$, D, E 是 BC 边上的三等分点, 试将 $\overrightarrow{AD}, \overrightarrow{AE}$ 分解为 $\vec{e}_1, \vec{e}_2$ 的线性组合.

2. 在平行四边形 $ABCD$ 中, 若设边 BC 和 CD 的中点分别为 M, N, 而且 $\overrightarrow{AM} = \vec{p}, \overrightarrow{AN} = \vec{q}$, 求 $\overrightarrow{BC}, \overrightarrow{CD}$.

3. 在平行六面体 $ABCD$-$EFGH$(习题 1-1 第 1 题图)中，如果设 $\overrightarrow{AB}=\vec{e}_1$，$\overrightarrow{AD}=\vec{e}_2$，$\overrightarrow{AE}=\vec{e}_3$，三个面上的对角线向量 $\overrightarrow{AC}=\vec{p}$，$\overrightarrow{AH}=\vec{q}$，$\overrightarrow{AF}=\vec{r}$，试把向量 $\vec{a}=\lambda\vec{p}+\mu\vec{q}+\nu\vec{r}$ 写成 $\vec{e}_1,\vec{e}_2,\vec{e}_3$ 的线性组合.

4. 试证明：三向量 $\vec{a},\vec{b},\vec{c}$ 共面的充要条件是：存在不全为零的实数 λ,μ,ν，使 $\lambda\vec{a}+\mu\vec{b}+\nu\vec{c}=\vec{0}$.

5. 设 $\vec{a}=-\vec{e}_1+3\vec{e}_2+2\vec{e}_3$，$\vec{b}=4\vec{e}_1-6\vec{e}_2+2\vec{e}_3$，$\vec{c}=-3\vec{e}_1+12\vec{e}_2+11\vec{e}_3$，试证明 $\vec{a},\vec{b},\vec{c}$ 共面.

6. 已知 $\overrightarrow{OA},\overrightarrow{OB},\overrightarrow{OC}$ 为三个不共面向量，且 $\overrightarrow{OD}=\lambda\overrightarrow{OA}+\mu\overrightarrow{OB}+\nu\overrightarrow{OC}$，试证明 A,B,C,D 四点共面的充要条件为 $\lambda+\mu+\nu=1$.

第三节　两向量的内积与外积

向量有两种性质完全不同的乘法：一种叫做两向量的内积，其运算的结果是数量；另一种叫做两向量的外积，其结果仍为向量. 本节将讨论这两种乘法，其中两向量的内积与向量在轴上的射影有着密切的联系.

一、向量在轴上的射影

已知空间一点 A 和一轴 l，过点 A 作垂直于轴的平面 α，则平面与轴的交点 A' 叫做点 A 在轴 l 上的**射影**(见图 1-21).

定义 1.9　设向量 $\overrightarrow{AB}$ 的始点 A 与终点 B 在轴 l 上的射影分别为 A',B'，那么向量 $\overrightarrow{A'B'}$ 叫做向量 $\overrightarrow{AB}$ 在轴 l 的**射影向量**(见图 1-22)，记作

$$射影向量\,l^{\overrightarrow{AB}}=\overrightarrow{A'B'}.$$

在轴 l 上取与轴方向相同的单位向量 $\vec{e}$，则

$$射影向量\,l^{\overrightarrow{AB}}=\overrightarrow{A'B'}=x\vec{e}$$

这里的实数 x 叫做向量 $\overrightarrow{AB}$ 在轴 l 上的**射影**，记作射影 $l^{\overrightarrow{AB}}$ 或 $\mathrm{Prj}_l\overrightarrow{AB}$，也就是射影 $l^{\overrightarrow{AB}}=x$ 或 $\mathrm{Prj}_l\overrightarrow{AB}=x$. 从而

$$射影向量\,l^{\overrightarrow{AB}}=(\mathrm{Prj}_l\overrightarrow{AB})\vec{e} \tag{1-13}$$

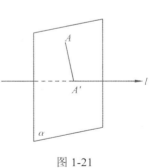

图 1-21

其中 $\vec{e}$ 为与轴 l 同向的单位向量.

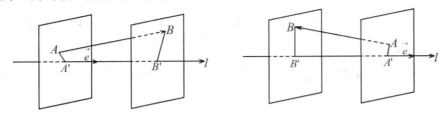

图 1-22

显然, $\overrightarrow{A'B'}$ 与 l 同向时, 有 $\text{Prj}_l \overrightarrow{AB} = \left| \overrightarrow{A'B'} \right|$; $\overrightarrow{A'B'}$ 与 l 反向时, 有
$\text{Prj}_l \overrightarrow{AB} = -\left| \overrightarrow{A'B'} \right|$.

若非零向量 $\vec{a}$ 与 l 的方向相同, 则也可以把向量 $\overrightarrow{AB}$ 在轴 l 上的射影向量和射影叫做 $\overrightarrow{AB}$ 在向量 $\vec{a}$ 上的**射影向量和射影**, 并分别写成射影向量 $\vec{a}^{\overrightarrow{AB}}$ 和 $\text{Prj}_{\vec{a}} \overrightarrow{AB}$.

例如, 由于 $\vec{e}$ 与 l 同向, 因此(1-13)式可以写成

$$\text{射影向量 } \vec{e}^{\overrightarrow{AB}} = (\text{Prj}_{\vec{e}} \overrightarrow{AB})\vec{e} \tag{1-13}$$

下面定义两非零向量 $\vec{a}, \vec{b}$ 的夹角: 若设 $\vec{a}, \vec{b}$ 是两个非零向量, 自空间任意一点 O, 引 $\overrightarrow{OA} = \vec{a}$, $\overrightarrow{OB} = \vec{b}$, 那么射线 OA, OB 构成的角度在 0 与 π 之间的角叫做向量 $\vec{a}, \vec{b}$ 的**夹角**(见图 1-23), 记作 $\angle(\vec{a}, \vec{b})$ 或 $\angle(\vec{b}, \vec{a})$.

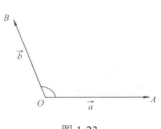

图 1-23

按照定义显然有: $\vec{a}, \vec{b}$ 方向相同时, $\angle(\vec{a}, \vec{b}) = 0$; $\vec{a}, \vec{b}$ 方向相反时, $\angle(\vec{a}, \vec{b}) = \pi$; 如果 $\vec{a}, \vec{b}$ 不平行, 则 $0 < \angle(\vec{a}, \vec{b}) < \pi$. 特别地, $\angle(\vec{a}, \vec{b}) = \dfrac{\pi}{2}$ 时, 称 $\vec{a}, \vec{b}$ **垂直**, 记作 $\vec{a} \perp \vec{b}$. 另外, 还有 $\lambda > 0$, $\angle(\lambda\vec{a}, \vec{b}) = \angle(\vec{a}, \vec{b})$; $\lambda < 0$, $\angle(\lambda\vec{a}, \vec{b}) = \pi - \angle(\vec{a}, \vec{b})$.

定理 1.6 向理 $\overrightarrow{AB}$ 在轴 l 上的射影等于向量的模乘以该向量与轴的夹角的余弦, 即

$$\text{Prj}_l \overrightarrow{AB} = \left| \overrightarrow{AB} \right| \cos\theta, \quad \theta = \angle(l, \overrightarrow{AB}) \tag{1-14}$$

证明 $\theta=\dfrac{\pi}{2}$ 时, 命题显然成立.

设 $\theta\neq\dfrac{\pi}{2}$ (见图 1-24), 过向量 $\overrightarrow{AB}$ 的始点 A 和终点 B 分别作垂直于轴 l 的平面 α,β, 分别交轴于 A',B'. 再过 A' 作 $A'B_1\,/\!/\,\overrightarrow{AB}$ 交 β 于 B_1, 则

$$\overrightarrow{A'B'}=射影向量\ l^{\overline{AB}},\quad \overrightarrow{A'B_1}=\overrightarrow{AB},\quad \angle(l,\overrightarrow{A'B_1})=\angle(l,\overrightarrow{AB})=\theta$$

且 $\triangle\,A'B_1B'$ 为直角三角形. 当 $0\leqslant\theta<\dfrac{\pi}{2}$ 时, $\overrightarrow{A'B'}$ 与 l 方向相同, 则

$$\text{Prj}_l\overrightarrow{AB}=\left|\overrightarrow{A'B'}\right|=\left|\overrightarrow{A'B_1}\right|\cos\theta=\left|\overrightarrow{AB}\right|\cos\theta$$

当 $\dfrac{\pi}{2}<\theta\leqslant\pi$ 时, $\overrightarrow{A'B'}$ 与 l 方向相反, 则

$$\text{Prj}_l\overrightarrow{AB}=-\left|\overrightarrow{A'B_1}\right|\cos(\pi-\theta)=\left|\overrightarrow{AB}\right|\cos\theta$$

因此, $0\leqslant\theta\leqslant\pi$ 时,

$$\text{Prj}_l\overrightarrow{AB}=\left|\overrightarrow{AB}\right|\cos\theta$$

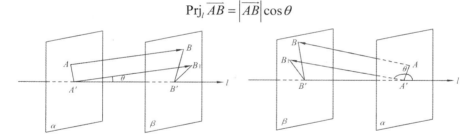

图 1-24

推论 相等向量在同一轴上的射影相等.

定理 1.7 对于任何向量 $\vec{a},\vec{b}$, 有

$$\text{Prj}_l(\vec{a}+\vec{b})=\text{Prj}_l\vec{a}+\text{Prj}_l\vec{b} \tag{1-15}$$

证明 如图 1-25 所示, 作 $\overrightarrow{AB}=\vec{a}$, $\overrightarrow{BC}=\vec{b}$, 则 $\overrightarrow{AC}=\vec{a}+\vec{b}$. 设 A,B,C 在轴 l 上的射影分别为 A',B',C', 则

$$\overrightarrow{A'B'}=射影向量\ l^{\overline{AB}},\quad \overrightarrow{B'C'}=射影向量\ l^{\overline{BC}},\quad \overrightarrow{A'C'}=射影向量\ l^{\overline{AC}}$$

又 $\overrightarrow{A'C'}=\overrightarrow{A'B'}+\overrightarrow{B'C'}$, 所以

$$射影向量\ l^{\overline{AC}}=射影向量\ l^{\overline{AB}}+射影向量\ l^{\overline{BC}}$$

由(1-13)式得

$$(\mathrm{Prj}_l \overrightarrow{AC})\vec{e} = (\mathrm{Prj}_l \overrightarrow{AB})\vec{e} + (\mathrm{Prj}_l \overrightarrow{BC})\vec{e} = (\mathrm{Prj}_l \overrightarrow{AB} + \mathrm{Prj}_l \overrightarrow{BC})\vec{e}$$

其中 $\vec{e}$ 为与 l 同向的单位向量, 因此

$$\mathrm{Prj}_l(\vec{a} + \vec{b}) = \mathrm{Prj}_l \vec{a} + \mathrm{Prj}_l \vec{b}$$

定理 1.7 可以推广到有限个向量
的情形.

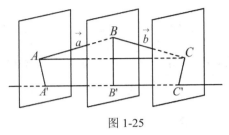

图 1-25

定理 1.8 对于任何向量 $\vec{a}$ 与实
数 λ, 有

$$\mathrm{Prj}_l(\lambda\vec{a}) = \lambda \mathrm{Prj}_l \vec{a} \tag{1-16}$$

证明 $\lambda = 0$ 或 $\vec{a} = \vec{0}$ 时, 命题显然成立.

设 $\lambda \neq 0$, $\vec{a} \neq \vec{0}$, 且 $\theta = \angle(l, \vec{a})$, 则 $\lambda > 0$ 时, $\angle(l, \lambda\vec{a}) = \theta$. 依据定理 1.6 得,

$$\mathrm{Prj}_l(\lambda\vec{a}) = |\lambda\vec{a}|\cos\theta = \lambda(|\vec{a}|\cos\theta) = \lambda\mathrm{Prj}_l\vec{a}$$

$\lambda < 0$ 时, $\angle(l, \lambda\vec{a}) = \pi - \theta$, 所以

$$\mathrm{Prj}_l(\lambda\vec{a}) = |\lambda\vec{a}|\cos(\pi - \theta) = -\lambda|\vec{a}|(-\cos\theta) = \lambda\mathrm{Prj}_l\vec{a}$$

因此, $\mathrm{Prj}_l(\lambda\vec{a}) = \lambda\mathrm{Prj}_l\vec{a}$.

二、两向量的内积

定义 1.10 两个向量 $\vec{a}$ 和 $\vec{b}$ 的模与它们夹角的余弦的乘积叫做向量 $\vec{a}$ 和 $\vec{b}$
的**内积**, 记作 $\vec{a} \cdot \vec{b}$ 或 $\vec{a}\,\vec{b}$, 即

$$\vec{a} \cdot \vec{b} = |\vec{a}| \cdot |\vec{b}| \cos\angle(\vec{a}, \vec{b}) \tag{1-17}$$

应用两向量内积的定义, 可以直接解决如下一些几何问题.

(1) 两向量垂直.

定理 1.9 两向量 $\vec{a}, \vec{b}$ 互相垂直的充要条件是

$$\vec{a} \cdot \vec{b} = 0$$

证明 必要性. 当 $\vec{a} \perp \vec{b}$ 时, $\cos\angle(\vec{a}, \vec{b}) = 0$, 所以

$$\vec{a} \cdot \vec{b} = |\vec{a}| \cdot |\vec{b}| \cos\angle(\vec{a}, \vec{b}) = 0$$

充分性. $\vec{a} \cdot \vec{b} = 0$, 即 $|\vec{a}| \cdot |\vec{b}| \cos\angle(\vec{a}, \vec{b}) = 0$, 如果 $\vec{a}, \vec{b}$ 均为非零向量, 则

$$\cos\angle(\vec{a}, \vec{b}) = 0$$

即 $\angle(\vec{a}, \vec{b}) = \dfrac{\pi}{2}$, 所以 $\vec{a} \perp \vec{b}$.

如果 $\vec{a},\vec{b}$ 中有零向量，显然有 $\vec{a} \perp \vec{b}$.

(2) 计算两个非零向量的夹角，即

$$\cos \angle(\vec{a},\vec{b}) = \frac{\vec{a} \cdot \vec{b}}{|\vec{a}||\vec{b}|} \tag{1-18}$$

(3) 计算向量的模.

记 $\vec{a} \cdot \vec{a} = \vec{a}^2$（叫做向量 $\vec{a}$ 的数量平方，简称"数量方"），由于

$$\vec{a}^2 = |\vec{a}||\vec{a}|\cos 0° = |\vec{a}|^2$$

则
$$|\vec{a}| = \sqrt{\vec{a}^2} \tag{1-19}$$

(4) 计算一个向量在另一个向量的射影.

因为 $\mathrm{Prj}_{\vec{a}}\vec{b} = |\vec{b}|\cos\angle(\vec{a},\vec{b})$，$\mathrm{Prj}_{\vec{b}}\vec{a} = |\vec{a}|\cos\angle(\vec{a},\vec{b})$，所以

$$\vec{a} \cdot \vec{b} = |\vec{a}|\mathrm{Prj}_{\vec{a}}\vec{b} = |\vec{b}|\mathrm{Prj}_{\vec{b}}\vec{a} \tag{1-20}$$

从而
$$\mathrm{Prj}_{\vec{a}}\vec{b} = \frac{\vec{a} \cdot \vec{b}}{|\vec{a}|} \tag{1-20'}$$

定理 1.10 向量的内积满足如下运算律：对于任意向量 $\vec{a},\vec{b},\vec{c}$ 及任意实数 λ，有

(1) 交换律：$\vec{a} \cdot \vec{b} = \vec{b} \cdot \vec{a}$.

(2) 关于数因子的结合律：$(\lambda\vec{a}) \cdot \vec{b} = \lambda(\vec{a} \cdot \vec{b})$.

(3) 分配律：$\vec{a} \cdot (\vec{b} + \vec{c}) = \vec{a} \cdot \vec{b} + \vec{a} \cdot \vec{c}$.

证明 (1) 由内积定义得

$$\vec{a} \cdot \vec{b} = |\vec{a}||\vec{b}|\cos\angle(\vec{a},\vec{b}) = |\vec{b}||\vec{a}|\cos\angle(\vec{b},\vec{a}) = \vec{a} \cdot \vec{b}$$

(2) $(\lambda\vec{a}) \cdot \vec{b} = |\vec{b}|\mathrm{Prj}_{\vec{b}}(\lambda\vec{a}) = |\vec{b}|(\lambda\mathrm{Prj}_{\vec{b}}\vec{a}) = \lambda(|\vec{b}|\mathrm{Prj}_{\vec{b}}\vec{a}) = \lambda(\vec{a} \cdot \vec{b})$.

(3) $\vec{a} \cdot (\vec{b} + \vec{c}) = |\vec{a}|\mathrm{Prj}_{\vec{a}}(\vec{b} + \vec{c}) = |\vec{a}|(\mathrm{Prj}_{\vec{a}}\vec{b} + \mathrm{Prj}_{\vec{a}}\vec{c})$

$$= |\vec{a}|\mathrm{Prj}_{\vec{a}}\vec{b} + |\vec{a}|\mathrm{Prj}_{\vec{a}}\vec{c} = \vec{a} \cdot \vec{b} + \vec{a} \cdot \vec{c}.$$

推论 1 $(\lambda\vec{a}) \cdot (\mu\vec{b}) = (\lambda\mu)(\vec{a} \cdot \vec{b})$.

事实上，$(\lambda\vec{a}) \cdot (\mu\vec{b}) = \lambda[\vec{a} \cdot (\mu\vec{b})] = \lambda[\mu(\vec{a} \cdot \vec{b})] = \lambda\mu(\vec{a} \cdot \vec{b})$.

推论 2 $(\vec{a} + \vec{b}) \cdot \vec{c} = \vec{a} \cdot \vec{c} + \vec{b} \cdot \vec{c}$.

根据向量内积的运算律，向量的内积可以像多项式乘法那样进行运算.例如，

$$(\vec{a}+\vec{b})\cdot(\vec{a}-\vec{b})=\vec{a}^2-\vec{b}^2$$

$$(\vec{a}\pm\vec{b})^2=\vec{a}^2\pm2\vec{a}\vec{b}+\vec{b}^2$$

$$(2\vec{a}+3\vec{b})\cdot(\vec{c}-4\vec{d})=2\vec{a}\cdot\vec{c}+3\vec{b}\cdot\vec{c}-8\vec{a}\cdot\vec{d}-12\vec{b}\cdot\vec{d}$$

例 8 证明: 对角线互相垂直的平行四边形是菱形.

证明 如图 1-26 所示, 在 $\square OACB$ 中, 对角线 OC 和 AB 互相垂直, 即 $\overrightarrow{OC}\perp\overrightarrow{AB}$, 所以

$$\overrightarrow{OC}\cdot\overrightarrow{AB}=0$$

而 $\overrightarrow{OC}=\overrightarrow{OA}+\overrightarrow{OB}$, $\overrightarrow{AB}=\overrightarrow{OB}-\overrightarrow{OA}$, 于是有

$$(\overrightarrow{OA}+\overrightarrow{OB})\cdot(\overrightarrow{OB}-\overrightarrow{OA})=0$$

即

$$\overrightarrow{OB}^2-\overrightarrow{OA}^2=0$$

所以

$$\left|\overrightarrow{OA}\right|=\left|\overrightarrow{OB}\right|$$

因此, 平行四边形 $OACB$ 是菱形.

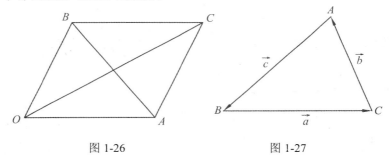

图 1-26   图 1-27

例 9 用向量法证明三角形的余弦定理.

证明 如图 1-27 所示, 在 $\triangle ABC$ 中, 设 $\overrightarrow{BC}=\vec{a}$, $\overrightarrow{CA}=\vec{b}$, $\overrightarrow{AB}=\vec{c}$, 而且 $\left|\vec{a}\right|=a$, $\left|\vec{b}\right|=b$, $\left|\vec{c}\right|=c$, 则

$$\vec{a}+\vec{b}+\vec{c}=\vec{0}$$

即

$$\vec{a}=-(\vec{b}+\vec{c})$$

从而

$$\vec{a}^2=\vec{b}^2+\vec{c}^2+2\vec{b}\cdot\vec{c}$$

所以

$$\vec{a}^2=\vec{b}^2+\vec{c}^2+2b\cdot c\cos(\pi-A)$$

即

$$a^2=b^2+c^2-2bc\cos A$$

例 10 用向量法证明三角形的三条高线交于一点.

证明 如图 1-28 所示, 设 $\triangle ABC$ 的 BC,CA 两边上的高线交于点 P, 现证

$PC \perp AB$ 即可.

设 $\overrightarrow{PA} = \vec{a}$, $\overrightarrow{PB} = \vec{b}$, $\overrightarrow{PC} = \vec{c}$, 则

$$\overrightarrow{AB} = \overrightarrow{PB} - \overrightarrow{PA} = \vec{b} - \vec{a}$$

$$\overrightarrow{BC} = \overrightarrow{PC} - \overrightarrow{PB} = \vec{c} - \vec{b}$$

$$\overrightarrow{CA} = \overrightarrow{PA} - \overrightarrow{PC} = \vec{a} - \vec{c}$$

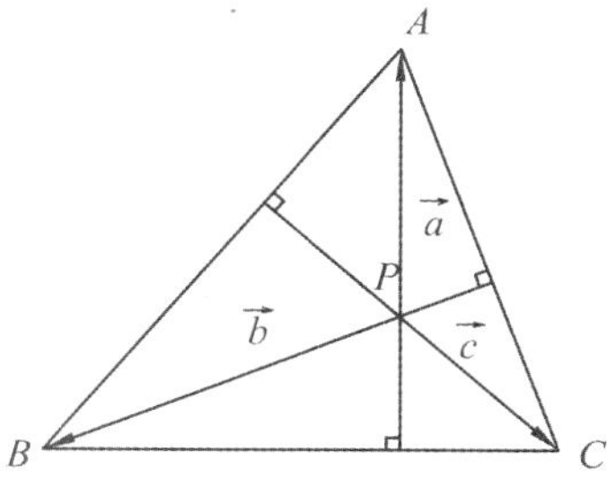

又 $\overrightarrow{PA} \perp \overrightarrow{BC}$, $\overrightarrow{PB} \perp \overrightarrow{CA}$, 于是

$$\left.\begin{array}{r} \vec{a} \cdot (\vec{c} - \vec{b}) = 0 \\ \vec{b} \cdot (\vec{a} - \vec{c}) = 0 \end{array}\right\}$$

图 1-28

所以
$$\left.\begin{array}{r} \vec{a} \cdot \vec{c} = \vec{a} \cdot \vec{b} \\ \vec{a} \cdot \vec{b} = \vec{b} \cdot \vec{c} \end{array}\right\}$$

所以
$$\vec{a} \cdot \vec{c} = \vec{b} \cdot \vec{c}$$

从而
$$\vec{c} \cdot \overrightarrow{AB} = \vec{c} \cdot (\vec{b} - \vec{a}) = (\vec{b} - \vec{a}) \cdot \vec{c} = \vec{b} \cdot \vec{c} - \vec{a} \cdot \vec{c} = 0$$

所以 $\vec{c} \perp \overrightarrow{AB}$, 即 $PC \perp AB$.

三、两向量的外积

设 $\vec{a}, \vec{b}, \vec{c}$ 是三个不共面的有序向量, 它们构成的有序向量组记作 $\{\vec{a}, \vec{b}, \vec{c}\}$, 把它们归结到共同始点 O, 伸开右手, 让中指翘出拇指与食指所在的掌心面, 并将拇指指向 $\vec{a}$, 食指指向 $\vec{b}$, 如果第三向量 $\vec{c}$ 的方向与中指的指向相同, 那么就称 $\{\vec{a}, \vec{b}, \vec{c}\}$ 为**右旋向量组**(或称 $\{\vec{a}, \vec{b}, \vec{c}\}$ 构成右手系)(见图 1-29); 否则称为**左旋向量组**(或称构成左手系)(见图 1-30).

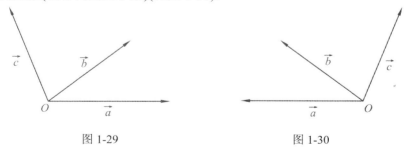

图 1-29　　　　　　　　　　　　图 1-30

显然, 如果 $\{\vec{a}, \vec{b}, \vec{c}\}$ 是右旋向量组, 那么 $\{\vec{b}, \vec{c}, \vec{a}\}$, $\{\vec{c}, \vec{a}, \vec{b}\}$ 也是右旋向量组, 而 $\{\vec{a}, \vec{c}, \vec{b}\}$, $\{\vec{b}, \vec{a}, \vec{c}\}$, $\{\vec{c}, \vec{b}, \vec{a}\}$ 是左旋向量组.

定义 1.11　两向量 $\vec{a}, \vec{b}$ 的外积是一个向量, 记作 $\vec{a} \times \vec{b}$, 它的模

$$|\vec{a}\times\vec{b}|=|\vec{a}||\vec{b}|\sin\angle(\vec{a},\vec{b}) \tag{1-21}$$

它的方向与 $\vec{a},\vec{b}$ 都垂直, 并且 $\{\vec{a},\vec{b},\vec{a}\times\vec{b}\}$ 构成右旋向量组(见图 1-31).

外积也叫做**向量积**, 又叫**叉积**, 读作 " $\vec{a}$ 叉 $\vec{b}$ ".

应用向量外积的定义, 我们可以直接解决如下一些几何问题.

(1) 两个不共线向量 $\vec{a}$ 与 $\vec{b}$ 的外积的模等于以 $\vec{a},\vec{b}$ 为邻边的平行四边形的面积, 即

$$S=|\vec{a}\times\vec{b}| \tag{1-22}$$

这就是向量外积的几何意义.

(2) 如图 1-32 所示, 以向量 $\vec{a},\vec{b},\vec{c}$ 构成的三角形的面积为

$$S_\triangle=\frac{1}{2}|\vec{a}\times\vec{b}|=\frac{1}{2}|\vec{b}\times\vec{c}|=\frac{1}{2}|\vec{c}\times\vec{a}| \tag{1-23}$$

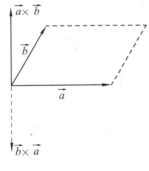 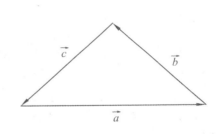

图 1-31　　　　　　　　　　　　图 1-32

(3) 判断两向量共线.

定理 1.11　两向量 $\vec{a},\vec{b}$ 共线的充要条件是 $\vec{a}\times\vec{b}=\vec{0}$.

证明　当 $\vec{a},\vec{b}$ 中有零向量时, 命题显然成立, 现证 $\vec{a}\ne\vec{0},\vec{b}\ne\vec{0}$ 的情况.

必要性. 设 $\vec{a}\,//\,\vec{b}$, 则 $\angle(\vec{a},\vec{b})=0$ 或 $\angle(\vec{a},\vec{b})=\pi$, 从而 $\sin\angle(\vec{a},\vec{b})=0$, 于是

$$\vec{a}\times\vec{b}=0$$

充分性. $\vec{a}\times\vec{b}=0$, 则

$$|\vec{a}\times\vec{b}|=|\vec{a}||\vec{b}|\sin\angle(\vec{a},\vec{b})=0$$

而 $|\vec{a}|\ne0,|\vec{b}|\ne0$, 所以,

$$\sin\angle(\vec{a},\vec{b})=0$$

又 $0 \leqslant \angle(\vec{a}, \vec{b}) \leqslant \pi$，于是

$$\angle(\vec{a}, \vec{b}) = 0 \quad \text{或} \quad \angle(\vec{a}, \vec{b}) = \pi$$

因此 $\vec{a} \parallel \vec{b}$.

定理 1.12 向量的外积满足如下运算律:

(1) 反交换律:

$$\vec{a} \times \vec{b} = -(\vec{b} \times \vec{a})$$

(2) 关于数因子的结合律:

$$(\lambda \vec{a}) \times \vec{b} = \lambda(\vec{a} \times \vec{b}) = \vec{a} \times (\lambda \vec{b})$$

(3) 分配律:

$$(\vec{a} + \vec{b}) \times \vec{c} = \vec{a} \times \vec{c} + \vec{b} \times \vec{c}$$

证明 (1) 若 $\vec{a}, \vec{b}$ 共线, 命题显然成立. 现设 $\vec{a}, \vec{b}$ 不共线, 因为

$$\left| \vec{a} \times \vec{b} \right| = |\vec{a}||\vec{b}| \sin \angle(\vec{a}, \vec{b}) = |\vec{b}||\vec{a}| \sin \angle(\vec{b}, \vec{a}) = \left| \vec{b} \times \vec{a} \right|$$

而 $\vec{a} \times \vec{b}$ 与 $\vec{b} \times \vec{a}$ 的方向相反, 所以

$$\vec{a} \times \vec{b} = -(\vec{b} \times \vec{a})$$

(2) 留给读者证明.

(3) 设 $\vec{a}, \vec{b}, \vec{c}$ 均为非零向量, 且不共线(否则显然成立), 在空间任取一点 O, 作 $\overrightarrow{OA} = \vec{a}$, $\overrightarrow{AB} = \vec{b}$, $\overrightarrow{OC} = \vec{c}$, 则

$$\overrightarrow{OB} = \vec{a} + \vec{b}$$

过点 O 作平面 π 垂直于 $\vec{c}$, 设 $\triangle OAB$ 在平面 π 上的射影为 $\triangle OA_1B_1$, 再按顺时针方向旋转 $90°$ 得 $\triangle OA_2B_2$(见图 1-33), 则

$$\overrightarrow{OA_2} = \vec{a} \times \vec{c^0}$$

其中 $\vec{c^0}$ 为 $\vec{c}$ 的单位向量.

事实上, 由于 $AA_1 \perp \pi$, 所以 $OA_2 \perp AA_1$. 而 $OA_2 \perp OA_1$, 于是 $OA_2 \perp$ 平面 OA_1A. 从而 $\overrightarrow{OA_2} \perp \vec{a}$, $\overrightarrow{OA_2} \perp \vec{c^0}$, 且 $\{\vec{a}, \vec{c^0}, \overrightarrow{OA_2}\}$ 构成右手系. 又

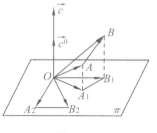

图 1-33

$$\left| \overrightarrow{OA_2} \right| = |OA_1| = |\vec{a}| \sin \angle(\vec{a}, \vec{c^0}) = |\vec{a}||\vec{c^0}| \sin \angle(\vec{a}, \vec{c^0}) = \left| \vec{a} \times \vec{c^0} \right|$$

所以
$$\overrightarrow{OA_2} = \vec{a} \times \vec{c^0}$$

同理
$$\overrightarrow{A_2B_2} = \vec{b} \times \vec{c^0}, \qquad \overrightarrow{OB_2} = (\vec{a} + \vec{b}) \times \vec{c^0}$$

而 $\overrightarrow{OB_2} = \overrightarrow{OA_2} + \overrightarrow{A_2B_2}$，所以
$$(\vec{a} + \vec{b}) \times \vec{c^0} = \vec{a} \times \vec{c^0} + \vec{b} \times \vec{c^0}$$

由关于数因子的结合律及 $\vec{c} = |\vec{c}|\vec{c^0}$，得
$$(\vec{a} + \vec{b}) \times \vec{c} = (\vec{a} + \vec{b}) \times (|\vec{c}|\vec{c^0}) = |\vec{c}|[(\vec{a} + \vec{b}) \times \vec{c^0}] = |\vec{c}|(\vec{a} \times \vec{c^0} + \vec{b} \times \vec{c^0})$$

$$= \vec{a} \times (|\vec{c}|\vec{c^0}) + \vec{b} \times (|\vec{c}|\vec{c^0}) = \vec{a} \times \vec{c} + \vec{b} \times \vec{c}$$

推论 1　$(\lambda\vec{a}) \times (\mu\vec{b}) = (\lambda\mu)(\vec{a} \times \vec{b})$．

推论 2　$\vec{c} \times (\vec{a} + \vec{b}) = \vec{c} \times \vec{a} + \vec{c} \times \vec{b}$．

由于向量的外积满足如上运算律，因此向量的外积也可以像多项式乘法那样展开，但是要注意它只满足反交换律，即如果要交换外积的两个因子向量，必须改变符号.

例 11　证明 $(\vec{a} - \vec{b}) \times (\vec{a} + \vec{b}) = 2(\vec{a} \times \vec{b})$，并指出等式的几何意义.

证明　$(\vec{a} - \vec{b}) \times (\vec{a} + \vec{b}) = \vec{a} \times \vec{a} + \vec{a} \times \vec{b} - \vec{b} \times \vec{a} - \vec{b} \times \vec{b}$
$$= \vec{a} \times \vec{b} + \vec{a} \times \vec{b} = 2(\vec{a} \times \vec{b}).$$

等式的几何意义：平行四边形面积的两倍等于以平行四边形的对角线为边的平行四边形的面积(见图 1-34).

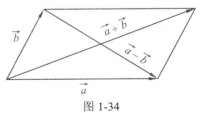

图 1-34

例 12　证明：$(\vec{a} \times \vec{b})^2 + (\vec{a} \cdot \vec{b})^2 = \vec{a}^2 \cdot \vec{b}^2$．

证明　因为
$$(\vec{a} \times \vec{b})^2 = |\vec{a}|^2|\vec{b}|^2 \sin^2 \angle(\vec{a}, \vec{b}), \quad (\vec{a} \cdot \vec{b})^2 = |\vec{a}|^2|\vec{b}|^2 \cos^2 \angle(\vec{a}, \vec{b})$$

相加即得
$$(\vec{a} \times \vec{b})^2 + (\vec{a} \cdot \vec{b})^2 = \vec{a}^2 \cdot \vec{b}^2 \tag{1-24}$$

(1-24)式给出了两向量内积与外积之间的关系.

习　题　1-3

1. 已知 $|\vec{a}|=3$，$|\vec{b}|=2$，$\angle(\vec{a},\vec{b})=60°$，求射影 $\vec{b}^{\vec{a}}$．

2. 设模为 4 的向量 $\vec{a}$ 与单位向量 $\vec{e}$ 的夹角为 $\dfrac{2}{3}\pi$，试求射影 $\vec{e}^{\vec{a}}$．

3. 已知 $|\vec{a}|=3$，$|\vec{b}|=4$，而且 $\vec{a},\vec{b}$ 间的夹角为 $\dfrac{\pi}{6}$，试求 $\vec{a}\cdot\vec{b}$，$\vec{a}^2,\vec{b}^2$，$(\vec{a}+2\vec{b})\cdot(\vec{a}-\vec{b})$．

4. 已知等边三角形 ABC 的边长为 1，且 $\overrightarrow{BC}=\vec{a}$，$\overrightarrow{CA}=\vec{b}$，$\overrightarrow{AB}=\vec{c}$，试求 $\vec{a}\cdot\vec{b}+\vec{b}\cdot\vec{c}+\vec{c}\cdot\vec{a}$．

5. $\vec{a},\vec{b},\vec{c}$ 两两相互垂直，且 $|\vec{a}|=1,|\vec{b}|=2,|\vec{c}|=3$，求 $\vec{r}=\vec{a}+\vec{b}+\vec{c}$ 的长和它分别与 $\vec{a},\vec{b},\vec{c}$ 的夹角．

6. 已知 $\vec{a}+3\vec{b}$ 与 $7\vec{a}-5\vec{b}$ 垂直，且 $\vec{a}-4\vec{b}$ 与 $7\vec{a}-2\vec{b}$ 垂直，求 $\vec{a},\vec{b}$ 的夹角．

7. 已知 $|\vec{a}|=2$，$|\vec{b}|=5$，$\angle(\vec{a},\vec{b})=\dfrac{2}{3}\pi$，$\vec{p}=3\vec{a}-\vec{b}$，$\vec{q}=\lambda\vec{a}+17\vec{b}$，求 $\vec{p}$ 与 $\vec{q}$ 垂直时的 λ 值．

8. 化简下列各式：

(1) $(\vec{a}+\vec{b})\times(\vec{a}-2\vec{b})$；　　　　(2) $(2\vec{a}+\vec{b})\times(3\vec{a}-\vec{b})$；

(3) $(\vec{a}+\vec{b}-\vec{c})\times(\vec{a}-\vec{b}+\vec{c})$．

9. 已知 $|\vec{a}|=1$，$|\vec{b}|=5$，$\vec{a}\cdot\vec{b}=3$，试求：

(1) $|\vec{a}\times\vec{b}|$；　　　　　　　(2) $[(\vec{a}+\vec{b})\times(\vec{a}-\vec{b})]^2$；

(3) $[(\vec{a}-2\vec{b})\times(\vec{b}-2\vec{a})]^2$．

10. 证明：

(1) 向量 $\vec{a}$ 与向量 $(\vec{a}\cdot\vec{b})\cdot\vec{c}-(\vec{a}\cdot\vec{c})\cdot\vec{b}$ 垂直．

(2) $\overrightarrow{AB}\cdot\overrightarrow{CD}+\overrightarrow{BC}\cdot\overrightarrow{AD}+\overrightarrow{CA}\cdot\overrightarrow{BD}=0$．

11. 试证明：$(\vec{a}\times\vec{b})^2\leqslant\vec{a}^2\cdot\vec{b}^2$，并指出等号成立的条件．

12. 已知 $\overrightarrow{AB}=\vec{a}-2\vec{b}$，$\overrightarrow{AD}=\vec{a}-3\vec{b}$，且 $|\vec{a}|=5,|\vec{b}|=3$，$\angle(\vec{a},\vec{b})=\dfrac{\pi}{6}$，求平行四边形 $ABCD$ 的面积．

13. 证明下列各题：

(1) 如果 $\vec{a}+\vec{b}+\vec{c}=\vec{0}$，那么 $\vec{a}\times\vec{b}=\vec{b}\times\vec{c}=\vec{c}\times\vec{a}$，并指出其几何意义；

(2) 如果 $\vec{a}\times\vec{b}=\vec{c}\times\vec{d}$，$\vec{a}\times\vec{c}=\vec{b}\times\vec{d}$，那么 $\vec{a}-\vec{d}$ 与 $\vec{b}-\vec{c}$ 共线.

14. 用向量法证明：

(1) 三角形的正弦定理：

$$\frac{a}{\sin A}=\frac{b}{\sin B}=\frac{c}{\sin C}$$

(2) 内接于半圆且以直径为一边的三角形为直角三角形.

(3) 三角形面积的海伦公式：

$$S^2=p(p-a)(p-b)(p-c)$$

其中 $p=\dfrac{1}{2}(a+b+c)$.

第四节　三向量的混合积与双重外积

一、三向量的混合积

定义 1.12　$(\vec{a}\times\vec{b})\cdot\vec{c}$ 叫做有序向量 $\vec{a},\vec{b},\vec{c}$ 的**混合积**，记作 $(\vec{a},\vec{b},\vec{c})$，即

$$(\vec{a},\vec{b},\vec{c})=(\vec{a}\times\vec{b})\cdot\vec{c}$$

由于 $\vec{a}\times\vec{b}\perp\vec{a}$，$\vec{a}\times\vec{b}\perp\vec{b}$，所以

$$(\vec{a}\times\vec{b})\cdot\vec{a}=0，\qquad(\vec{a}\times\vec{b})\cdot\vec{b}=0$$

下面介绍混合积 $(\vec{a}\times\vec{b})\cdot\vec{c}$ 的几何意义.

定理 1.13　不共面的三向量 $\vec{a},\vec{b},\vec{c}$ 的混合积的绝对值等于以 $\vec{a},\vec{b},\vec{c}$ 为棱的平行六面体的体积. 当 $\{\vec{a},\vec{b},\vec{c}\}$ 构成右手系时，混合积为正数；当 $\{\vec{a},\vec{b},\vec{c}\}$ 构成左手系时，混合积为负数.

证明　由于 $\vec{a},\vec{b},\vec{c}$ 不共面，将其归结到共同的始点 O 可构成以 $\vec{a},\vec{b},\vec{c}$ 为棱的平行六面体(见图 1-35). 它们的底面是以 $\vec{a},\vec{b}$ 为边的平行四边形，其面积为

$$S=\left|\vec{a}\times\vec{b}\right|$$

设 $\angle(\vec{a}\times\vec{b},\vec{c})=\theta$，高为 h，则

(1) $\{\vec{a},\vec{b},\vec{c}\}$ 构成右手系时(见图 1-35(a))，$h=\left|\overrightarrow{OH}\right|=|\vec{c}|\cos\theta$，则

$$(\vec{a} \times \vec{b}) \cdot \vec{c} = \left| \vec{a} \times \vec{b} \right| \left| \vec{c} \right| \cos\theta = S \cdot h = V$$

(2) $\{\vec{a}, \vec{b}, \vec{c}\}$ 构成左手系时(见图 1-35(b))，$h = \left| \overrightarrow{OH} \right| = \left| \vec{c} \right| \cos\varphi$，则

$$(\vec{a} \times \vec{b}) \cdot \vec{c} = \left| \vec{a} \times \vec{b} \right| \left| \vec{c} \right| \cos\theta = S \cdot \left| \vec{c} \right| \cos(\pi - \varphi) = -S \left| \vec{c} \right| \cos\varphi = -Sh = -V$$

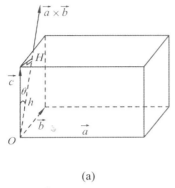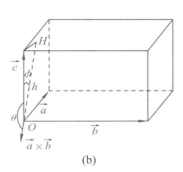

(a)　　　　　　　　　　　　　(b)

图 1-35

定理 1.14　三向量 $\vec{a}, \vec{b}, \vec{c}$ 共面的充要条件是 $(\vec{a}, \vec{b}, \vec{c}) = 0$．

证明　必要性. 设 $\vec{a}, \vec{b}, \vec{c}$ 共面，因为 $(\vec{a} \times \vec{b}) \perp \vec{a}$，$(\vec{a} \times \vec{b}) \perp \vec{b}$．所以

$$(\vec{a} \times \vec{b}) \perp \vec{c}$$

从而　　　　　　　　　　　　$$(\vec{a} \times \vec{b}) \cdot \vec{c} = 0$$

即 $(\vec{a}, \vec{b}, \vec{c}) = 0$．

　　充分性. 设 $(\vec{a}, \vec{b}, \vec{c}) = 0$，即 $(\vec{a} \times \vec{b}) \cdot \vec{c} = 0$，则

$$(\vec{a} \times \vec{b}) \perp \vec{c}$$

又 $(\vec{a} \times \vec{b}) \perp \vec{a}$，$(\vec{a} \times \vec{b}) \perp \vec{b}$，即 $\vec{a}, \vec{b}, \vec{c}$ 都垂直于 $\vec{a} \times \vec{b}$，所以 $\vec{a}, \vec{b}, \vec{c}$ 共面.

　　定理 1.15　轮换混合积的三个因子，混合积的值不变；对调混合积的任意两个因子，混合积变号，即

$$(\vec{a}, \vec{b}, \vec{c}) = (\vec{b}, \vec{c}, \vec{a}) = (\vec{c}, \vec{a}, \vec{b}) = -(\vec{a}, \vec{c}, \vec{b}) = -(\vec{c}, \vec{b}, \vec{a}) = -(\vec{b}, \vec{a}, \vec{c}) \qquad (1\text{-}25)$$

　　证明　当 $\{\vec{a}, \vec{b}, \vec{c}\}$ 为右手系时，$\{\vec{b}, \vec{c}, \vec{a}\}$ 仍为右手系，而 $\{\vec{a}, \vec{c}, \vec{b}\}$ 为左手系，所以

$$(\vec{a}, \vec{b}, \vec{c}) = (\vec{b}, \vec{c}, \vec{a}) = V，\quad (\vec{a}, \vec{c}, \vec{b}) = -V = -(\vec{a}, \vec{b}, \vec{c})$$

即　　　　　　　　　　　　$$(\vec{a}, \vec{b}, \vec{c}) = -(\vec{a}, \vec{c}, \vec{b})$$

其中 V 为以 $\vec{a},\vec{b},\vec{c}$ 为棱的平行六面体的体积.

同理可证其余等式.

推论 1 交换混合积的两种乘法, 混合积的值不变, 即

$$(\vec{a}\times\vec{b})\cdot\vec{c}=\vec{a}\cdot(\vec{b}\times\vec{c}) \tag{1-26}$$

推论 2 对任意向量 $\vec{a}_1,\vec{a}_2,\vec{b},\vec{c}$ 及实数 λ, 有

$$(\vec{a}_1+\vec{a}_2,\vec{b},\vec{c})=(\vec{a}_1,\vec{b},\vec{c})+(\vec{a}_2,\vec{b},\vec{c}) \tag{1-27}$$

$$(\lambda\vec{a},\vec{b},\vec{c})=\lambda(\vec{a},\vec{b},\vec{c}) \tag{1-28}$$

例 13 设三向量 $\vec{a},\vec{b},\vec{c}$ 满足 $\vec{a}\times\vec{b}+\vec{b}\times\vec{c}+\vec{c}\times\vec{a}=\vec{0}$, 试证明 $\vec{a},\vec{b},\vec{c}$ 共面.

证明 由 $\vec{a}\times\vec{b}+\vec{b}\times\vec{c}+\vec{c}\times\vec{a}=\vec{0}$, 得

$$\vec{a}\times\vec{b}=-(\vec{b}\times\vec{c})-(\vec{c}\times\vec{a})$$

把等式两边与 $\vec{c}$ 作内积, 得

$$(\vec{a}\times\vec{b})\cdot\vec{c}=-(\vec{b}\times\vec{c})\cdot\vec{c}-(\vec{c}\times\vec{a})\cdot\vec{c}=0$$

所以 $\vec{a},\vec{b},\vec{c}$ 共面.

例 14 含有未知向量的等式叫做向量方程. 试求向量方程组

$$\begin{cases} (\vec{x},\vec{a},\vec{b})=m \\ (\vec{x},\vec{b},\vec{c})=n \\ (\vec{x},\vec{c},\vec{a})=l \end{cases} \qquad (\vec{a},\vec{b},\vec{c})\neq 0$$

的解 $\vec{x}$.

解 因为 $(\vec{a},\vec{b},\vec{c})\neq 0$, 所以 $\vec{a},\vec{b},\vec{c}$ 不共面, 则空间任一向量 $\vec{x}$ 都可表示为

$$\vec{x}=x\vec{a}+y\vec{b}+z\vec{c}$$

两边与 $\vec{b}\times\vec{c}$ 作内积, 得

$$\vec{x}\cdot(\vec{b}\times\vec{c})=(x\vec{a})\cdot(\vec{b}\times\vec{c})+(y\vec{b})\cdot(\vec{b}\times\vec{c})+(z\vec{c})\cdot(\vec{b}\times\vec{c})$$

即

$$(\vec{x},\vec{b},\vec{c})=x(\vec{a},\vec{b},\vec{c})$$

所以

$$x=\frac{n}{(\vec{a},\vec{b},\vec{c})}$$

同理可得: $y = \dfrac{l}{(\vec{a},\vec{b},\vec{c})}$, $z = \dfrac{m}{(\vec{a},\vec{b},\vec{c})}$, 所以

$$\vec{x} = \frac{1}{(\vec{a},\vec{b},\vec{c})}(n\vec{a} + l\vec{b} + m\vec{c})$$

二、三向量的双重外积

定义 1.13 $(\vec{a} \times \vec{b}) \times \vec{c}$ 叫做有序三向量 $\vec{a},\vec{b},\vec{c}$ 的**双重外积**.

由向量外积的定义知道

$$[(\vec{a} \times \vec{b}) \times \vec{c}] \perp (\vec{a} \times \vec{b}) , \quad \vec{a} \perp (\vec{a} \times \vec{b}) , \quad \vec{b} \perp (\vec{a} \times \vec{b})$$

因此, $(\vec{a} \times \vec{b}) \times \vec{c}$ 与 $\vec{a},\vec{b}$ 共面.

关于三向量的双重外积我们有下面的定理.

定理 1.16 双重外积的分解式:

$$(\vec{a} \times \vec{b}) \times \vec{c} = (\vec{a} \cdot \vec{c})\vec{b} - (\vec{b} \cdot \vec{c})\vec{a} \tag{1-29}$$

证明 如果 $\vec{a},\vec{b},\vec{c}$ 中有一个为零向量或 $\vec{a},\vec{b}$ 共线时, (1-29)式显然成立. 现设 $\vec{a},\vec{b},\vec{c}$ 均为非零向量, 且 $\vec{a},\vec{b}$ 不共线, 可先证

$$(\vec{a} \times \vec{b}) \times \vec{a} = (\vec{a}^2)\vec{b} - (\vec{a} \cdot \vec{b})\vec{a} \tag{1}$$

因为 $(\vec{a} \times \vec{b}) \times \vec{a}, \vec{a}, \vec{b}$ 共面, 且 $\vec{a},\vec{b}$ 不共线, 所以可设

$$(\vec{a} \times \vec{b}) \times \vec{a} = \lambda \vec{a} + \mu \vec{b} \tag{2}$$

对(2)的两边分别与 $\vec{a},\vec{b}$ 作内积, 得

$$\lambda(\vec{a}^2) + \mu(\vec{a} \cdot \vec{b}) = 0 \tag{3}$$

$$\lambda(\vec{a} \cdot \vec{b}) + \mu(\vec{b}^2) = (\vec{a} \times \vec{b})^2 \tag{4}$$

利用公式(1-24)解由(3)(4)组成的方程组, 得

$$\lambda = -(\vec{a} \cdot \vec{b}) , \quad \mu = \vec{a}^2$$

代入(2)式即得(1)式.

下面证明(1-29)式成立.

因为 $\vec{a},\vec{b},\vec{a} \times \vec{b}$ 不共面, 所以对于空间任意向量 $\vec{c}$, 有

$$\vec{c} = \lambda\vec{a} + \mu\vec{b} + \gamma(\vec{a}\times\vec{b})$$

从而

$$(\vec{a}\times\vec{b})\times\vec{c}$$
$$= (\vec{a}\times\vec{b})\times[\lambda\vec{a} + \mu\vec{b} + \gamma(\vec{a}\times\vec{b})]$$
$$= \lambda[(\vec{a}\times\vec{b})\times\vec{a}] - \mu[(\vec{b}\times\vec{a})\times\vec{b}]$$
$$= \lambda[(\vec{a}^2)\vec{b} - (\vec{a}\cdot\vec{b})\vec{a}] - \mu[(\vec{b}^2)\vec{a} - (\vec{a}\cdot\vec{b})\vec{b}]$$
$$= [\lambda\vec{a}^2 + \mu(\vec{a}\cdot\vec{b})]\vec{b} - [\lambda(\vec{a}\cdot\vec{b}) + \mu\vec{b}^2]\vec{a}$$
$$= \{[\lambda\vec{a} + \mu\vec{b} + \gamma(\vec{a}\times\vec{b})]\cdot\vec{a}\}\vec{b} - \{[\lambda\vec{a} + \mu\vec{b} + \gamma(\vec{a}\times\vec{b})]\cdot\vec{b}\}\vec{a}$$
$$= (\vec{a}\cdot\vec{c})\vec{b} - (\vec{b}\cdot\vec{c})\vec{a}$$

即(1-29)式成立.

必须注意: 一般情况下, 向量的双重外积不满足结合律, 即

$$(\vec{a}\times\vec{b})\times\vec{c} \neq \vec{a}\times(\vec{b}\times\vec{c})$$

这是因为

$$\vec{a}\times(\vec{b}\times\vec{c}) = (\vec{a}\cdot\vec{c})\vec{b} - (\vec{a}\cdot\vec{b})\vec{c} \tag{1-30}$$

事实上,

$$\vec{a}\times(\vec{b}\times\vec{c}) = -(\vec{b}\times\vec{c})\times\vec{a} = -[(\vec{a}\cdot\vec{b})\vec{c} - (\vec{a}\cdot\vec{c})\vec{b}] = (\vec{a}\cdot\vec{c})\vec{b} - (\vec{a}\cdot\vec{b})\vec{c}$$

(1-29)和(1-30)式有如下共同的规律: 三向量的双重外积等于中间向量与其余两向量的内积的乘积减去括号内另一向量与其余两向量的内积的乘积.

定理 1.16 拉格朗日(Lagrange)恒等式:

$$(\vec{a}_1\times\vec{a}_2)\cdot(\vec{a}_3\times\vec{a}_4) = (\vec{a}_1\cdot\vec{a}_3)(\vec{a}_2\cdot\vec{a}_4) - (\vec{a}_1\cdot\vec{a}_4)(\vec{a}_2\cdot\vec{a}_3) \tag{1-31}$$

证明

$$(\vec{a}_1\times\vec{a}_2)\cdot(\vec{a}_3\times\vec{a}_4) = [(\vec{a}_1\times\vec{a}_2)\times\vec{a}_3]\cdot\vec{a}_4$$
$$= [(\vec{a}_1\cdot\vec{a}_3)\vec{a}_2 - (\vec{a}_2\cdot\vec{a}_3)\vec{a}_1]\cdot\vec{a}_4$$
$$= (\vec{a}_1\cdot\vec{a}_3)(\vec{a}_2\cdot\vec{a}_4) - (\vec{a}_1\cdot\vec{a}_4)(\vec{a}_2\cdot\vec{a}_3)$$

例 15 试证明雅可比(Jacobi)恒等式:

$$(\vec{a}\times\vec{b})\times\vec{c} + (\vec{b}\times\vec{c})\times\vec{a} + (\vec{c}\times\vec{a})\times\vec{b} = \vec{0}$$

证明

$$(\vec{a} \times \vec{b}) \times \vec{c} = (\vec{a} \cdot \vec{c})\vec{b} - (\vec{b} \cdot \vec{c})\vec{a}$$

$$(\vec{b} \times \vec{c}) \times \vec{a} = (\vec{a} \cdot \vec{b})\vec{c} - (\vec{a} \cdot \vec{c})\vec{b}$$

$$(\vec{c} \times \vec{a}) \times \vec{b} = (\vec{b} \cdot \vec{c})\vec{a} - (\vec{a} \cdot \vec{b})\vec{c}$$

三式相加得

$$(\vec{a} \times \vec{b}) \times \vec{c} + (\vec{b} \times \vec{c}) \times \vec{a} + (\vec{c} \times \vec{a}) \times \vec{b} = \vec{0}$$

例 16　证明:

$$(\vec{a}_1 \times \vec{a}_2) \times (\vec{a}_3 \times \vec{a}_4) = (\vec{a}_1, \vec{a}_2, \vec{a}_4)\vec{a}_3 - (\vec{a}_1, \vec{a}_2, \vec{a}_3)\vec{a}_4$$
$$= (\vec{a}_1, \vec{a}_3, \vec{a}_4)\vec{a}_2 - (\vec{a}_2, \vec{a}_3, \vec{a}_4)\vec{a}_1$$

证明　设 $\vec{a}_1 \times \vec{a}_2 = \vec{b}$，则

$$(\vec{a}_1 \times \vec{a}_2) \times (\vec{a}_3 \times \vec{a}_4) = \vec{b} \times (\vec{a}_3 \times \vec{a}_4) = (\vec{b} \cdot \vec{a}_4)\vec{a}_3 - (\vec{b} \cdot \vec{a}_3)\vec{a}_4$$
$$= [(\vec{a}_1 \times \vec{a}_2)\vec{a}_4]\vec{a}_3 - [(\vec{a}_1 \times \vec{a}_2)\vec{a}_3]\vec{a}_4$$
$$= (\vec{a}_1, \vec{a}_2, \vec{a}_4)\vec{a}_3 - (\vec{a}_1, \vec{a}_2, \vec{a}_3)\vec{a}_4$$

$$(\vec{a}_1 \times \vec{a}_2) \times (\vec{a}_3 \times \vec{a}_4) = -(\vec{a}_3 \times \vec{a}_4) \times (\vec{a}_1 \times \vec{a}_2)$$
$$= -[(\vec{a}_3, \vec{a}_4, \vec{a}_2)\vec{a}_1 - (\vec{a}_3, \vec{a}_4, \vec{a}_1)\vec{a}_2]$$
$$= (\vec{a}_3, \vec{a}_4, \vec{a}_1)\vec{a}_2 - (\vec{a}_3, \vec{a}_4, \vec{a}_2)\vec{a}_1$$
$$= (\vec{a}_1, \vec{a}_3, \vec{a}_4)\vec{a}_2 - (\vec{a}_2, \vec{a}_3, \vec{a}_4)\vec{a}_1$$

习　题　1-4

1. 证明定理 1.15 的推论 2，即对任意向量 $\vec{a}_1, \vec{a}_2, \vec{b}, \vec{c}$ 及实数 λ，有

$$(\vec{a}_1 + \vec{a}_2, \vec{b}, \vec{c}) = (\vec{a}_1, \vec{b}, \vec{c}) + (\vec{a}_2, \vec{b}, \vec{c})$$

$$(\lambda\vec{a}, \vec{b}, \vec{c}) = \lambda(\vec{a}, \vec{b}, \vec{c})$$

2. 化简: $(\vec{a} + 2\vec{b} - \vec{c}) \cdot [(\vec{a} - \vec{b}) \times (\vec{a} - \vec{b} - \vec{c})]$.

3. $\vec{a}, \vec{b}, \vec{c}$ 为非零向量, 试证明:

$$\left| (\vec{a}, \vec{b}, \vec{c}) \right| \leqslant |\vec{a}||\vec{b}||\vec{c}|$$

并指出等号成立的条件.

4. 证明下列各题:

(1) $(\vec{a}, \vec{b}, \vec{c} + \lambda\vec{a} + \mu\vec{b}) = (\vec{a}, \vec{b}, \vec{c})$;

(2) $(\vec{a} + \vec{b}, \ \vec{b} + \vec{c}, \vec{c} + \vec{a}) = 2(\vec{a}, \vec{b}, \vec{c})$;

(3) $(\vec{a} \times \vec{b}) \cdot (\vec{c} \times \vec{d}) + (\vec{b} \times \vec{c}) \cdot (\vec{a} \times \vec{d}) + (\vec{c} \times \vec{a}) \cdot (\vec{b} \times \vec{d}) = 0$;

(4) $(\vec{a} \times \vec{b}, \ \vec{b} \times \vec{c}, \vec{c} \times \vec{a}) = (\vec{a}, \vec{b}, \vec{c})^2$.

5. 两非零向量 $\vec{e}_1, \vec{e}_2$ 不共线, 若设 $\overrightarrow{AB} = \vec{e}_1 + \vec{e}_2$, $\overrightarrow{AC} = 2\vec{e}_1 + 8\vec{e}_2$, $\overrightarrow{AD} = 3(\vec{e}_1 - \vec{e}_2)$, 求证 A, B, C, D 共面.

6. 若设向径 $\overrightarrow{OA} = \vec{r}_1$, $\overrightarrow{OB} = \vec{r}_2$, $\overrightarrow{OC} = \vec{r}_3$, 试证明: $\vec{R} = (\vec{r}_1 \times \vec{r}_2) + (\vec{r}_2 \times \vec{r}_3) + (\vec{r}_3 \times \vec{r}_1)$ 垂直于平面 ABC.

7. 证明: $\vec{a}, \vec{b}, \vec{c}$ 共面的充要条件是 $\vec{b} \times \vec{c}, \vec{c} \times \vec{a}, \vec{a} \times \vec{b}$ 共面.

第五节　标架与坐标

定义 1.14　自空间一点 O 引三个不共面向量 $\vec{e}_1, \vec{e}_2, \vec{e}_3$, 它们合在一起称为空间的一个**仿射标架**, 记作 $\{O; \vec{e}_1, \vec{e}_2, \vec{e}_3\}$, 点 O 称为**原点**; 如果 $\vec{e}_1, \vec{e}_2, \vec{e}_3$ 都是单位向量, 那么 $\{O; \vec{e}_1, \vec{e}_2, \vec{e}_3\}$ 叫做**笛卡儿标架**; 如果 $\vec{e}_1, \vec{e}_2, \vec{e}_3$ 都是单位向量且两两互相垂直, 那么 $\{O; \vec{e}_1, \vec{e}_2, \vec{e}_3\}$ 叫做**笛卡儿直角标架**, 简称**直角标架**.

对于标架 $\{O; \vec{e}_1, \vec{e}_2, \vec{e}_3\}$, 如果 $\{\vec{e}_1, \vec{e}_2, \vec{e}_3\}$ 满足右手系, 则称 $\{O; \vec{e}_1, \vec{e}_2, \vec{e}_3\}$ 为**右旋标架**或**右手标架**(见图 1-36); 否则称为**左旋标架**或**左手标架**(见图 1-37)

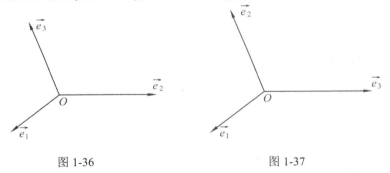

图 1-36　　　　　　　　　　　　　　　图 1-37

定义 1.15　对于取定的标架 $\{O; \vec{e}_1, \vec{e}_2, \vec{e}_3\}$, 根据本章第二节定理 1.5, 空间任意向量 $\vec{r}$ 总可以唯一表示为

$$\vec{r} = X\vec{e}_1 + Y\vec{e}_2 + Z\vec{e}_3$$

那么, 有序数组 X, Y, Z 称为向量 $\vec{r}$ 的**坐标**, 记作 $\vec{r} = \{X, Y, Z\}$ 或 $\vec{r}\{X, Y, Z\}$.

定义 1.16　对于取定的标架 $\{O; \vec{e}_1, \vec{e}_2, \vec{e}_3\}$, 空间任意一点 P 的位置可以由向量 $\overrightarrow{OP}$ 完全确定, 向量 $\overrightarrow{OP}$ 叫做点 P 的**向径**或**位置向量**; 向径 $\overrightarrow{OP}$ 的坐标

$\{x,y,z\}$ 叫做点 P 的坐标，记作 $P(x,y,z)$．

例 17 如图 1-38 所示，$ABCD-EFGH$ 为平行六面体，若设 $\overrightarrow{AB}=\vec{e}_1$，$\overrightarrow{AD}=\vec{e}_2$，$\overrightarrow{AE}=\vec{e}_3$，则对于标架 $\{A;\vec{e}_1,\vec{e}_2,\vec{e}_3\}$，点 B 的向径

$$\overrightarrow{AB}=\vec{e}_1+0\vec{e}_2+0\vec{e}_3$$

所以 $\overrightarrow{AB}=\{1,0,0\}$，点 $B(1,0,0)$；点 G 的向径

$$\overrightarrow{AG}=\vec{e}_1+\vec{e}_2+\vec{e}_3$$

所以 $\overrightarrow{AG}=\{1,1,1\}$，点 $G(1,1,1)$．

同理可得其余各点的坐标．

坐标系的建立可以通过标架来建立．

对于仿射标架 $\{O;\vec{e}_1,\vec{e}_2,\vec{e}_3\}$，过点 O 且分别以 $\vec{e}_1,\vec{e}_2,\vec{e}_3$ 的方向为方向得到三条数轴，分别称为 Ox 轴、Oy 轴、Oz 轴，统称

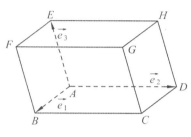

图 1-38

为**坐标轴**．由点 O 和三坐标轴组成的图形叫做**仿射坐标系**(见图 1-39)，记作 $O-xyz$ 或仍然用 $\{O;\vec{e}_1,\vec{e}_2,\vec{e}_3\}$ 来表示．点 O 叫做**坐标原点**；$\vec{e}_1,\vec{e}_2,\vec{e}_3$ 叫做**坐标向量**；两两坐标轴确定的平面叫做**坐标平面**，分别称为 xOy 坐标面、xOz 坐标面和 yOz 坐标面．

同理，由笛卡儿标架和直角标架决定的坐标系分别叫做**笛卡儿坐标系**和**直角坐标系**；右手标架决定的坐标系为**右手坐标系**，左手标架决定的坐标系为**左手坐标系**．若无特别说明，我们一般都采用右手坐标系．

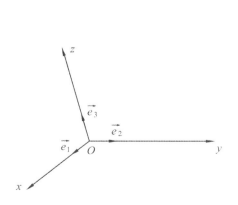

图 1-39

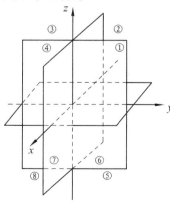

图 1-40

　　特别地,直角坐标系的坐标向量用 $\vec{i},\vec{j},\vec{k}$ 表示.

　　三个坐标面把空间分成八个部分,每一个部分叫做一个**卦限**,八个卦限的排列顺序见图 1-40.

　　坐标面上的点不属于任何卦限,它上面的点的坐标有一个为零.例如,xOy 坐标面上的点的坐标中,$z = 0$.

　　对于空间中任意一点 P,可以用下面的方法得到它的坐标:

　　过点 P 分别作三个平面平行于三个坐标面,依次交 x 轴,y 轴,z 轴于 P_x,P_y,P_z(见图 1-41),那么

$$\overrightarrow{OP} = \overrightarrow{OP_x} + \overrightarrow{OP_y} + \overrightarrow{OP_z} = x\vec{e}_1 + y\vec{e}_2 + z\vec{e}_3$$

x,y,z 即为点 P 的坐标.

　　反过来,如果已知空间点的坐标,例如,点 $A(1,2,3)$,点 $B(3,-2,4)$,可用图 1-42 的方法确定点 A,B,并把折线 $OMNA$ 叫做点 A 的**坐标折线**.

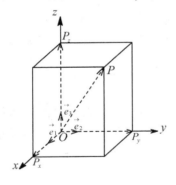

图 1-41

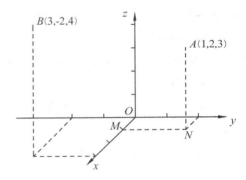

图 1-42

　　定理 1.18　向量的坐标等于其终点坐标减去对应的始点坐标.

　　证明　设向量 $\overrightarrow{P_1P_2}$ 的始点与终点分别为 $P_1(x_1,y_1,z_1)$ 与 $P_2(x_2,y_2,z_2)$(见图 1-43),则

$$\overrightarrow{OP_1} = x_1\vec{e}_1 + y_1\vec{e}_2 + z_1\vec{e}_3$$

$$\overrightarrow{OP_2} = x_2\vec{e}_1 + y_2\vec{e}_2 + z_2\vec{e}_3$$

所以

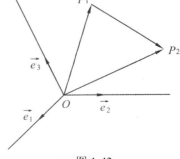

图 1-43

$$\overrightarrow{P_1P_2} = \overrightarrow{OP_2} - \overrightarrow{OP_1}$$
$$= (x_2\vec{e}_1 + y_2\vec{e}_2 + z_2\vec{e}_3) - (x_1\vec{e}_1 + y_1\vec{e}_2 + z_1\vec{e}_3)$$
$$= (x_2 - x_1)\vec{e}_1 + (y_2 - y_1)\vec{e}_2 + (z_2 - z_1)\vec{e}_3$$

即

$$\overrightarrow{P_1P_2} = \{x_2 - x_1, y_2 - y_1, z_2 - z_1\}$$

习　题　1-5

1. 如图所示，在平行四边形 $ABCD$ 中，设 $\overrightarrow{AB} = \vec{e}_1$，$\overrightarrow{AD} = \vec{e}_2$，$\overrightarrow{CB} = \vec{e}_1'$，$\overrightarrow{CD} = \vec{e}_2'$，分别写出平行四边形各顶点在标架 $\{A; \vec{e}_1, \vec{e}_2\}$ 与标架 $\{C; \vec{e}_1', \vec{e}_2'\}$ 下的坐标.

第 1 题

2. 已知平行四边形 $ABCD$ 中 A, B, C 三顶点的坐标, 求第四个顶点 D 的坐标:

(1) 在标架 $\{O; \vec{e}_1, \vec{e}_2\}$ 下，$A(-1, 2)$，$B(3, 0)$，$C(5, 1)$；

(2) 在标架 $\{O; \vec{e}_1, \vec{e}_2, \vec{e}_3\}$ 下，$A(0, -2, 0)$，$B(2, 0, 1)$，$C(0, 4, 2)$.

第六节　用坐标进行向量运算

一、线性运算

定理 1.19　两向量和的坐标等于两向量对应坐标的和；数乘向量的坐标等于这个数与向量的对应坐标的积.

证明　设 $\vec{a} = \{X_1, Y_1, Z_1\}$，$\vec{b} = \{X_2, Y_2, Z_2\}$，$\lambda$ 为实数，则

$$\vec{a} + \vec{b} = \{X_1, Y_1, Z_1\} + \{X_2, Y_2, Z_2\}$$

$$= (X_1\vec{e}_1 + Y_1\vec{e}_2 + Z_1\vec{e}_3) + (X_2\vec{e}_1 + Y_2\vec{e}_2 + Z_2\vec{e}_3)$$

$$= (X_1 + X_2)\vec{e}_1 + (Y_1 + Y_2)\vec{e}_2 + (Z_1 + Z_2)\vec{e}_3$$

$$\lambda\vec{a} = \lambda\{X_1, Y_1, Z_1\} = \lambda(X_1\vec{e}_1 + Y_1\vec{e}_2 + Z_1\vec{e}_3)$$

$$= (\lambda X_1)\vec{e}_1 + (\lambda Y_1)\vec{e}_2 + (\lambda Z_1)\vec{e}_3$$

所以

$$\vec{a} + \vec{b} = \{X_1 + X_2, Y_1 + Y_2, Z_1 + Z_2\} \tag{1-32}$$

$$\lambda\vec{a} = \{\lambda X_1, \lambda Y_1, \lambda Z_1\} \tag{1-33}$$

定理 1.20　两个非零向量 $\vec{a} = \{X_1, Y_1, Z_1\}$，$\vec{b} = \{X_2, Y_2, Z_2\}$ 共线的充要条件是它们的对应坐标成比例，即

$$\frac{X_1}{X_2} = \frac{Y_1}{Y_2} = \frac{Z_1}{Z_2}$$

注：上式中，若某个分母为零，规定其分子也为零.

推论　三点 $A(x_1, y_1, z_1)$，$B(x_2, y_2, z_2)$ 和 $C(x_3, y_3, z_3)$ 共线的充要条件是

$$\frac{x_2 - x_1}{x_3 - x_1} = \frac{y_2 - y_1}{y_3 - y_1} = \frac{z_2 - z_1}{z_3 - z_1} \tag{1-34}$$

对于有向线段 $\overrightarrow{P_1P_2}(P_1 \neq P_2)$，如果点 P 满足条件

$$\overrightarrow{P_1P} = \lambda\overrightarrow{PP_2} \quad (\lambda \neq -1)$$

那么点 P 称为分有向线段 $\overrightarrow{P_1P_2}$ 成定比 λ 的**定比分点**.

显然，当 $\lambda > 0$ 时，点 P 在线段 P_1P_2 上，点 P 称为**内分点**；当 $\lambda < 0$ 时，点 P 在线段 P_1P_2 的延长线上，点 P 称为**外分点**.

定理 1.21　设 $P_1(x_1, y_1, z_1)$，$P_2(x_2, y_2, z_2)$，点 P 分有向线段 $\overrightarrow{P_1P_2}$ 成定比 $\lambda(\lambda \neq -1)$，则点 P 的坐标为

$$x = \frac{x_1 + \lambda x_2}{1 + \lambda}, \quad y = \frac{y_1 + \lambda y_2}{1 + \lambda}, \quad z = \frac{z_1 + \lambda z_2}{1 + \lambda} \tag{1-35}$$

(1-35)式叫做有向线段的**定比分点坐标公式**.

证明　如图 1-44 所示，点 P 分 $\overrightarrow{P_1P_2}$ 成定比 λ，即

$$\overrightarrow{P_1P} = \lambda\overrightarrow{PP_2}$$

从而

$$\overrightarrow{OP} - \overrightarrow{OP_1} = \lambda(\overrightarrow{OP_2} - \overrightarrow{OP})$$

所以

$$\overrightarrow{OP} = \frac{\overrightarrow{OP_1} + \lambda\overrightarrow{OP_2}}{1+\lambda} \qquad (1\text{-}36)$$

又因为 $\overrightarrow{OP} = \{x, y, z\}$ ，$\overrightarrow{OP_1} = \{x_1, y_1, z_1\}$ ，

$\overrightarrow{OP_2} = \{x_2, y_2, z_2\}$ ，代入(1-36)式得

$$x = \frac{x_1 + \lambda x_2}{1+\lambda}, \quad y = \frac{y_1 + \lambda y_2}{1+\lambda}, \quad z = \frac{z_1 + \lambda z_2}{1+\lambda}$$

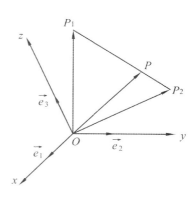

图 1-44

(1-36)叫做有向线段的向量式定比分点

公式.

推论 1　设 $P_1(x_1, y_1, z_1)$ ，$P_2(x_2, y_2, z_2)$ ，则线段 P_1P_2 的中点坐标为

$$x = \frac{x_1 + x_2}{2}, \quad y = \frac{y_1 + y_2}{2}, \quad z = \frac{z_1 + z_2}{2} \qquad (1\text{-}37)$$

推论 2　设 $\triangle ABC$ 的三顶点为 $A(x_1, y_1, z_1)$ ，$B(x_2, y_2, z_2)$ ，$C(x_3, y_3, z_3)$ ，则 $\triangle ABC$ 的重心 G 的坐标为

$$x = \frac{x_1 + x_2 + x_3}{3}, \quad y = \frac{y_1 + y_2 + y_3}{3}, \quad z = \frac{z_1 + z_2 + z_3}{3} \qquad (1\text{-}38)$$

证明　设 D 为 BC 的中点(见图 1-45)，则

$$D\left(\frac{x_2 + x_3}{2}, \frac{y_2 + y_3}{2}, \frac{z_2 + z_3}{2}\right)$$

又 $AG = 2GD$ ，所以

$$x = \frac{x_1 + 2 \times \dfrac{x_2 + x_3}{2}}{1+2} = \frac{x_1 + x_2 + x_3}{3}$$

同理

$$y = \frac{y_1 + y_2 + y_3}{3}, \qquad z = \frac{z_1 + z_2 + z_3}{3}$$

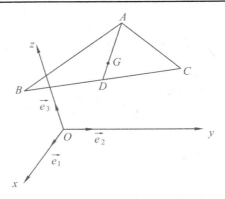

图 1-45

二、内 积

定理 1.22 在直角坐标系 $\{O; \vec{i}, \vec{j}, \vec{k}\}$ 下，$\vec{a} = \{X_1, Y_1, Z_1\}$，$\vec{b} = \{X_2, Y_2, Z_2\}$，那么

$$\vec{a} \cdot \vec{b} = X_1X_2 + Y_1Y_2 + Z_1Z_2 \tag{1-39}$$

证明 因为 $\vec{i}, \vec{j}, \vec{k}$ 为两两互相垂直的单位向量，所以

$$\vec{i} \cdot \vec{j} = \vec{j} \cdot \vec{i} = 0, \quad \vec{j} \cdot \vec{k} = \vec{k} \cdot \vec{j} = 0, \quad \vec{i} \cdot \vec{k} = \vec{k} \cdot \vec{i} = 0$$

$$\vec{i} \cdot \vec{i} = 1, \quad \vec{j} \cdot \vec{j} = 1, \quad \vec{k} \cdot \vec{k} = 1$$

从而

$$\vec{a} \cdot \vec{b} = (X_1\vec{i} + Y_1\vec{j} + Z_1\vec{k}) \cdot (X_2\vec{i} + Y_2\vec{j} + Z_2\vec{k}) = X_1X_2 + Y_1Y_2 + Z_1Z_2$$

推论 1 设 $\vec{a} = X\vec{i} + Y\vec{j} + Z\vec{k}$，则

$$|\vec{a}| = \sqrt{X^2 + Y^2 + Z^2} \tag{1-40}$$

推论 2 空间两点 $P_1(x_1, y_1, z_1)$，$P_2(x_2, y_2, z_2)$ 间的距离为

$$d = \sqrt{(x_2 - x_1)^2 + (y_2 - y_1)^2 + (z_2 - z_1)^2} \tag{1-41}$$

推论 3 两向量 $\vec{a} = X_1\vec{i} + Y_1\vec{j} + Z_1\vec{k}$ 与 $\vec{b} = X_2\vec{i} + Y_2\vec{j} + Z_2\vec{k}$ 的夹角的余弦为

$$\cos \angle(\vec{a}, \vec{b}) = \frac{X_1X_2 + Y_1Y_2 + Z_1Z_2}{\sqrt{X_1^2 + Y_1^2 + Z_1^2} \cdot \sqrt{X_2^2 + Y_2^2 + Z_2^2}} \tag{1-42}$$

推论 4 两向量 $\vec{a} = X_1\vec{i} + Y_1\vec{j} + Z_1\vec{k}$ 与 $\vec{b} = X_2\vec{i} + Y_2\vec{j} + Z_2\vec{k}$ 垂直的充要条件

为

$$X_1 X_2 + Y_1 Y_2 + Z_1 Z_2 = 0$$

向量与三坐标轴(或坐标向量)的夹角叫做向量的**方向角**；方向角的余弦叫做向量的**方向余弦**. 一个向量的方向可以由它的方向角或方向余弦完全确定.

定理 1.23　在直角坐标系 $\{O; \vec{i}, \vec{j}, \vec{k}\}$ 下，非零向量 $\vec{a} = X\vec{i} + Y\vec{j} + Z\vec{k}$ 的方向余弦为

$$\begin{cases} \cos\alpha = \dfrac{X}{|\vec{a}|} = \dfrac{X}{\sqrt{X^2 + Y^2 + Z^2}} \\ \cos\beta = \dfrac{Y}{|\vec{a}|} = \dfrac{Y}{\sqrt{X^2 + Y^2 + Z^2}} \\ \cos\gamma = \dfrac{Z}{|\vec{a}|} = \dfrac{Z}{\sqrt{X^2 + Y^2 + Z^2}} \end{cases} \tag{1-43}$$

证明　因为 $\vec{a} \cdot \vec{i} = X$，$\vec{a} \cdot \vec{i} = |\vec{a}| \cos \angle(\vec{a} \cdot \vec{i}) = |\vec{a}| \cos\alpha$，所以

$$X = |\vec{a}| \cos\alpha$$

从而

$$\cos\alpha = \frac{X}{|\vec{a}|} = \frac{X}{\sqrt{X^2 + Y^2 + Z^2}}$$

同理可得其余两式.

从定理 1.23 可以看出，向量可以由它的模和方向余弦完全确定. 若已知向量 $\vec{a}$ 的模和方向余弦，则 $\vec{a}$ 可以表示为

$$\vec{a} = |\vec{a}|(\vec{i} \cos\alpha + \vec{j} \cos\beta + \vec{k} \cos\gamma) \tag{1-44}$$

推论 1　一个向量的方向余弦的平方和等于 1，即

$$\cos^2\alpha + \cos^2\beta + \cos^2\gamma = 1 \tag{1-45}$$

推论 2　单位向量的坐标等于它的方向余弦，即

$$\overrightarrow{a^0} = \{\cos\alpha, \cos\beta, \cos\gamma\} \tag{1-46}$$

在平面上，还可单独用从 $\vec{i}$ 到 $\vec{a}$ 的有向角来确定 $\vec{a}$ 的方向，为此先引进方向角的概念.

从向量 $\vec{a}$ 到向量 $\vec{b}$ 的有向角记为 $\measuredangle(\vec{a}, \vec{b})$. 当 $\vec{a}, \vec{b}$ 不共线时，以 $\vec{a}$ 扫过 $\vec{a}, \vec{b}$ 的夹角 $\angle(\vec{a}, \vec{b})$ 旋转到与 $\vec{b}$ 同向的位置时，如果旋转的方向是按逆时针方向，

则 $\measuredangle(\vec{a},\vec{b})=\angle(\vec{a},\vec{b})$；如果旋转是按顺时针方向，则 $\measuredangle(\vec{a},\vec{b})=-\angle(\vec{a},\vec{b})$．当 $\vec{a}//\vec{b}$

时，$\measuredangle(\vec{a},\vec{b})=\angle(\vec{a},\vec{b})$．因此，在平面上，设
$\measuredangle(\vec{i},\vec{a})=\varphi$，$\vec{a}$ 的方向角为 α,β（见图 1-46），则

$$\cos\alpha=\cos\varphi$$
$$\cos\beta=\cos\angle(\vec{j},\vec{a})$$
$$=\cos[\measuredangle(\vec{j},\vec{i})+\measuredangle(\vec{i},\vec{a})]$$
$$=\cos\left(-\frac{\pi}{2}+\varphi\right)$$
$$=\sin\varphi$$

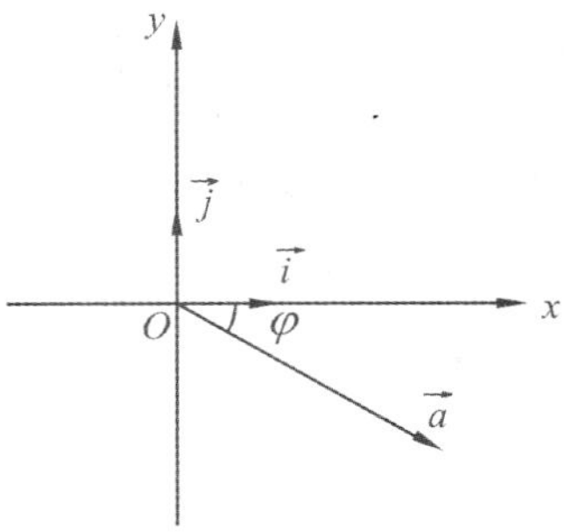

图 1-46

所以

$$\vec{a}=|\vec{a}|(\vec{i}\cos\varphi+\vec{j}\sin\varphi) \tag{1-44$'$}$$

例 18　已知三点 $A(1,0,0)$，$B(3,1,1)$，$C(2,0,1)$，且 $\overrightarrow{BC}=\vec{a}$，$\overrightarrow{CA}=\vec{b}$，$\overrightarrow{AB}=\vec{c}$，求

(1) $\vec{a}$ 与 $\vec{b}$ 的夹角;

(2) $\vec{a}$ 在 $\vec{c}$ 上的射影.

解　由已知得

$$\vec{a}=\overrightarrow{BC}=\{-1,-1,0\},\quad |\vec{a}|=\sqrt{2}$$
$$\vec{b}=\overrightarrow{CA}=\{-1,0,-1\},\quad |\vec{b}|=\sqrt{2}$$
$$\vec{c}=\overrightarrow{AB}=\{2,1,1\},\quad |\vec{c}|=\sqrt{6}$$

所以

$$\cos\angle(\vec{a},\vec{b})=\frac{\vec{a}\cdot\vec{b}}{|\vec{a}||\vec{b}|}=\frac{1}{\sqrt{2}\times\sqrt{2}}=\frac{1}{2}$$

所以(1)　$\angle(\vec{a},\vec{b})=\dfrac{\pi}{3}$．

(2)　$\text{Prj}_{\vec{c}}\vec{a}=\dfrac{\vec{a}\cdot\vec{c}}{|\vec{c}|}=\dfrac{-3}{\sqrt{6}}=-\dfrac{\sqrt{6}}{2}$．

例 19　用向量的内积证明柯西不等式:

$$(a_1b_1+a_2b_2+a_3b_3)^2\leqslant(a_1^2+a_2^2+a_3^2)(b_1^2+b_2^2+b_3^2)$$

证明　设 $\vec{a}=\{a_1,a_2,a_3\}$，$\vec{b}=\{b_1,b_2,b_3\}$，则

$$\vec{a} \cdot \vec{b} = |\vec{a}||\vec{b}|\cos\angle(\vec{a},\vec{b})$$

所以
$$|\vec{a} \cdot \vec{b}| \leqslant |\vec{a}||\vec{b}|$$

从而
$$|a_1b_1 + a_2b_2 + a_3b_3| \leqslant \sqrt{a_1^{\,2} + a_2^{\,2} + a_3^{\,2}}\sqrt{b_1^{\,2} + b_2^{\,2} + b_3^{\,2}}$$

所以
$$(a_1b_1 + a_2b_2 + a_3b_3)^2 \leqslant (a_1^{\,2} + a_2^{\,2} + a_3^{\,2})(b_1^{\,2} + b_2^{\,2} + b_3^{\,2})$$

例 20 试证明：在直角坐标系 $\{O;\vec{i},\vec{j},\vec{k}\}$ 下，$\vec{a} = X\vec{i} + Y\vec{j} + Z\vec{k}$，那么

$$X = \mathrm{Prj}_{\vec{i}}\vec{a}, \quad Y = \mathrm{Prj}_{\vec{j}}\vec{a}, \quad Z = \mathrm{Prj}_{\vec{k}}\vec{a} \tag{1-47}$$

证明 作 $\overrightarrow{OP} = a$，并过点 P 分别作垂直于 Ox 轴、Oy 轴、Oz 轴的平面，交点分别为 A,B,C（见图 1-47），则

$$\overrightarrow{OA} = \text{射影向量}\vec{i}^{\,a} = (\mathrm{Prj}_{\vec{i}}\vec{a})\vec{i}$$

$$\overrightarrow{OB} = \text{射影向量}\vec{j}^{\,a} = (\mathrm{Prj}_{\vec{j}}\vec{a})\vec{j}$$

$$\overrightarrow{OC} = \text{射影向量}\vec{k}^{\,a} = (\mathrm{Prj}_{\vec{k}}\vec{a})\vec{k}$$

从而
$$\vec{a} = \overrightarrow{OP} = \overrightarrow{OA} + \overrightarrow{OB} + \overrightarrow{OC}$$
$$= (\mathrm{Prj}_{\vec{i}}\vec{a})\vec{i} + (\mathrm{Prj}_{\vec{j}}\vec{a})\vec{j} + (\mathrm{Prj}_{\vec{k}}\vec{a})\vec{k}$$

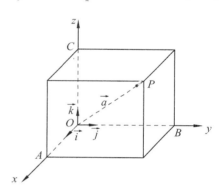

图 1-47

由向量分解的唯一性得

$$X = \mathrm{Prj}_{\vec{i}}\vec{a}, \quad Y = \mathrm{Prj}_{\vec{j}}\vec{a}, \quad Z = \mathrm{Prj}_{\vec{k}}\vec{a}$$

三、外 积

定理 1.24 在直角坐标系 $\{O;\vec{i},\vec{j},\vec{k}\}$ 下，如果 $\vec{a} = X_1\vec{i} + Y_1\vec{j} + Z_1\vec{k}$，$\vec{b} = X_2\vec{i} + Y_2\vec{j} + Z_2\vec{k}$，那么

$$\vec{a} \times \vec{b} = \begin{vmatrix} Y_1 & Z_1 \\ Y_2 & Z_2 \end{vmatrix}\vec{i} + \begin{vmatrix} Z_1 & X_1 \\ Z_2 & X_2 \end{vmatrix}\vec{j} + \begin{vmatrix} X_1 & Y_1 \\ X_2 & Y_2 \end{vmatrix}\vec{k} \tag{1-48}$$

为了便于记忆，或写成

$$\vec{a}\times\vec{b}=\begin{vmatrix} \vec{i} & \vec{j} & \vec{k} \\ X_1 & Y_1 & Z_1 \\ X_2 & Y_2 & Z_2 \end{vmatrix}\qquad\qquad (1\text{-}48)'$$

证明　因为 $\vec{i},\vec{j},\vec{k}$ 是两两互相垂直的单位向量，所以

$$\vec{i}\times\vec{i}=0,\ \vec{j}\times\vec{j}=0,\ \vec{k}\times\vec{k}=0$$

$$\vec{i}\times\vec{j}=\vec{k},\ \vec{j}\times\vec{k}=\vec{i},\ \vec{k}\times\vec{i}=\vec{j}$$

$$\vec{i}\times\vec{k}=-\vec{j},\ \vec{k}\times\vec{j}=-\vec{i},\ \vec{j}\times\vec{i}=-\vec{k}$$

所以

$$\begin{aligned}
\vec{a}\times\vec{b} &= (X_1\vec{i}+Y_1\vec{j}+Z_1\vec{k})\times(X_2\vec{i}+Y_2\vec{j}+Z_2\vec{k}) \\
&= (X_1Y_2)\vec{k}-(X_1Z_2)\vec{j}-(X_2Y_1)\vec{k}+(Y_1Z_2)\vec{i}+(X_2Z_1)\vec{j}-(Y_2Z_1)\vec{i} \\
&= (Y_1Z_2-Y_2Z_1)\vec{i}+(X_2Z_1-X_1Z_2)\vec{j}+(X_1Y_2-X_2Y_1)\vec{k} \\
&= \begin{vmatrix} Y_1 & Z_1 \\ Y_2 & Z_2 \end{vmatrix}\vec{i}+\begin{vmatrix} Z_1 & X_1 \\ Z_2 & X_2 \end{vmatrix}\vec{j}+\begin{vmatrix} X_1 & Y_1 \\ X_2 & Y_2 \end{vmatrix}\vec{k}
\end{aligned}$$

写成三阶行列式，即

$$\vec{a}\times\vec{b}=\begin{vmatrix} \vec{i} & \vec{j} & \vec{k} \\ X_1 & Y_1 & Z_1 \\ X_2 & Y_2 & Z_2 \end{vmatrix}$$

例 21　设 $\vec{a}=2\vec{i}+3\vec{j}-\vec{k}$，$\vec{b}=\vec{i}+2\vec{j}+3\vec{k}$，求 $\vec{a}\times\vec{b}$．

解

$$\vec{a}\times\vec{b}=\begin{vmatrix} 3 & -1 \\ 2 & 3 \end{vmatrix}\vec{i}+\begin{vmatrix} -1 & 2 \\ 3 & 1 \end{vmatrix}\vec{j}+\begin{vmatrix} 2 & 3 \\ 1 & 2 \end{vmatrix}\vec{k}=11\vec{i}-7\vec{j}+\vec{k}$$

或写成
$$\vec{a}\times\vec{b}=\{11,-7,1\}$$

例 22　在直角坐标系下，已知三点 $A(1,2,3)$，$B(2,-1,5)$，$C(3,2,-5)$，求

(1) $\triangle ABC$ 的面积；

(2) $\triangle ABC$ 的 AB 边上的高 h．

解　因为 $\overrightarrow{AB}=\{1,-3,2\}$，$\overrightarrow{AC}=\{2,0,-8\}$，所以

$$\overrightarrow{AB}\times\overrightarrow{AC}=\begin{vmatrix} -3 & 2 \\ 0 & -8 \end{vmatrix}\vec{i}+\begin{vmatrix} 2 & 1 \\ -8 & 2 \end{vmatrix}\vec{j}+\begin{vmatrix} 1 & -3 \\ 2 & 0 \end{vmatrix}\vec{k}$$

$$=\{24,12,6\}=6\{4,2,1\}$$

所以 $\triangle ABC$ 的面积

$$S_\triangle = \frac{1}{2}\left|\overrightarrow{AB}\times\overrightarrow{AC}\right| = \frac{1}{2}(6\sqrt{4^2+2^2+1^2}) = 3\sqrt{21}$$

又因为 $\left|\overrightarrow{AB}\right| = \sqrt{14}$，且

$$S_\triangle = \frac{1}{2}\left|\overrightarrow{AB}\right|\cdot h = 3\sqrt{21}$$

所以 $h = \dfrac{6\sqrt{21}}{\sqrt{14}} = 3\sqrt{6}$.

四、混合积

定理　1.25　在直角坐标系 $\{O;\vec{i},\vec{j},\vec{k}\}$ 下，如果 $\vec{a} = X_1\vec{i} + Y_1\vec{j} + Z_1\vec{k}$，$\vec{b} = X_2\vec{i} + Y_2\vec{j} + Z_2\vec{k}$，$\vec{c} = X_3\vec{i} + Y_3\vec{j} + Z_3\vec{k}$，那么

$$(\vec{a},\vec{b},\vec{c}) = \begin{vmatrix} X_1 & Y_1 & Z_1 \\ X_2 & Y_2 & Z_2 \\ X_3 & Y_3 & Z_3 \end{vmatrix} \tag{1-49}$$

证明　由定理 1.24 得

$$\vec{a}\times\vec{b} = \begin{vmatrix} Y_1 & Z_1 \\ Y_2 & Z_2 \end{vmatrix}\vec{i} + \begin{vmatrix} Z_1 & X_1 \\ Z_2 & X_2 \end{vmatrix}\vec{j} + \begin{vmatrix} X_1 & Y_1 \\ X_2 & Y_2 \end{vmatrix}\vec{k}$$

再根据定理 1.22 得

$$\begin{aligned}(\vec{a}\times\vec{b})\cdot\vec{c} &= X_3\begin{vmatrix} Y_1 & Z_1 \\ Y_2 & Z_2 \end{vmatrix} + Y_3\begin{vmatrix} Z_1 & X_1 \\ Z_2 & X_2 \end{vmatrix} + Z_3\begin{vmatrix} X_1 & Y_1 \\ X_2 & Y_2 \end{vmatrix} \\ &= \begin{vmatrix} X_1 & Y_1 & Z_1 \\ X_2 & Y_2 & Z_2 \\ X_3 & Y_3 & Z_3 \end{vmatrix}\end{aligned}$$

推论　1　三向量 $\vec{a} = \{X_1,Y_1,Z_1\}$，$\vec{b} = \{X_2,Y_2,Z_2\}$，$\vec{c} = \{X_3,Y_3,Z_3\}$ 共面的充要条件为

$$\begin{vmatrix} X_1 & Y_1 & Z_1 \\ X_2 & Y_2 & Z_2 \\ X_3 & Y_3 & Z_3 \end{vmatrix} = 0$$

推论 2 空间四点 $P_i(x_i, y_i, z_i)(i=1,2,3,4)$ 共面的充要条件为

$$\begin{vmatrix} x_2-x_1 & y_2-y_1 & z_2-z_1 \\ x_3-x_1 & y_3-y_1 & z_3-z_1 \\ x_4-x_1 & y_4-y_1 & z_4-z_1 \end{vmatrix} = 0$$

或

$$\begin{vmatrix} x_1 & y_1 & z_1 & 1 \\ x_2 & y_2 & z_2 & 1 \\ x_3 & y_3 & z_3 & 1 \\ x_4 & y_4 & z_4 & 1 \end{vmatrix} = 0$$

例 23 已知四面体的顶点为 $A(0,0,0)$，$B(3,4,-1)$，$C(2,3,5)$，$D(6,0,-3)$，求四面体的体积.

解 由于 $\overrightarrow{AB}=\{3,4,-1\}$，$\overrightarrow{AC}=\{2,3,5\}$，$\overrightarrow{AD}=\{6,0,-3\}$，则

$$(\overrightarrow{AB},\overrightarrow{AC},\overrightarrow{AD})=\begin{vmatrix} 3 & 4 & -1 \\ 2 & 3 & 5 \\ 6 & 0 & -3 \end{vmatrix}=135$$

根据混合积的几何意义及四面体 $ABCD$ 的体积等于以 AB,AC 和 AD 为棱的平行六面体的体积的 $\dfrac{1}{6}$，得

$$V=\frac{1}{6}\left|(\overrightarrow{AB},\overrightarrow{AC},\overrightarrow{AD})\right|=\frac{135}{6}=\frac{45}{2}$$

习 题 1-6

1. 在平行六面体 $ABCD-EFGH$ 中(参看本章习题 1-1 的第一题图)，平行四边形 $CGHD$ 的中心为 P，设 $\overrightarrow{AB}=\vec{e}_1$，$\overrightarrow{AD}=\vec{e}_2$，$\overrightarrow{AE}=\vec{e}_3$，试求向量 $\overrightarrow{BP}$，$\overrightarrow{EP}$ 关于标架 $\{A;\vec{e}_1,\vec{e}_2,\vec{e}_3\}$ 的坐标，以及 $\triangle BEP$ 三顶点及其重心关于标架 $\{A;\vec{e}_1,\vec{e}_2,\vec{e}_3\}$ 的坐标.

2. 在空间直角坐标系 $\{O;\vec{i},\vec{j},\vec{k}\}$ 下，设点 $P(2,3,-1)$，$M(a,b,c)$，分别求这两点关于 (1) 坐标面, (2) 坐标轴, (3) 坐标原点的各个对称点的坐标.

3. 已知 $\overrightarrow{OA}=\{4,-1,5\}$，$\overrightarrow{OB}=\{-1,8,0\}$，求 $\overrightarrow{AB}$，$|\overrightarrow{AB}|$ 及 $\overrightarrow{OA}+\overrightarrow{OB}$.

4. 已知 $\vec{a}=\{0,-1,0\}$，$\vec{b}=\{1,2,3\}$，$\vec{c}=\{2,0,1\}$，求 $\vec{a}+2\vec{b}-3\vec{c}$.

5. 在直角坐标系 $\{O;\vec{i},\vec{j},\vec{k}\}$ 下，求向量 $\vec{a}=\vec{i}+\sqrt{2}\vec{j}+\vec{k}$ 的方向角.

6. 在直角坐标系下，求与向量 $\vec{a}=\{16,-15,12\}$ 平行、方向相反，且模为 75 的向量.

7. 从点 $A(2,-1,7)$ 沿向量 $\vec{a}=8\vec{i}+9\vec{j}-12\vec{k}$ 的方向取线段 $\left|\overrightarrow{AB}\right|=34$，求 B 点的坐标.

8. 判别下列各组向量 $\vec{a},\vec{b},\vec{c}$ 是否共面，若共面，把 $\vec{c}$ 表示成 $\vec{a},\vec{b}$ 的线性组合.

(1) $\vec{a}=\{5,2,1\}$，$\vec{b}=\{-1,4,2\}$，$\vec{c}=\{-1,-1,6\}$；

(2) $\vec{a}=\{6,4,2\}$，$\vec{b}=\{-9,6,3\}$，$\vec{c}=\{-3,6,3\}$.

9. 把下列每组向量中的 $\vec{d}$ 表示成 $\vec{a},\vec{b},\vec{c}$ 的线性组合：

(1) $\vec{a}=\{2,3,1\}$，$\vec{b}=\{5,7,0\}$，$\vec{c}=\{3,-2,4\}$，$\vec{d}=\{4,12,-3\}$；

(2) $\vec{a}=\{5,-2,0\}$，$\vec{b}=\{0,-3,4\}$，$\vec{c}=\{-6,0,1\}$，$\vec{d}=\{25,-22,16\}$.

10. 在直角坐标系下，求向量 $\vec{a}=\{1,-1,1\}$ 的方向余弦及与 $\vec{a}$ 同向的单位向量.

11. 已知平行四边形以 $\vec{a}=\{2,1,-1\}$，$\vec{b}=\{1,2,-1\}$ 为两边，求：

(1) 它的边长和内角；

(2) 它的对角线的长和夹角.

12. 已知 $\triangle ABC$ 的三顶点 $A(0,0,3)$，$B(4,0,0)$，$C(0,8,-3)$，试求

(1) 三角形的三中线长；

(2) 角 A 的平分线向量 $\overrightarrow{AD}$（终点 D 在 BC 边上）.

13. 已知 $\vec{a}=\{3,-1,-2\}$，$\vec{b}=\{1,2,-1\}$，试求下列向量：

(1) $\vec{a}\times\vec{b}$；

(2) $(2\vec{a}+\vec{b})\times\vec{b}$；

(3) $(2\vec{a}-\vec{b})\times(2\vec{a}+\vec{b})$.

14. 在直角坐标系下，已知 $A(5,1,-1)$，$B(0,-4,3)$，$C(1,-3,7)$，求

(1) $\triangle ABC$ 的面积；

(2) $\triangle ABC$ 的三条高.

15. 已知直角坐标系下，$\vec{a}=\{2,3,1\}$，$\vec{b}=\{5,6,4\}$，求

(1) 以 $\vec{a},\vec{b}$ 为边的平行四边形面积；

(2)此平行四边形的两条高.

16. 已知直角坐标系下 A, B, C, D 四点,判别它们是否共面,若不共面,求以它们为顶点的四面体的体积和从顶点 D 所引出的高.

(1) $A(1,0,1)$, $B(4,4,6)$, $C(2,2,3)$, $D(10,14,17)$;

(2) $A(2,3,1)$, $B(4,1,-2)$, $C(6,3,7)$, $D(-5,4,8)$.

17. 直角坐标系下, $\vec{a} = \{3,1,2\}$, $\vec{b} = \{2,7,4\}$, $\vec{c} = \{1,2,1\}$, 求 $(\vec{a} \times \vec{b}) \times \vec{c}$ 和 $\vec{a} \times (\vec{b} \times \vec{c})$.

18. 用坐标法证明:四面体 $ABCD$ 的对棱中点的连线交于一点且互相平分.

第二章 平面与空间直线

平面与空间直线是空间中最简单而又最基本的曲面和曲线. 在这一章我们将用向量法和坐标法来建立平面与空间直线的方程, 并通过方程研究它们之间的位置关系和度量问题.

一般地, 建立平面和直线的方程以及讨论它们之间的结合关系、位置关系, 我们采用仿射坐标系, 因为仿射坐标系更具有一般性. 而用仿射坐标系和直角坐标系, 其结论都是一样的. 在研究有关度量问题时, 为了方便, 我们都采用直角坐标系.

第一节 平面的方程

在空间, 确定平面有各种不同的形式, 相应的, 也就有各种不同形式的平面方程.

一、平面的点位式方程与一般方程

在空间, 经过一定点 M_0 且与一对不共线向量 $\vec{a}, \vec{b}$ 平行的平面 π 是唯一确定的. 与平面平行的一对不共线向量叫做平面的**方位向量**. 显然平面的方位向量不是唯一的.

现在仿射坐标系 $\{O; \vec{e_1}, \vec{e_2}, \vec{e_3}\}$ 下建立经过点 M_0, 以 $\vec{a}, \vec{b}$ 为方位向量的平面 π 的方程.

如图 2-1 所示, 设 M 为平面 π 上任意一点, 并设 $\vec{r} = \overrightarrow{OM}$, $\vec{r_0} = \overrightarrow{OM_0}$, 则

$$\vec{r} = \vec{r_0} + \overrightarrow{M_0M}$$

又 $\vec{a}, \vec{b}$ 不共线, $\overrightarrow{M_0M}$ 与 $\vec{a}, \vec{b}$ 共面, 所以

$$\overrightarrow{M_0M} = u\vec{a} + v\vec{b}$$

于是

$$\vec{r} = \vec{r_0} + u\vec{a} + v\vec{b} \tag{2-1}$$

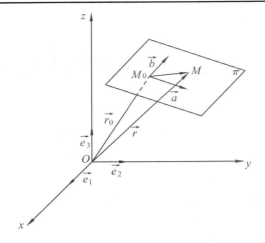

图 2-1

方程(2-1)叫做平面 π 的**向量式参数方程**，u,v 为参数.

设 $M(x,y,z)$，$M_0(x_0,y_0,z_0)$，$\vec{a}=\{X_1,Y_1,Z_1\}$，$\vec{b}=\{X_2,Y_2,Z_2\}$，则有

$$\begin{cases} x = x_0 + uX_1 + vX_2 \\ y = y_0 + uY_1 + vY_2 \\ z = z_0 + uZ_1 + vZ_2 \end{cases} \tag{2-2}$$

方程(2-2)叫做平面 π 的**坐标式参数方程**，u,v 为参数.

另外，由 $\overrightarrow{M_0M}$，$\vec{a}$，$\vec{b}$ 共面还可得

$$(\overrightarrow{M_0M},\vec{a},\vec{b})=0$$

即

$$\begin{vmatrix} x-x_0 & y-y_0 & z-z_0 \\ X_1 & Y_1 & Z_1 \\ X_2 & Y_2 & Z_2 \end{vmatrix}=0 \tag{2-3}$$

方程(2-1),(2-2),(2-3)都叫做平面的**点位式方程**.

把方程(2-3)展开并整理得

$$Ax+By+Cz+D=0 \tag{2-4}$$

其中

$$A=\begin{vmatrix} Y_1 & Z_1 \\ Y_2 & Z_2 \end{vmatrix},\quad B=\begin{vmatrix} Z_1 & X_1 \\ Z_2 & X_2 \end{vmatrix},\quad C=\begin{vmatrix} X_1 & Y_1 \\ X_2 & Y_2 \end{vmatrix},\quad D=-(Ax_0+By_0+Cz_0)$$

因为 $\vec{a}, \vec{b}$ 不共线, 所以 A, B, C 不全为零. 方程(2-4)叫做平面的**一般方程**.

反过来, 对于方程(2-4), 因为 A, B, C 不全为零, 不妨设 $A \neq 0$, 则令 $y = u$, $z = v$, 得

$$\begin{cases} x = -\dfrac{D}{A} - \dfrac{B}{A}u - \dfrac{C}{A}v \\ y = u \\ z = v \end{cases}$$

这是由点 $\left(-\dfrac{D}{A}, 0, 0\right)$ 和方位向量 $\vec{a} = \left\{-\dfrac{B}{A}, 1, 0\right\}$, $\vec{b} = \left\{-\dfrac{C}{A}, 0, 1\right\}$ 确定的平面. 于是有:

定理 2.1　空间任一平面都可以表示成一个三元一次方程; 反过来, 任何一个三元一次方程都表示一个平面.

下面通过方程(2-4)来讨论平面对于坐标系的几种特殊位置.

(1) 显然, $D = 0$, 平面过原点.

(2) A, B, C 中有一个为零, 比如 $A = 0$, 方程变为

$$By + Cz + D = 0$$

此时, 如果 $D \neq 0$, 那么 x 轴上的任一点 $(x, 0, 0)$ 都不满足这个方程, 即平面与 x 轴不相交, 从而平面与 x 轴平行;

如果 $D = 0$, x 轴上的任一点都满足这个方程, 即平面过 x 轴.

当 $B = 0$ 或 $C = 0$, 同理可得相应的结论.

(3) A, B, C 中有两个为零, 比如 $A = B = 0$, 由(1), (2)可得到:

$D \neq 0$ 时, 平面平行于 xOy 坐标面;

$D = 0$ 时, 平面即为 xOy 坐标面.

上述结论(1), (2), (3)反过来也成立. 于是有:

平面 $Ax + By + Cz + D = 0$ 关于坐标系的特殊位置:

(1) $D = 0$, 平面过原点; 反之亦然.

(2) A, B, C 中有一个为零时, 若 $D \neq 0$, 则平面平行于与所缺变量同名的坐标轴; 若 $D = 0$, 则平面通过该坐标轴; 反之亦然.

(3) A, B, C 中有两个为零时, 若 $D \neq 0$, 则平面平行于与所缺变量同名的坐标面; 若 $D = 0$, 则平面即为该坐标面. 反之亦然.

例 1　求通过点 $M_1(0, 4, -3)$ 与 $M_2(1, -2, 6)$ 且平行于 x 轴的平面方程.

解(解法一)　取 $\vec{a} = \overrightarrow{M_1M_2} = \{1, -6, 9\}$ 与 $\vec{b} = \{1, 0, 0\}$ 为平面的方位向量，由平面的点位式方程，得

$$\begin{vmatrix} x & y-4 & z+3 \\ 1 & -6 & 9 \\ 1 & 0 & 0 \end{vmatrix} = 0$$

即

$$3y + 2z - 6 = 0$$

是所要求的平面方程.

(解法二)　因为平面平行于 x 轴，故设平面方程为

$$By + Cz + D = 0$$

又平面过 M_1, M_2 两点，所以

$$\begin{cases} 4B - 3C + D = 0 \\ -2B + 6C + D = 0 \end{cases}$$

解方程组得

$$B : C : D = 3 : 2 : (-6)$$

于是所求平面方程为

$$3y + 2z - 6 = 0$$

例 2　证明：向量 $\vec{v} = \{X, Y, Z\}$ 平行于平面 $\pi : Ax + By + Cz + D = 0$ 的充要条件为 $AX + BY + CZ = 0$

证明　因为 A, B, C 不全为零，不妨设 $A \neq 0$，从而平面 π 的一对方位向量为

$$\vec{a} = \left\{ -\frac{B}{A}, 1, 0 \right\}, \quad \vec{b} = \left\{ -\frac{C}{A}, 0, 1 \right\}$$

又 $\vec{v} // \pi$ 的充要条件为 $\vec{v}, \vec{a}, \vec{b}$ 共面，即

$$(\vec{v}, \vec{a}, \vec{b}) = 0$$

即

$$\begin{vmatrix} X & Y & Z \\ -\dfrac{B}{A} & 1 & 0 \\ -\dfrac{C}{A} & 0 & 1 \end{vmatrix} = 0$$

即

$$AX + BY + CZ = 0$$

例 3　已知不共线三点 $M_1(x_1,y_1,z_1)$，$M_2(x_2,y_2,z_2)$，$M_3(x_3,y_3,z_3)$，求 M_1,M_2,M_3 三点确定的平面方程.

解　取

$$\vec{a} = \overrightarrow{M_1M_2} = \{x_2 - x_1, y_2 - y_1, z_2 - z_1\}$$

$$\vec{b} = \overrightarrow{M_1M_3} = \{x_3 - x_1, y_3 - y_1, z_3 - z_1\}$$

为平面的一对方位向量，由平面的点位式方程得

$$\begin{cases} x = x_1 + (x_2 - x_1)u + (x_3 - x_1)v \\ y = y_1 + (y_2 - y_1)u + (y_3 - y_1)v \\ z = z_1 + (z_2 - z_1)u + (z_3 - z_1)v \end{cases} \tag{2-5}$$

或

$$\begin{vmatrix} x - x_1 & y - y_1 & z - z_1 \\ x_2 - x_1 & y_2 - y_1 & z_2 - z_1 \\ x_3 - x_1 & y_3 - y_1 & z_3 - z_1 \end{vmatrix} = 0 \tag{2-6}$$

方程(2-5)或(2-6)叫做平面的**三点式方程**.

如果已知三点为平面与坐标轴的交点 $M_1(a,0,0)$，$M_2(0,b,0)$，$M_3(0,0,c)$，而且 $abc \neq 0$，那么由平面的三点方程得

$$bcx + cay + abz = abc$$

即

$$\frac{x}{a} + \frac{y}{b} + \frac{z}{c} = 1 \tag{2-7}$$

方程(2-7)叫做平面的**截距式方程**，a,b,c 分别称为平面在三坐标轴上的截距.

二、平面的点法式方程与法线式方程

前面所讨论的平面方程都是在一般仿射坐标系下建立的，下面给出在直角坐标系下平面方程的两种重要形式，即平面的点法式方程和平面的法线式方程.

通过空间一定点 M_0 且与非零向量 $\vec{n}$ 垂直的平面 π 是唯一确定的，我们把与平面垂直的非零向量 $\vec{n}$ 叫做平面 π 的**法向量**.

取空间直角坐标系 $\{O;\vec{i},\vec{j},\vec{k}\}$，设 M 为平面上任意一点，并设 $\vec{r} = \overrightarrow{OM}$，$\vec{r}_0 = \overrightarrow{OM_0}$（见图 2-2），则 $\overrightarrow{M_0 M} = \vec{r} - \vec{r}_0$ 且 $\overrightarrow{M_0 M} \perp \vec{n}$，即

$$\vec{n} \cdot (\vec{r} - \vec{r}_0) = 0 \qquad (2\text{-}8)$$

如果再设 $\vec{n} = \{A, B, C\}$，点 M_0，M 的坐标为 $M_0(x_0, y_0, z_0)$，$M(x, y, z)$，那么有 $\vec{r} - \vec{r}_0 = \{x - x_0, y - y_0, z - z_0\}$，于是有

$$A(x - x_0) + B(y - y_0) + C(z - z_0) = 0 \quad (2\text{-}9)$$

方程(2-8)和(2-9)都叫做平面的**点法式方程**.

令 $D = -(Ax_0 + By_0 + Cz_0)$，则(2-9)式可化为

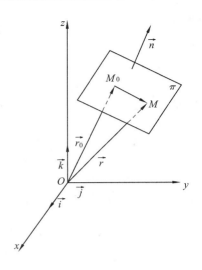

$$Ax + By + Cz + D = 0$$

图 2-2

由此可见，在直角坐标系下，平面的一般式方程的一次项系数是平面的一个法量的坐标.

在空间直角坐标系下，从原点向平面所作的垂线叫做平面的**法线**.

特殊地，取平面上的点 M_0 为垂足，法向量取 $\overrightarrow{OM_0}$ 的单位向量 $\vec{n}^0$（见图 2-3），根据平面的点法式方程(2-8)，得

$$\vec{n}^0 (\vec{r} - \vec{r}_0) = 0$$

其中 $\vec{r}$ 为平面上任意点的向径，$\vec{r}_0 = \overrightarrow{OM_0}$.

如果设 $p = |\overrightarrow{OM_0}|$，则 $\vec{r}_0 = \overrightarrow{OM_0} = p\vec{n}^0$，从而有

$$\vec{n}^0 \cdot \vec{r} - p = 0 \qquad (2\text{-}10)$$

设 $M(x, y, z)$，$\vec{n}^0 = \{\cos\alpha, \cos\beta, \cos\gamma\}$，则有

$$x\cos\alpha + y\cos\beta + z\cos\gamma - p = 0 \quad (2\text{-}11)$$

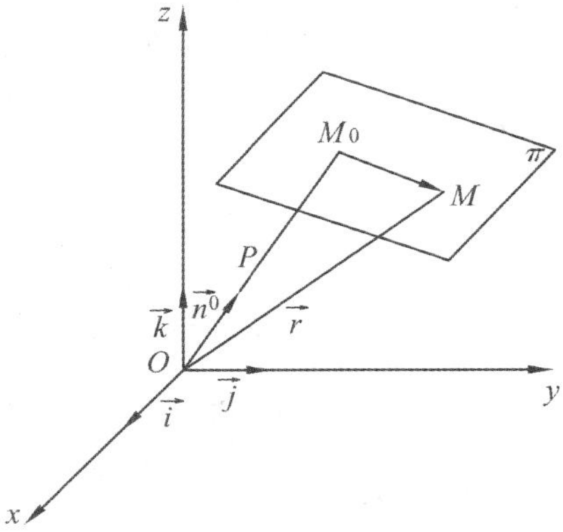

其中 α, β, γ 是单位法向量的方向角.

方程(2-10)和(2-11)都叫平面的**法线式方程**(简称**法式方程**).

图 2-3

平面的法式方程是具有如下两个特征的平面的一般方程：①一次项系数是单位法向量的坐标，它们的平方和等于 1；②因为 p 为原点到平面的距离，所以 $p \geqslant 0$，从而常数项 $-p \leqslant 0$.

根据上述两个特征，我们不难把平面的一般方程

$$Ax + By + Cz + D = 0 \tag{1}$$

化为法式方程.

事实上，只要在方程(1)的两边同时乘以

$$\lambda = \pm \frac{1}{\sqrt{A^2 + B^2 + C^2}} \neq 0$$

如果 $D \neq 0$，取 λ 的符号与 D 异号，就可满足上述两个特征.

特别地，如果 $D = 0$，那么，若 $C \neq 0$，则 λ 与 C 同号；若 $C = 0$，$B \neq 0$，则 λ 与 B 同号；若 $B = C = 0$，则 λ 与 A 同号.

通常，我们称这种变形为方程 $Ax + By + Cz + D = 0$ 的法式化，而把

$$\lambda = \pm \frac{1}{\sqrt{A^2 + B^2 + C^2}} \text{（在取定符号后）}$$

称为法式化因子.

例 4　把平面的一般方程

$$3x - 2y + 6z + 14 = 0$$

化为法式方程，并求原点到平面的距离.

解　$D = 14 > 0$，所以 λ 取负号，即

$$\lambda = -\frac{1}{\sqrt{3^2 + (-2)^2 + 6^2}} = -\frac{1}{7}$$

把已知方程两边都乘 $\lambda = -\dfrac{1}{7}$，即得法式方程

$$-\frac{3}{7}x + \frac{2}{7}y - \frac{6}{7}z - 2 = 0$$

原点到平面的距离 $p = 2$.

习　题　2-1

1. 求下列平面的坐标式参数方程和一般方程：

(1) 过点 $(2, 4, 3)$ 且平行于向量 $\{0, 2, 4\}$ 和 $\{-1, -2, 1\}$ 的平面；

(2) 过点 $M_1(3,1,1)$ 和 $M_2(1,0,-1)$，且平行于向量 $\vec{a}=\{-1,0,2\}$ 的平面；

(3) 求过点 $(1,0,3),(2,-1,2)$ 及 $(4,-3,7)$ 的平面.

2. 已知平面过点 $M(1,0,5)$ 且在 x 轴和 y 轴上的截距分别为 -4 和 -2，求平面的截距式方程.

3. 求下列平面的一般方程:

(1) 过点 $M_1(2,-1,1)$ 和 $M_2(3,-2,1)$ 且分别平行于三坐标轴的三个平面；

(2) 在直角坐标系下，分别过三坐标轴且与平面 $5x+y-2z+3=0$ 垂直的三个平面；

(3) 已知两点 $M_1(3,-1,2)$ 和 $M_2(4,-2,-1)$，过点 M_1 且垂直于 $\overline{M_1M_2}$ 的平面；

(4) 原点在所求平面上的正投影为 $P(2,9,-6)$.

4. 把下列平面的一般方程化为法式方程:

(1) $x-2y+3z-1=0$；　　　(2) $x-2y-2z=0$；

(3) $x+2=0$；　　　(4) $x-y+1=0$

5. 平面 $\dfrac{x}{a}+\dfrac{y}{b}+\dfrac{z}{c}=1$ 分别与三坐标轴交于点 A,B,C，求 $\triangle ABC$ 的面积.

6. 设从坐标原点到平面 $\dfrac{x}{a}+\dfrac{y}{b}+\dfrac{z}{c}=1$ 的距离为 p，求证: $\dfrac{1}{a^2}+\dfrac{1}{b^2}+\dfrac{1}{c^2}=\dfrac{1}{p^2}$.

第二节　空间直线的方程

一、直线的点向式方程

在空间，过一定点 M_0 且平行于非零向量 $\vec{v}$ 的直线是唯一确定的.

与直线平行的非零向量叫做直线的**方向向量**.

显然，直线的方向向量不是唯一的.

现求过点 M_0，以 $\vec{v}$ 为方向向量的直线 l 的方程.

在空间取仿射坐标系 $\{O;\vec{e}_1,\vec{e}_2,\vec{e}_3\}$，设 M 为直线 l 上任意一点，并设 $\vec{r}=OM,\vec{r}_0=OM_0$（见图 2-4），则

$$\vec{r}=\vec{r}_0+\overrightarrow{M_0M}$$

又 $\overrightarrow{M_0M} \,/\!/\, \vec{v}$，所以 $\overrightarrow{M_0M} = t\vec{v}$，于是

$$\vec{r} = \vec{r}_0 + t\vec{v} \qquad (2\text{-}12)$$

方程(2-12)叫做直线 l 的**向量式参数方程**，t 为参数.

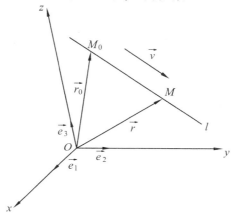

图 2-4

如果设 $M(x,y,z)$，$M_0(x_0,y_0,z_0)$，$\vec{v} = \{X,Y,Z\}$，则

$$\begin{cases} x = x_0 + tX \\ y = y_0 + tY \\ z = z_0 + tZ \end{cases} \qquad (2\text{-}13)$$

方程(2-13)叫做直线 l 的**坐标式参数方程**.

由方程(2-13)中消去参数 t，得

$$\frac{x - x_0}{X} = \frac{y - y_0}{Y} = \frac{z - z_0}{Z} \qquad (2\text{-}14)$$

方程(2-14)叫做直线 l 的**对称式方程**或标准方程.

方程(2-14)中 X,Y,Z 可能会出现零，但不会同时为零. 此时，我们仍把直线方程写成(2-14)的形式，并约定某分式的分母为零时，相应的分子也是零，例如，$Z = 0$，方程(2-14)理解为

$$\begin{cases} \dfrac{x - x_0}{X} = \dfrac{y - y_0}{Y} \\ z = z_0 \end{cases}$$

方程(2-12), (2-13), (2-14)都叫直线的**点向式方程**.

例 5　求过点 $M_0(0,1,0)$ 且与两直线

$$l_1: \frac{x}{1} = \frac{y}{2} = \frac{z}{3}, \quad l_2: \frac{x-1}{2} = \frac{y-2}{1} = \frac{z-3}{4}$$

都垂直的直线方程.

解　直线 l_1, l_2 的方向向量分别为 $\vec{v}_1 = \{1,2,3\}$ ， $\vec{v}_2 = \{2,1,4\}$ ，取

$$\vec{v} = \vec{v}_1 \times \vec{v}_2 = \{5,2,-3\}$$

为所求直线 l 的方向向量, 则所求直线的参数方程为

$$\begin{cases} x = 5t \\ y = 1 + 2t \\ z = -3t \end{cases}$$

标准方程为

$$\frac{x}{5} = \frac{y-1}{2} = \frac{z}{-3}$$

例 6　求过点 $M_1(x_1, y_1, z_1)$ 和 $M_2(x_2, y_2, z_2)$ 的直线方程.

解　取所求直线的方向向量为

$$\vec{v} = \overrightarrow{M_1M_2} = \{x_2 - x_1, y_2 - y_1, z_2 - z_1\}$$

则所求直线的参数方程为

$$\begin{cases} x = x_1 + (x_2 - x_1)t \\ y = y_1 + (y_2 - y_1)t \\ z = z_1 + (z_2 - z_1)t \end{cases} \tag{2-15}$$

标准方程为

$$\frac{x - x_1}{x_2 - x_1} = \frac{y - y_1}{y_2 - y_1} = \frac{z - z_1}{z_2 - z_1} \tag{2-16}$$

方程(2-15), (2-16)都叫做直线的**两点式方程**.

在方程(2-12)中, 如果取方向向量为单位向量 $\vec{v}^0$, 则

$$|t| = |\vec{r} - \vec{r}_0| = \left| \overrightarrow{M_0M_1} \right|$$

由此可见, 直线的参数方程中, 参数 t 的绝对值为定点 M_0 与动点 M 的距离.

直线 l 的方向向量 $\vec{v} = \{X, Y, Z\}$ 的坐标 X, Y, Z 叫做直线的**方向数**, 直线 l

的方向向量 $\vec{v}$ 的方向角 α,β,γ 和方向余弦 $\cos\alpha,\cos\beta,\cos\gamma$ 分别叫做直线 l 的**方向角**和**方向余弦**.

由于与直线平行的任何非向量都可以作为直线的方向向量, 因此我们有 $\pi-\alpha$, $\pi-\beta$, $\pi-\gamma$ 以及 $\cos(\pi-\alpha)=-\cos\alpha$, $\cos(\pi-\beta)=-\cos\beta$, $\cos(\pi-\gamma)=-\cos\gamma$ 也可以分别看做直线的方向角和方向余弦.

二、直线的一般方程

由于两相交平面的交线为一直线, 因而直线方程可由两相交平面方程

$$\begin{cases}\pi_1 : A_1 x + B_1 y + C_1 z + D_1 = 0 \\ \pi_2 : A_2 x + B_2 y + C_2 z + D_2 = 0\end{cases} \tag{2-17}$$

构成的方程组来表示.

方程(2-17)叫做直线的**一般方程**或**普通方程**.

直线的标准方程和一般方程之间可以互化, 由标准方程化为一般方程比较容易. 事实上, 在方程(2-14)中, X,Y,Z 不全为零, 不妨设 $Z\neq 0$, 则由方程(2-14)可得

$$\begin{cases}\dfrac{x-x_0}{X}=\dfrac{z-z_0}{Z} \\ \dfrac{y-y_0}{Y}=\dfrac{z-z_0}{Z}\end{cases}$$

整理得

$$\begin{cases}x = az + b \\ y = cz + d\end{cases} \tag{2-18}$$

其中 $a=\dfrac{X}{Z}$, $b=x_0-\dfrac{X}{Z}z_0$, $c=\dfrac{Y}{Z}$, $d=y_0-\dfrac{Y}{Z}z_0$. 方程(2-18)叫做直线的**射影方程**.

反过来, 直线的一般方程(2-17)也可以化为标准方程(2-14).

事实上, 由上述标准方程得到射影方程的过程不难知道, 只要把一般方程化为射影方程, 就可立即得到标准方程.

另外, 因为 $\vec{v}//\pi_1$, $\vec{v}//\pi_2$, 所以

$$\begin{cases}A_1 X + B_1 Y + C_1 Z = 0 \\ A_2 X + B_2 Y + C_2 Z = 0\end{cases}$$

则

$$X : Y : Z = \begin{vmatrix} B_1 & C_1 \\ B_2 & C_2 \end{vmatrix} : \begin{vmatrix} C_1 & A_1 \\ C_2 & A_2 \end{vmatrix} : \begin{vmatrix} A_1 & B_1 \\ A_2 & B_2 \end{vmatrix}$$

此时, 再在直线上取一点 $M_0(x_0, y_0, z_0)$ 就可以写出标准方程(2-14).

例7 化直线 l 的一般方程

$$\begin{cases} 2x + y + z - 5 = 0 \\ 2x + y - 3z - 1 = 0 \end{cases}$$

为标准方程, 并求直线的方向余弦.

解(解法一) 由方程组分别消去 z 和 y 得到直线 l 的射影方程

$$\begin{cases} y = -2x + 4 \\ z = 1 \end{cases}$$

所以直线 l 的标准方程为

$$\frac{x}{1} = \frac{y-4}{-2} = \frac{z-1}{0}$$

因为 $\vec{v} = \{1, -2, 0\}$, $|\vec{v}| = \sqrt{5}$, 所以直线的方向余弦为

$$\cos\alpha = \pm\frac{1}{\sqrt{5}}, \quad \cos\beta = \mp\frac{2}{\sqrt{5}}, \quad \cos\gamma = 0$$

(解法二) 直线 l 为方向数为

$$X : Y : Z = \begin{vmatrix} 1 & 1 \\ 1 & -3 \end{vmatrix} : \begin{vmatrix} 1 & 2 \\ -3 & 2 \end{vmatrix} : \begin{vmatrix} 2 & 1 \\ 2 & 1 \end{vmatrix} = (-4) : 8 : 0 = 1 : (-2) : 0$$

又 y, z 的系数行列式 $\begin{vmatrix} 1 & 1 \\ 1 & -3 \end{vmatrix} \neq 0$, 令 $x = 0$, 解得 $y = 4$, $z = 1$, 即 $(0, 4, 1)$ 为直线上的点. 于是直线 l 的标准方程为

$$\frac{x}{1} = \frac{y-4}{-2} = \frac{z-1}{0}$$

习 题 2-2

1. 求下列各直线的方程:

(1) 经过两点 $M_1(2,3,4)$ 和 $M_2(5,2,-1)$ 的直线;

(2) 经过点 $(1,0,-2)$ 且平行于向量 $\{4,2,-3\}$ 的直线;

(3) 经过点 $(1,1,1)$ 且分别平行于各坐标轴的各直线方程;

(4) 经过点 $(1,0,2)$ 且与两直线 $\dfrac{x-1}{1}=\dfrac{y}{1}=\dfrac{z+1}{-1}$ 和 $\dfrac{x}{1}=\dfrac{y-1}{-1}=\dfrac{z+1}{0}$ 垂直的直线;

(5) 在直角坐标系下, 经过点 $(2,-3,-5)$ 且与平面 $6x-3y-5z+2=0$ 垂直的直线.

2. 化下列直线的一般方程为标准方程, 并求出直线的方向余弦.

(1) $\begin{cases} x+y-z=0, \\ x=2; \end{cases}$
(2) $\begin{cases} 3x+y-5=0, \\ 5x+z-4=0; \end{cases}$

(3) $\begin{cases} x+z-6=0, \\ 2x-4y-z+6=0. \end{cases}$

3. 求直线 $\dfrac{x}{2}=\dfrac{y-1}{-1}=\dfrac{z-3}{1}$ 与平面 $x+y+z-10=0$ 的交点.

4. 求在直线 $\dfrac{x-1}{2}=\dfrac{y-8}{1}=\dfrac{z-8}{3}$ 上且与原点距离等于 25 的点的坐标.

5. 求下列各平面的方程:

(1) 经过直线 $\dfrac{x-1}{2}=\dfrac{y}{1}=\dfrac{z}{-1}$ 且与直线 $\dfrac{x}{2}=\dfrac{y}{1}=\dfrac{z+1}{-2}$ 平行的平面;

(2) 经过直线 $\dfrac{x-2}{1}=\dfrac{y+3}{-5}=\dfrac{z+1}{-1}$ 且与直线 $\begin{cases} 2x-y+z-3=0, \\ x+2y-z-5=0 \end{cases}$ 平行的平面.

6. α,β,γ 为直线的方向角, 试证明: $\sin^2\alpha+\sin^2\beta+\sin^2\gamma=2$.

第三节　平面与平面、直线与直线以及直线与平面的位置关系

一、两平面的位置关系

空间两平面的位置关系有且仅有相交、平行或重合三种情况, 对此我们有

如下定理.

定理 2.2 设两平面的方程为

$$\pi_1 : A_1 x + B_1 y + C_1 z + D_1 = 0$$
$$\pi_2 : A_2 x + B_2 y + C_2 z + D_2 = 0$$

(2)

则(1) π_1 和 π_2 相交于一条直线的充要条件是:

$$A_1 : B_1 : C_1 \neq A_2 : B_2 : C_2$$

(2) π_1 和 π_2 平行的充要条件是:

$$\frac{A_1}{A_2} = \frac{B_1}{B_2} = \frac{C_1}{C_2} \neq \frac{D_1}{D_2}$$

(3) π_1 和 π_2 重合的充要条件是:

$$\frac{A_1}{A_2} = \frac{B_1}{B_2} = \frac{C_1}{C_2} = \frac{D_1}{D_2}$$

证明 两平面 π_1 和 π_2 的位置关系取决于由它们的方程所组成的线性方程组(2)的解的情况. 由线性方程组的解的理论可知:

(1) 线性方程组(2)的解构成一直线(π_1 和 π_2 相交于一直线)的充要条件是:

$$A_1 : B_1 : C_1 \neq A_2 : B_2 : C_2$$

(2) 线性方程组(2)无解(π_1 和 π_2 平行)的充要条件是:

$$\frac{A_1}{A_2} = \frac{B_1}{B_2} = \frac{C_1}{C_2} \neq \frac{D_1}{D_2}$$

(3) 线性方程组(2)构成一平面(π_1 和 π_2 重合)的充要条件是:

$$\frac{A_1}{A_2} = \frac{B_1}{B_2} = \frac{C_1}{C_2} = \frac{D_1}{D_2}$$

二、直线与平面的位置关系

在空间, 直线与平面有且仅有相交、平行以及直线在平面上三种情形.

设直线与平面为

$$l : \begin{cases} x = x_0 + Xt \\ y = y_0 + Yt \\ z = z_0 + Zt \end{cases} \tag{3}$$

$$\pi : Ax + By + Cz + D = 0 \tag{4}$$

将(3)式代入(4)式, 得

$$(AX + BY + CZ)t = -(Ax_0 + By_0 + Cz_0 + D) \tag{5}$$

则(1) 当且仅当 $AX + BY + CZ \neq 0$, 方程(5)有唯一解

$$t = -\frac{Ax_0 + By_0 + Cz_0 + D}{AX + BY + CZ}$$

直线 l 与平面 π 交于一点;

(2) 当且仅当 $AX + BY + CZ = 0$, $Ax_0 + By_0 + Cz_0 + D \neq 0$, 方程(5)无解, l 与 π 无公共点, $l // \pi$;

(3) 当且仅当 $AX + BY + CZ = 0$, $Ax_0 + By_0 + Cz_0 + D = 0$, 方程(5)有无数解, 直线 l 在平面上.

定理 2.3 设直线与平面为

$$l : \frac{x - x_0}{X} = \frac{y - y_0}{Y} = \frac{z - z_0}{Z}, \quad \pi : Ax + By + Cz + D = 0$$

则 l 与 π 的位置关系具有如下的充要条件:

(1) 相交:

$$AX + BY + CZ \neq 0$$

(2) 平行:

$$AX + BY + CZ = 0 \quad \text{且} \quad Ax_0 + By_0 + Cz_0 + D \neq 0$$

(3) l 在 π 上:

$$AX + BY + CZ = 0 \quad \text{且} \quad Ax_0 + By_0 + Cz_0 + D = 0$$

三、空间两直线的位置关系

空间两直线的位置关系有异面和共面两种情形. 共面时又有相交、平行或重合三种情形.

设两直线为

$$l_1 : \frac{x - x_1}{X_1} = \frac{y - y_1}{Y_1} = \frac{z - z_1}{Z_1}, \quad l_2 : \frac{x - x_2}{X_2} = \frac{y - y_2}{Y_2} = \frac{z - z_2}{Z_2}$$

则 l_1 过点 $M_1(x_1, y_1, z_1)$，方向向量 $\vec{v}_1 = \{X_1, Y_1, Z_1\}$；

l_2 过点 $M_2(x_2, y_2, z_2)$，方向向量 $\vec{v}_2 = \{X_2, Y_2, Z_2\}$.

由图 2-5 易知，当且仅当 $\overrightarrow{M_1M_2}, \vec{v}_1, \vec{v}_2$ 不共面，即 $(\overrightarrow{M_1M_2}, \vec{v}_1, \vec{v}_2) \neq 0$ 时，l_1 与 l_2 为异面直线(见图 2-5(a)).

共面时(见图 2-5(b))，当且仅当 $\vec{v}_1, \vec{v}_2$ 不平行时，l_1 与 l_2 相交；

当且仅当 $\vec{v}_1 /\!/ \vec{v}_2$ 而不与 $\overrightarrow{M_1M_2}$ 平行时，l_1 与 l_2 平行；

当且仅当 $\vec{v}_1 /\!/ \vec{v}_2 /\!/ \overrightarrow{M_1M_2}$ 时，l_1 与 l_2 重合.

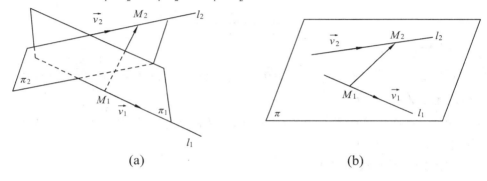

(a) 　　　　　　　　　　　　　　　　(b)

图 2-5

于是得：

定理 2.4 　直线 l_1 与 l_2 的位置关系有如下的充要条件：

(1) l_1 与 l_2 为异面直线：

$$\Delta = \begin{vmatrix} x_2 - x_1 & y_2 - y_1 & z_2 - z_1 \\ X_1 & Y_1 & Z_1 \\ X_2 & Y_2 & Z_2 \end{vmatrix} \neq 0$$

(2) l_1 与 l_2 相交：

$$\Delta = 0 \text{ 且 } X_1 : Y_1 : Z_1 \neq X_2 : Y_2 : Z_2$$

(3) $l_1 /\!/ l_2$：

$$X_1 : Y_1 : Z_1 = X_2 : Y_2 : Z_2 \neq (x_2 - x_1) : (y_2 - y_1) : (z_2 - z_1)$$

(4) l_1 与 l_2 重合：

$$X_1 : Y_1 : Z_1 = X_2 : Y_2 : Z_2 = (x_2 - x_1) : (y_2 - y_1) : (z_2 - z_1)$$

例 8　已知空间两直线

$$l_1 : \frac{x}{1} = \frac{y-1}{2} = \frac{z+2}{-1}, \quad l_2 : \frac{x-1}{4} = \frac{y-4}{7} = \frac{z+2}{-5}$$

判定它们相交，并求出交点.

解　l_1 过点 $M_1(0,1,-2)$，方向向量 $\vec{v}_1 = \{1,2,-1\}$；l_2 过点 $M_2(1,4,-2)$，方向向量 $\vec{v}_2 = \{4,7,-5\}$. 因为

$$\Delta = \begin{vmatrix} 1 & 3 & 0 \\ 1 & 2 & -1 \\ 4 & 7 & -5 \end{vmatrix} = 0$$

又 $1:2:(-1) \neq 4:7:(-5)$，所以，l_1 与 l_2 相交.

为了求交点，先把 l_1 的方程写成参数式，即

$$x = t, \quad y = 2t+1, \quad z = -t-2$$

代入 l_2 的方程得

$$\frac{t-1}{4} = \frac{2t-3}{7} = \frac{-t}{-5}$$

解得 $t = 5$，交点为 $(5,11,-7)$.

例 9　求通过点 $P(1,0,-2)$ 且与平面 $3x - y + 2z - 1 = 0$ 平行，与直线

$\frac{x-1}{4} = \frac{y-3}{-2} = \frac{z}{1}$ 相交的直线方程.

解　设直线方程为

$$\frac{x-1}{X} = \frac{y}{Y} = \frac{z+2}{Z}$$

由所求直线与平面 $3x - y + 2z - 1 = 0$ 平行，得

$$3X - Y + 2Z = 0 \tag{6}$$

由所求直线与给定直线相交，得

$$\begin{vmatrix} 1-1 & 3-0 & 0+2 \\ 4 & -2 & 1 \\ X & Y & Z \end{vmatrix} = 0$$

即

$$7X + 8Y - 12Z = 0 \tag{7}$$

由(6)和(7)得

$$X:Y:Z = \begin{vmatrix} -1 & 2 \\ 8 & -12 \end{vmatrix} : \begin{vmatrix} 2 & 3 \\ -12 & 7 \end{vmatrix} : \begin{vmatrix} 3 & -1 \\ 7 & 8 \end{vmatrix} = -4:50:31$$

所以直线方程为

$$\frac{x-1}{-4} = \frac{y}{50} = \frac{z+2}{31}$$

习 题 2-3

1. 判断下列各对平面的位置关系:

(1) $3x + 9y - 6z + 2 = 0$ 与 $2x + 6y - 4z + \frac{4}{3} = 0$;

(2) $x + 2y - z - 1 = 0$ 与 $\frac{x}{2} + y - \frac{z}{2} + 2 = 0$;

(3) $x - 2y + z - 2 = 0$ 与 $3x + y - 2z - 1 = 0$.

2. 分别按下列条件确定 l, m, n 的值.

(1) $(l-3)x + (m+1)y + (n-3)z + 8 = 0$ 与 $(m+3)x + (n-9)y + (l-3)z - 16 = 0$ 表示同一平面;

(2) 平面 $2x + my + 3z - 5 = 0$ 与平面 $lx - 6y - 6z + 2 = 0$ 平行.

3. 就 k 的不同值, 讨论平面 $kx + y + z + k = 0$ 与平面 $x + ky + kz + k = 0$ 的位置关系.

4. 判断下列直线与平面的位置关系:

(1) $\frac{x-3}{-2} = \frac{y+4}{-7} = \frac{z}{3}$ 与 $4x - 2y - 2z - 3 = 0$;

(2) $\begin{cases} x = t, \\ y = -2t + 9, \\ z = 9t - 4 \end{cases}$ 与 $3x - 4y + 7z - 10 = 0$;

(3) $\begin{cases} 5x - 3y + 2z - 5 = 0, \\ 2x - y - z - 1 = 0 \end{cases}$ 与 $4x - 3y + 7z - 7 = 0$.

5. 分别按条件确定 λ 的值.

(1) 直线 $\frac{x-4}{4} = \frac{y+2}{3} = \frac{z}{1}$ 与平面 $\lambda x + 3y - 5z + 1 = 0$ 平行;

(2) 直线 $\begin{cases} 3x - y + 2z - 6 = 0, \\ x + 4y + \lambda z - 15 = 0 \end{cases}$ 与 z 轴相交;

(3) 直线 $\dfrac{x-1}{1} = \dfrac{y+1}{2} = \dfrac{z-1}{\lambda}$ 与直线 $x + 1 = y - 1 = z$ 相交.

6. 直线方程 $\begin{cases} A_1 x + B_1 y + C_1 z + D_1 = 0, \\ A_2 x + B_2 y + C_2 z + D_2 = 0 \end{cases}$ 的系数满足什么条件才能使

(1) 直线与 x 轴重合;

(2) 直线与 x 轴平行;

(3) 直线与 x 轴相交.

7. 验证下列各对直线相交,并求它们的交点.

(1) $\begin{cases} x = 2t - 3, \\ y = 3t - 2, \\ z = -4t + 6 \end{cases}$ 与 $\dfrac{x-5}{1} = \dfrac{y+1}{-4} = \dfrac{z+4}{1}$;

(2) $\dfrac{x-2}{1} = \dfrac{y}{-1} = \dfrac{z+1}{-3}$ 与 $\dfrac{x-4}{3} = \dfrac{y+3}{-4} = \dfrac{z}{-2}$.

8. 设 L, M, N 依次为三平行平面 $\pi_i : Ax + By + Cz + D_i = 0 (i = 1, 2, 3)$ 上的任意点,求 $\triangle LMN$ 的重心的轨迹.

9. 求通过 $P(2, 0, -1)$ 且又通过直线 $\dfrac{x+1}{2} = \dfrac{y}{-1} = \dfrac{z-2}{3}$ 的平面方程.

10. 求过直线 $\begin{cases} 2x - y - 2z + 1 = 0, \\ x + y + 4z - 2 = 0 \end{cases}$ 并在 y 轴和 z 轴上有相同的截距的平面方程.

11. 求过点 $(4, 0, -1)$ 且与两直线 $\begin{cases} x + y + z - 1 = 0, \\ 2x - y - z - 2 = 0 \end{cases}$ 与 $\begin{cases} x - y - z - 3 = 0, \\ 2x + 4y - z - 4 = 0 \end{cases}$ 都相交的直线方程.

12. 求与直线 $\dfrac{x+2}{8} = \dfrac{y-1}{7} = \dfrac{z-3}{1}$ 平行,且与下列给定直线相交的直线方程:

(1) $\begin{cases} z = 5x - 6, \\ z = 4x + 3 \end{cases}$ 与 $\begin{cases} z = 2x - 4, \\ z = 3y + 5; \end{cases}$

(2) $\begin{cases} x = 2t - 3, \\ y = 3t + 5, \\ z = t \end{cases}$ 与 $\begin{cases} x = 5t + 10, \\ y = 4t - 7, \\ z = t. \end{cases}$

第四节　度量问题

一、点到平面的距离

先引进点与平面的离差的概念.

已知点 M_0 与平面 π，$\vec{n}$ 为平面 π 的法向量，$\vec{n^0}$ 为 $\vec{n}$ 的单位向量. 自 M_0 作平面 π 的垂线，垂足为 M_1，则 $\overrightarrow{M_1M_0} /\!/ \vec{n^0}$，即

$$\overrightarrow{M_1M_0} = \delta \vec{n^0} \tag{2-19}$$

方程(2-19)中 δ 叫做点 M_0 与平面的**离差**.

显然，如图 2-6 所示，当 M_0 在平面 π 的单位法向量所指的一侧时，$\delta > 0$；在平面 π 的另一侧时，$\delta < 0$. 当 M_0 在平面 π 上时，$\delta = 0$. 点 M_0 到平面 π 的距离 $d = |\delta|$.

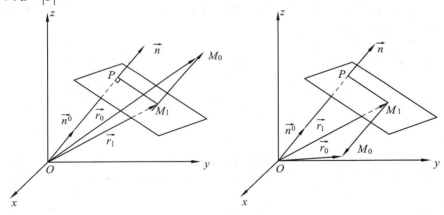

图 2-6

定理 2.5　设平面 π 的方程为法式方程

$$\vec{n^0}\vec{r} - p = 0$$

则点 M_0 与平面 π 的离差为

$$\delta = \vec{n^0}\vec{r_0} - p \tag{2-20}$$

这里 $\vec{r}_0 = \overrightarrow{OM_0}$ ，$p = \left| \overrightarrow{OP} \right|$.

证明　对(2-19)式的两边用 $\overrightarrow{n^0}$ 作内积得

$$\delta = \overrightarrow{n^0} \overrightarrow{M_1 M_0} = \overrightarrow{n^0} (\vec{r}_0 - \vec{r}_1) = \overrightarrow{n^0} \vec{r}_0 - \overrightarrow{n^0} \vec{r}_1$$

因为 $\vec{r}_1 = \overrightarrow{OM_1}$ ，由于 M_1 在平面 π 上，所以 $\overrightarrow{n^0} \vec{r}_1 = p$. 从而

$$\delta = \overrightarrow{n^0} \vec{r}_0 - p$$

推论 1　点 $M_0(x_0, y_0, z_0)$ 与平面 $\pi: Ax + By + Cz + D = 0$ 的离差为

$$\delta = \frac{Ax_0 + By_0 + Cz_0 + D}{\pm \sqrt{A^2 + B^2 + C^2}} \qquad (2\text{-}21)$$

其中"$\pm$"即为法化因子 λ 的符号.

推论 2　点 $M_0(x_0, y_0, z_0)$ 到平面 $\pi: Ax + By + Cz + D = 0$ 的距离为

$$d = \frac{\left| Ax_0 + By_0 + Cz_0 + D \right|}{\sqrt{A^2 + B^2 + C^2}} \qquad (2\text{-}22)$$

推论 3　平面 $\pi: Ax + By + Cz + D = 0$ 把空间的点分为三部分：

(1) 点在平面 π 上，$Ax + By + Cz + D = 0$ ；

(2) 点在平面 π 的某一侧，$Ax + By + Cz + D > 0$ ；

(3) 点在平面 π 的另一侧，$Ax + By + Cz + D < 0$.

二、点到直线的距离

设 M 为直线 l 外一点，l 过点 M_0，方向向量为 $\vec{v}$，那么点 M 到直线 l 的距离 d 为以 $\overrightarrow{M_0 M}$ ，$\vec{v}$ 为邻边的平行四边形对应于以 $|\vec{v}|$ 为底的高(见图 2-7). 于是得：

$$d = \frac{\left| \overrightarrow{M_0 M} \times \vec{v} \right|}{|\vec{v}|} \qquad (2\text{-}23)$$

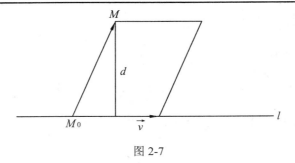

图 2-7

三、空间两条直线之间的距离

定义 4.1　两直线 l_1, l_2 上的点之间的最短距离叫做**两直线之间的距离**，记作 $d(l_1, l_2)$.

如果 l_1 与 l_2 相交或重合，那么 $d(l_1, l_2)=0$；如果 $l_1 // l_2$，那么 l_1 上任一点到 l_2 的距离就是 l_1 与 l_2 之间的距离. 下面讨论两异面直线间的距离.

设两异面直线为

$$l_1 : \frac{x-x_1}{X_1} = \frac{y-y_1}{Y_1} = \frac{z-z_1}{Z_1} , \quad l_2 : \frac{x-x_2}{X_2} = \frac{y-y_2}{Y_2} = \frac{z-z_2}{Z_2}$$

则 l_1 过点 $M_1(x_1, y_1, z_1)$，方向向量 $\vec{v_1} = \{X_1, Y_1, Z_1\}$；$l_2$ 过点 $M_2(x_2, y_2, z_2)$，方向向量 $\vec{v_2} = \{X_2, Y_2, Z_2\}$.

设 l 为两异面直线 l_1, l_2 的公垂线(与两异面直线都垂直相交的直线叫做两异面直线的公垂线). 因为 l 与 l_1, l_2 都垂直，设垂足分别为 N_1 和 N_2(见图 2-8(a))，l 的方向向量可取

$$\vec{v} = \vec{v_1} \times \vec{v_2}$$

则

$$d(l_1, l_2) = \left| \overrightarrow{N_1 N_2} \right| = \left| \mathrm{Prj}_l \, \overrightarrow{M_1 M_2} \right| = \left| \mathrm{Prj}_{(\vec{v_1} \times \vec{v_2})} \, \overrightarrow{M_1 M_2} \right| = \frac{\left| \overrightarrow{M_1 M_2} \cdot (\vec{v_1} \times \vec{v_2}) \right|}{\left| \vec{v_1} \times \vec{v_2} \right|}$$

从而

$$d(l_1, l_2) = \frac{\left| (\overrightarrow{M_1 M_2}, \vec{v_1}, \vec{v_2}) \right|}{\left| \vec{v_1} \times \vec{v_2} \right|} \tag{2-24}$$

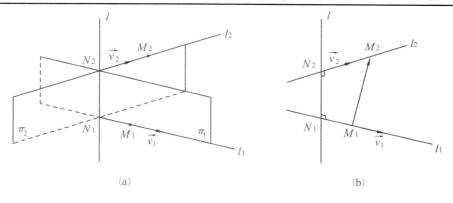

图 2-8

由于 $\left|(\overrightarrow{M_1M_2},\vec{v_1},\vec{v_2})\right|$ 为以 $\overrightarrow{M_1M_2},\vec{v_1},\vec{v_2}$ 为棱的平行六面体的体积, $\left|\vec{v_1}\times\vec{v_2}\right|$ 为以 $\vec{v_1},\vec{v_2}$ 为邻边的平行四边形的面积, 因此, 两异面直线 l_1 与 l_2 间的距离 d 为以 $\overrightarrow{M_1M_2},\vec{v_1},\vec{v_2}$ 为棱的平行六面体对应于以 $\vec{v_1},\vec{v_2}$ 为边的底面上的高.

下面求两异面直线 l_1 与 l_2 的公垂线方程.

公垂线 l 可以看成是由 l 与 l_1 确定的平面和由 l 与 l_2 确定的平面的交线, 因此, l 的方程可用两平面的方程组成的方程组来表示. 由于 $\vec{v_1}=\{X_1,Y_1,Z_1\}$, $\vec{v_2}=\{X_2,Y_2,Z_2\}$, $\vec{v}=\left|\vec{v_1}\times\vec{v_2}\right|$, 因此两异面直线 l_1 与 l_2 的公垂线方程为

$$\begin{cases} \begin{vmatrix} x-x_1 & y-y_1 & z-z_1 \\ X_1 & Y_1 & Z_1 \\ X & Y & Z \end{vmatrix}=0 \\[4mm] \begin{vmatrix} x-x_2 & y-y_2 & z-z_2 \\ X_2 & Y_2 & Z_2 \\ X & Y & Z \end{vmatrix}=0 \end{cases} \tag{2-25}$$

其中

$$X=\begin{vmatrix} Y_1 & Z_1 \\ Y_2 & Z_2 \end{vmatrix},\quad Y=\begin{vmatrix} Z_1 & X_1 \\ Z_2 & X_2 \end{vmatrix},\quad Z=\begin{vmatrix} X_1 & Y_1 \\ X_2 & Y_2 \end{vmatrix}$$

例 10 已知两直线

$$l_1:\frac{x}{1}=\frac{y}{-1}=\frac{z+1}{0},\qquad l_2:\frac{x-1}{1}=\frac{y-1}{1}=\frac{z-1}{0}$$

试证明 l_1,l_2 为异面直线, 并求它们之间的距离与公垂线方程.

解　直线 l_1, l_2 分别过点 $M_1(0,0,-1), M_2(1,1,1)$ ，方向向量分别为 $\vec{v_1}=\{1,-1,0\}, \vec{v_2}=\{1,1,0\}$ ，所以

$$\Delta = \begin{vmatrix} 1 & 1 & 2 \\ 1 & -1 & 0 \\ 1 & 1 & 0 \end{vmatrix} = 4 \neq 0$$

所以 l_1 与 l_2 为异面直线. 又 $\vec{v_1} \times \vec{v_2} = \{0,0,2\}$ ，所以 l_1 与 l_2 的距离为

$$d = \frac{\left|(M_1M_2, \vec{v_1}, \vec{v_2})\right|}{\left|\vec{v_1} \times \vec{v_2}\right|} = \frac{4}{2} = 2$$

公垂线方程为

$$\begin{cases} \begin{vmatrix} x & y & z+1 \\ 1 & -1 & 0 \\ 0 & 0 & 2 \end{vmatrix} = 0 \\[2mm] \begin{vmatrix} x-1 & y-1 & z-1 \\ 1 & 1 & 0 \\ 0 & 0 & 2 \end{vmatrix} = 0 \end{cases}$$

即

$$\begin{cases} x+y=0 \\ x-y=0 \end{cases}$$

或

$$\begin{cases} x=0 \\ y=0 \end{cases}$$

也就是 z 轴.

四、两平面的夹角

如图 2-9 所示，设两平面为

$$\pi_1 : A_1x + B_1y + C_1z + D_1 = 0,$$

$$\pi_2 : A_2x + B_2y + C_2z + D_2 = 0$$

则法向量分别为

$$\vec{n_1} = \{A_1, B_1, C_1\}, \qquad \vec{n_2} = \{A_2, B_2, C_2\}$$

并设 $\angle(\vec{n_1}, \vec{n_2}) = \theta$ ，则 $\angle(\pi_1, \pi_2) = \theta$ 或 $\pi - \theta$.

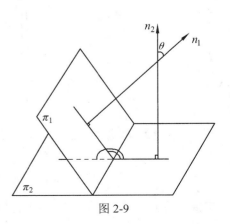

图 2-9

于是

$$\cos\angle(\pi_1,\pi_2)=\pm\cos\theta=\pm\frac{\overrightarrow{n_1}\cdot\overrightarrow{n_2}}{|\overrightarrow{n_1}||\overrightarrow{n_2}|}=\pm\frac{A_1A_2+B_1B_2+C_1C_2}{\sqrt{A_1^2+B_1^2+C_1^2}\sqrt{A_2^2+B_2^2+C_2^2}} \quad (2\text{-}26)$$

推论　两平面 π_1, π_2 垂直的充要条件是 $A_1A_2+B_1B_2+C_1C_2=0$.

例 11　求过 z 轴且与平面 $2x+y-\sqrt{5}z-7=0$ 成 $60°$ 角的平面方程.

解　设所求的平面方程为

$$Ax+By=0$$

依题意有

$$\frac{2A+B}{\sqrt{2^2+1^2+(-\sqrt{5})^2}\sqrt{A^2+B^2}}=\pm 60°=\pm\frac{1}{2}$$

即

$$4(2A+B)^2=10(A^2+B^2)$$

化简得

$$6A^2+16AB-6B^2=0$$

即

$$(3A-B)(A+3B)=0$$

从而 $A:B=1:3$ 或 $A:B=3:(-1)$. 故所求平面方程为

$$x+3y=0 \quad \text{与} \quad 3x-y=0$$

五、直线与平面的夹角

当直线 l 不垂直于平面 π 时, l 与 π 的夹角定义为 l 与它在 π 上的射影所成的锐角(见图 2-10). 当 l 与 π 垂直时, 规定 l 与 π 的夹角为直角.

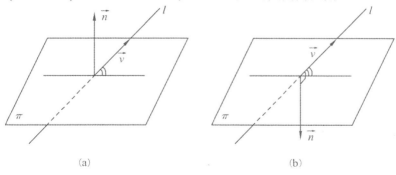

(a)　　　　　　　　(b)

图 2-10

设直线与平面的方程为

$$l: \frac{x - x_0}{X} = \frac{y - y_0}{Y} = \frac{z - z_0}{Z}, \quad \pi: Ax + By + Cz + D = 0$$

则直线 l 的方向向量 $\vec{v} = \{X, Y, Z\}$，平面 π 的法向量 $\vec{n} = \{A, B, C\}$，则直线 l 与平面 π 的夹角为 $\angle(l, \pi) = \frac{\pi}{2} - \angle(\vec{n}, \vec{v})$（见图 2-10(a)）或 $\angle(l, \pi) = \angle(\vec{n}, \vec{v}) - \frac{\pi}{2}$（见图 2-10(b)），所以

$$\sin\angle(l, \pi) = \left|\cos\angle(\vec{n}, \vec{v})\right| = \frac{|\vec{n} \cdot \vec{v}|}{|\vec{n}||\vec{v}|} \tag{2-27}$$

或

$$\sin\angle(l, \pi) = \frac{|AX + BY + CZ|}{\sqrt{A^2 + B^2 + C^2}\sqrt{X^2 + Y^2 + Z^2}} \tag{2-28}$$

特别地，直线 l 与平面 π 垂直的充要条件是 $\vec{n} /\!/ \vec{v}$，即

$$A : B : C = X : Y : Z$$

例 12　求直线 $l: \frac{x}{-1} = \frac{y-1}{1} = \frac{z-1}{2}$ 与平面 $\pi: 2x + y - z - 3 = 0$ 的交点和交角.

解　化直线方程为参数式:

$$x = -t, \quad y = t + 1, \quad z = 2t + 1$$

代入平面方程得

$$2(-t) + (t+1) - (2t+1) - 3 = 0$$

解得 $t = -1$，所以交点为 $(1, 0, -1)$.

又因为

$$\sin\angle(l, \pi) = \frac{|2 \times (-1) + 1 \times 1 + (-1) \times 2|}{\sqrt{2^2 + 1^2 + (-1)^2}\sqrt{(-1)^2 + 1^2 + 2^2}} = \frac{1}{2}$$

所以 $\angle(l, \pi) = \frac{\pi}{6}$.

六、空间两直线的夹角

设两直线为

$$l_1: \frac{x - x_1}{X_1} = \frac{y - y_1}{Y_1} = \frac{z - z_1}{Z_1}, \quad l_2: \frac{x - x_2}{X_2} = \frac{y - y_2}{Y_2} = \frac{z - z_2}{Z_2}$$

则其方向向量分别为

$$\overrightarrow{v_1} = \{X_1, Y_1, Z_1\}, \qquad \overrightarrow{v_2} = \{X_2, Y_2, Z_2\}.$$

又 $\angle(l_1, l_2) = \angle(\overrightarrow{v_1}, \overrightarrow{v_2})$ 或 $\pi - \angle(\overrightarrow{v_1}, \overrightarrow{v_2})$，所以 $\cos\angle(l_1, l_2) = \pm\cos\angle(\overrightarrow{v_1}, \overrightarrow{v_2})$. 从而

$$\cos\angle(l_1, l_2) = \pm\frac{\overrightarrow{v_1} \cdot \overrightarrow{v_2}}{|\overrightarrow{v_1}||\overrightarrow{v_2}|} = \pm\frac{X_1X_2 + Y_1Y_2 + Z_1Z_2}{\sqrt{X_1^2 + Y_1^2 + Z_1^2}\sqrt{X_2^2 + Y_2^2 + Z_2^2}} \qquad (2\text{-}29)$$

推论 两直线 $l_1 \perp l_2$ 的充要条件为

$$X_1X_2 + Y_1Y_2 + Z_1Z_2 = 0 \qquad (2\text{-}30)$$

习 题 2-4

1. 计算下列点和平面的离差和距离:

(1) $M(-2, 4, 3)$，$\pi: 2x - y + 2z + 3 = 0$;

(2) $M(1, 2, -3)$，$\pi: 5x - 3y + z + 4 = 0$.

2. 求下列各点的坐标:

(1) 在 y 轴上，到平面 $2x + y - 2z + 3 = 0$ 和 $4y - 3z + 5 = 0$ 距离相等的点;

(2) 在 z 轴上，到点 $M(1, -2, 0)$ 和到平面 $3x - 2y + 6z - 9 = 0$ 的距离相等的点.

3. 一平面过 x 轴且点 $(5, 4, 13)$ 到这个平面的距离等于 8, 求平面的方程.

4. 求下列各动点的轨迹方程:

(1) 到原点和到平面 $x + y + z + 12 = 0$ 的距离相等的点的轨迹;

(2) 到 z 轴和到平面 $x + y + 1 = 0$ 的距离相等的点的轨迹;

(3) 到平面 $3x + 6y - 2z - 7 = 0$ 和 $4x - 3y - 5 = 0$ 的距离相等的点的轨迹.

5. 已知平面 $\pi: x + 2y - 3z + 4 = 0$ 和点 $O(0,0,0)$, $A(1,1,4)$, $B(1,0,-2)$, $C(2,0,2)$, $D(0,0,4)$, $E(1,3,0)$, $F(-1,0,1)$, 试区分上述各点中哪些点在平面的某一侧, 哪些点在平面的另一侧, 哪些点在平面上.

6. 判别点 $M(2, -1, 1)$ 和 $N(1, 2, 3)$ 是在由下列相交平面所构成的同一个二面角内, 还是分别在相邻二面角内, 或是在对顶的二面角内?

(1) $\pi_1: 3x - y + 2z - 3 = 0$ 与 $\pi_2: x - 2y - z + 4 = 0$;

(2) $\pi_1: 2x - y + 5z - 1 = 0$ 与 $\pi_2: 3x - 2y + 6z - 1 = 0$.

7. 证明: 两平行平面 $Ax + By + Cz + D_1 = 0$ 与 $Ax + By + Cz + D_2 = 0$ 间的距

离为 $d = \dfrac{\left| D_2 - D_1 \right|}{\sqrt{A^2 + B^2 + C^2}}$.

8. 证明：与两平行平面 $Ax + By + Cz + D_1 = 0$ 与 $Ax + By + Cz + D_2 = 0$ 距离相等的点的轨迹方程为 $Ax + By + Cz + \dfrac{D_1 + D_2}{2} = 0$.

9. 求点 $P(2, 3, -1)$ 到直线 $\begin{cases} 2x - 2y + z + 3 = 0, \\ 3x - 2y + 2z + 17 = 0 \end{cases}$ 的距离.

10. 求两平行直线 $\dfrac{x}{2} = \dfrac{y}{-1} = \dfrac{z}{1}$ 与 $\dfrac{x-3}{2} = \dfrac{y+1}{-1} = \dfrac{z}{1}$ 的距离.

11. 验证下列各对直线为异面直线，并求它们的距离及公垂线方程.

(1) $\dfrac{x}{1} = \dfrac{y-1}{-1} = \dfrac{z+1}{0}$ 与 $\dfrac{x+1}{2} = \dfrac{y-1}{-1} = \dfrac{z}{2}$;

(2) $\begin{cases} x = 3 + t, \\ y = 1 + t \\ z = 2 + 2t. \end{cases}$ 与 $\dfrac{x}{-1} = \dfrac{y-2}{3} = \dfrac{z}{3}$,

12. 求下列各对相交平面的交角：

(1) $x - \sqrt{2}y + z - 1 = 0$ 与 $x + \sqrt{2}y - z + 3 = 0$;

(2) $2x - 3y + 6z - 12 = 0$ 与 $x + 2y + 2z - 7 = 0$.

13. 求下列平面的方程：

(1) 过 y 轴且与 xOy 面成 $30°$ 角的平面;

(2) 过点 $M_1(0,0,1)$ 和 $M_2(3,0,0)$ 且与坐标面 xOy 成 $60°$ 的平面;

(3) 过点 $M_1(3,-1,4)$ 和 $M_2(1,0,-3)$ 且与平面 $\pi : 2x + 5y + z + 1 = 0$ 垂直的平面.

14. 判断下列直线与平面的位置关系，若相交，求它们的交点和交角.

(1) 直线 $\dfrac{x-1}{2} = \dfrac{y}{3} = \dfrac{z-2}{6}$ 与平面 $x - 2y + z - 1 = 0$;

(2) $\begin{cases} x + y + 3z = 0, \\ x - y - z = 0 \end{cases}$ 与平面 $x - y - z + 1 = 0$;

(3) $x = y = z$ 与 $x + y = 0$.

15. 已知直线与三个坐标轴的交角分别为 λ, μ, ν ，试证明：

$\sin^2 \lambda + \sin^2 \mu + \sin^2 v = 2$.

16. 求下列各对直线的夹角:

(1) $\dfrac{x-1}{3} = \dfrac{y+2}{6} = \dfrac{z-5}{2}$ 与 $\dfrac{x}{2} = \dfrac{y-3}{9} = \dfrac{z+1}{6}$;

(2) $\begin{cases} 3x - 4y - 2z = 0, \\ 2x + y - 2z = 0 \end{cases}$ 与 $\begin{cases} 4x + y - 6z - 2 = 0, \\ x - 3y + 2 = 0. \end{cases}$

17. 求过点 $P(2, 1, 0)$ 与直线 $\dfrac{x-5}{3} = \dfrac{y}{2} = \dfrac{z+25}{-2}$ 垂直相交的直线方程.

第五节　平面束

空间中过同一条直线 l 的所有平面的集合叫**有轴平面束**, l 叫做**平面束的轴**. 空间中平行于同一平面的一切平面集合叫做**平行平面束**.

定理 2.6　设两平面

$$\pi_1 : A_1 x + B_1 y + C_1 z + D_1 = 0 \tag{8}$$

$$\pi_2 : A_2 x + B_2 y + C_2 z + D_2 = 0 \tag{9}$$

交于一直线 l, 那么以 l 为轴的平面束方程为

$$\lambda_1 (A_1 x + B_1 y + C_1 z + D_1) + \lambda_2 (A_2 x + B_2 y + C_2 z + D_2) = 0 \tag{2-31}$$

其中 λ_1, λ_2 不全为零.

证明　先证方程(2-31)表示一平面, 且过 l. 由方程(2-31)可得

$$(\lambda_1 A_1 + \lambda_2 A_2)x + (\lambda_1 B_1 + \lambda_2 B_2)y + (\lambda_1 C_1 + \lambda_2 C_2)z + (\lambda_1 D_1 + \lambda_2 D_2) = 0$$

其中 $\lambda_1 A_1 + \lambda_2 A_2$, $\lambda_1 B_1 + \lambda_2 B_2$, $\lambda_1 C_1 + \lambda_2 C_2$ 不全为零; 否则有 $\dfrac{A_1}{A_2} = \dfrac{B_1}{B_2} = \dfrac{C_1}{C_2}$, 这与 π_1, π_2 相交于一直线矛盾. 因此, 方程(2-31)表示一平面.

又因为 l 上任意一点的坐标同时满足方程(8)与(9), 因此也满足方程(2-31), 所以方程(2-31)过轴 l.

反过来再证过 l 的任一平面 π 的方程一定是方程(2-31)的形式. 在平面 π 上任取一点 $M_0(x_0, y_0, z_0)$, 但 $M_0 \notin l$, 那么方程(2-31)表示的平面过 M_0 的条件是

$$\lambda_1(A_1x_0 + B_1y_0 + C_1z_0 + D_1) + \lambda_2(A_2x_0 + B_2y_0 + C_2z_0 + D_2) = 0$$

事实上，因为 $M_0 \notin l$，所以 $A_1x_0 + B_1y_0 + C_1z_0 + D_1, A_2x_0 + B_2y_0 + C_2z_0 + D_2$ 不全为零. 故只要取

$$\lambda_1 : \lambda_2 = (A_2x_0 + B_2y_0 + C_2z_0 + D_2) : [-(A_1x_0 + B_1y_0 + C_1z_0 + D_1)]$$

就可使平面 π 的方程为 (2-31) 的形式.

类似地有：

定理 2.7 如果两平面

$$\pi_1 : A_1x + B_1y + C_1z + D_1 = 0, \quad \pi_2 : A_2x + B_2y + C_2z + D_2 = 0$$

平行，那么平行于 π_1, π_2 的平行平面束方程也有 (2-31) 的形式.

推论 平行于平面 $\pi : Ax + By + Cz + D = 0$ 的平行平面束方程为

$$Ax + By + Cz + \lambda = 0 \tag{2-32}$$

其中 λ 为任意实数.

例 13 求在直角坐标系下通过直线 $\begin{cases} 4x - y + 3z - 1 = 0, \\ x + 5y - z + 2 = 0, \end{cases}$ 而且与平面 $2x - y + 5z - 3 = 0$ 垂直的平面方程.

解 设所求平面方程为

$$\lambda_1(4x - y + 3z - 1) + \lambda_2(x + 5y - z + 2) = 0$$

即

$$(4\lambda_1 + \lambda_2)x + (-\lambda_1 + 5\lambda_2)y + (3\lambda_1 - \lambda_2)z + (-\lambda_1 + 2\lambda_2) = 0$$

由两平面垂直的条件有

$$2(4\lambda_1 + \lambda_2) - (-\lambda_1 + 5\lambda_2) + 5(3\lambda_1 - \lambda_2) = 0$$

即

$$3\lambda_1 - \lambda_2 = 0$$

因此 $\lambda_1 : \lambda_2 = 1 : 3$，故所求面方程为

$$7x + 14y + 5 = 0$$

例 14 求过直线 $\begin{cases} x + 5y + z = 0, \\ x - z + 4 = 0 \end{cases}$ 且与平面 $x - 4y - 8z + 12 = 0$ 成 $\dfrac{\pi}{4}$ 角的平面方程.

解 设所求平面方程为

$$\lambda_1(x + 5y + z) + \lambda_2(x - z + 4) = 0$$

即

$$(\lambda_1 + \lambda_2)x + 5\lambda_1 y + (\lambda_1 - \lambda_2)z + 4\lambda_2 = 0$$

两平面的法向量为

$$\overrightarrow{n_1} = \{1, -4, -8\}, \overrightarrow{n_2} = \{\lambda_1 + \lambda_2, 5\lambda_1, \lambda_1 - \lambda_2\}$$

所以

$$\cos\frac{\pi}{4} = \pm\frac{\overrightarrow{n_1}\,\overrightarrow{n_2}}{|\overrightarrow{n_1}||\overrightarrow{n_2}|} = \pm\frac{-9(3\lambda_1 - \lambda_2)}{9\sqrt{27\lambda_1^2 + 2\lambda_2^2}} = \pm\frac{\lambda_2 - 3\lambda_1}{\sqrt{27\lambda_1^2 + 2\lambda_2^2}}$$

解得 $\lambda_1 = 0$ 或 $\lambda_1 : \lambda_2 = -4 : 3$. 故所求平面方程为

$$x - z + 4 = 0 \quad \text{或} \quad x + 20y + 7z - 12 = 0$$

例 15 已知两直线的方程为

$$l_1 : \begin{cases} A_1 x + B_1 y + C_1 z + D_1 = 0, \\ A_2 x + B_2 y + C_2 z + D_2 = 0, \end{cases} \qquad l_2 : \begin{cases} A_3 x + B_3 y + C_3 z + D_3 = 0 \\ A_4 x + B_4 y + C_4 z + D_4 = 0 \end{cases}$$

则 l_1 与 l_2 共面的充要条件是

$$\begin{vmatrix} A_1 & B_1 & C_1 & D_1 \\ A_2 & B_2 & C_2 & D_2 \\ A_3 & B_3 & C_3 & D_3 \\ A_4 & B_4 & C_4 & D_4 \end{vmatrix} = 0$$

证明 过 l_1 的平面为

$$\lambda_1(A_1 x + B_1 y + C_1 z + D_1) + \lambda_2(A_2 x + B_2 y + C_2 z + D_2) = 0$$

即

$$(A_1\lambda_1 + A_2\lambda_2)x + (B_1\lambda_1 + B_2\lambda_2)y + (C_1\lambda_1 + C_2\lambda_2)z + D_1\lambda_1 + D_2\lambda_2 = 0 \quad (10)$$

其中 λ_1, λ_2 不全为零. 过 l_2 的平面为

$$(A_3\lambda_3 + A_4\lambda_4)x + (B_3\lambda_3 + B_4\lambda_4)y + (C_3\lambda_3 + C_4\lambda_4)z + D_3\lambda_3 + D_4\lambda_4 = 0 \quad (11)$$

其中 λ_3, λ_4 为不全为零的实数.

l_1 与 l_2 共面的充要条件是(10)(11)表示同一平面, 所以

$$\frac{A_1\lambda_1 + A_2\lambda_2}{A_3\lambda_3 + A_4\lambda_4} = \frac{B_1\lambda_1 + B_2\lambda_2}{B_3\lambda_3 + B_4\lambda_4} = \frac{C_1\lambda_1 + C_2\lambda_2}{C_3\lambda_3 + C_4\lambda_4} = \frac{D_1\lambda_1 + D_2\lambda_2}{D_3\lambda_3 + D_4\lambda_4} = k \quad (k \neq 0)$$

从而得

$$\begin{cases} A_1\lambda_1 + A_2\lambda_2 - kA_3\lambda_3 - kA_4\lambda_4 = 0 \\ B_1\lambda_1 + B_2\lambda_2 - kB_3\lambda_3 - kB_4\lambda_4 = 0 \\ C_1\lambda_1 + C_2\lambda_2 - kC_3\lambda_3 - kC_4\lambda_4 = 0 \\ D_1\lambda_1 + D_2\lambda_2 - kD_3\lambda_3 - kD_4\lambda_4 = 0 \end{cases} \tag{12}$$

由于 $\lambda_1,\lambda_2,\lambda_3,\lambda_4$ 不全为零，即关于 $\lambda_1,\lambda_2,\lambda_3,\lambda_4$ 的齐次线性方程组(12)有非零解，所以

$$\begin{vmatrix} A_1 & A_2 & -kA_3 & -kA_4 \\ B_1 & B_2 & -kB_3 & -kB_4 \\ C_1 & C_2 & -kC_3 & -kC_4 \\ D_1 & D_2 & -kD_3 & -kD_4 \end{vmatrix} = 0$$

因为 $k \neq 0$，所以有

$$\begin{vmatrix} A_1 & A_2 & A_3 & A_4 \\ B_1 & B_2 & B_3 & B_4 \\ C_1 & C_2 & C_3 & C_4 \\ D_1 & D_2 & D_3 & D_4 \end{vmatrix} = 0$$

即

$$\begin{vmatrix} A_1 & B_1 & C_1 & D_1 \\ A_2 & B_2 & C_2 & D_2 \\ A_3 & B_3 & C_3 & D_3 \\ A_4 & B_4 & C_4 & D_4 \end{vmatrix} = 0$$

习 题 2-5

1. 求通过平面 $4x - y + 3z - 1 = 0$ 和 $x + 5y - z + 2 = 0$ 的交线且满足下列条件之一的平面: (1) 通过原点; (2) 通过点 $(0,0,1)$; (3) 与 y 轴平行.

2. 求与平面 $x - 2y - z + 2 = 0$ 平行且 x 轴上的截距为 4 的平面方程.

3. 求与平面 $x - 2y + 3z - 4 = 0$ 平行且满足下列条件之一的平面: (1) 通过点 $(1,-2,3)$; (2) 与原点的距离等于 3.

4. 在直角坐标系下, 求直线 $\begin{cases} 5x + 8y - 3z + 9 = 0, \\ 2x + 4y + z - 1 = 0 \end{cases}$ 分别对于三坐标平面的射影平面.

5．在直角坐标系下，求通过直线 $\begin{cases} 2x+y-2z+1=0, \\ x+2y-z-2=0 \end{cases}$ 且与平面

$x+y+z-1=0$ 垂直的平面方程.

6．求通过直线 $\dfrac{x+1}{0}=\dfrac{y+2}{2}=\dfrac{z-2}{-3}$ 且与点 $P(4,\ 1,\ 2)$ 的距离等于 3 的平面

方程.

7．设一平面与平面 $x+3y+2z=0$ 平行，且与三坐标面围成的四面体的体

积等于 6，求这个平面的方程.

8．直线方程 $\begin{cases} A_1x+B_1y+C_1z+D_1=0, \\ A_2x+B_2y+C_2z+D_2=0 \end{cases}$ 的系数应满足什么条件才能使该直

线在 xOz 坐标面上.

第三章 特殊曲面与二次曲面

本章将在介绍曲面和空间曲线方程的基础上讨论一些具体的曲面: 柱面、锥面、旋转曲面和二次曲面. 柱面、锥面和旋转曲面具有较为突出的几何特征, 主要从图形出发讨论它们的方程; 椭球面、双曲面和抛物面等二次曲面在方程上表现出较为特殊的简单形式, 主要从方程出发研究它们的图形和性质.

本章采用的坐标系都是直角坐标系.

第一节 曲面与空间曲线方程

一、曲面的方程

定义 3.1 设空间有曲面Σ, 如果在确定的坐标系下, Σ上每一点的坐标都满足方程

$$F(x,y,z) = 0 \tag{3-1}$$

反之, 任何满足方程(3-1)的数组(x,y,z)一定是曲面Σ上的点坐标, 那么方程(3-1)叫做曲面Σ的**普通方程**, 曲面Σ叫做由方程(3-1)表示的曲面, 或者直接用方程来代表曲面, 说成"曲面$F(x,y,z) = 0$".

求给定曲面的方程, 实际上是在确定的坐标系下, 把曲面上点的特征性质用点的坐标x,y,z来表示.

例1 求以点$C(a,b,c)$为球心, 半径为R的球面方程.

解 设$M(x,y,z)$为球面上任一点, 则M的特征性质为

$$\left|\overrightarrow{MC}\right| = R \tag{1}$$

即

$$\sqrt{(x-a)^2 + (y-b)^2 + (z-c)^2} = R \tag{2}$$

两边平方得

$$(x-a)^2 + (y-b)^2 + (z-c)^2 = R^2 \tag{3-2}$$

反之, 满足方程(3-2)的任何点 (x,y,z) 也满足(2)式, 同时也满足(1)式, 从而在球面上. 所以, 方程(3-2)就是所求的球面方程.

特别地, 球心在原点, 半径为 R 的球面方程为

$$x^2 + y^2 + z^2 = R^2 \tag{3-3}$$

把方程(3-2)展开得

$$x^2 + y^2 + z^2 - 2ax - 2by - 2cz + (a^2 + b^2 + c^2 - R^2) = 0$$

因此, 球面方程是一个三元二次方程, 它的平方项系数相等, 没有交叉项.

反过来, 对于三元二次方程

$$Ax^2 + By^2 + Cz^2 + Dxy + Eyz + Fxz + Gx + Hy + Kz + L = 0$$

如果 $A = B = C \neq 0$, $D = E = F = 0$, 则可化为

$$x^2 + y^2 + z^2 + 2gx + 2hy + 2kz + l = 0$$

配方得

$$(x+g)^2 + (x+h)^2 + (z+k)^2 = g^2 + h^2 + k^2 - l \tag{3}$$

则当 $g^2 + h^2 + k^2 - l > 0$ 时, (3)式表示一个实球面;

当 $g^2 + h^2 + k^2 - l = 0$ 时, (3)式表示一个点 $(-g, -h, -k)$;

当 $g^2 + h^2 + k^2 - l < 0$ 时, (3)式无图形.

习惯上, 把上面的点称为点球, 把无图形时称为虚球面, 三种情形统称为球面. 因此有: 球面的方程是一个三元二次方程, 它的平方项系数相等, 没有交叉项; 反之, 一个三元二次方程, 如果它的平方项系数相等, 没有交叉项, 那么它表示一个球面.

定义 3.2　如果曲面 Σ 上的点坐标表示成两个参数 u, v 的函数, 那么由它们给出的方程组

$$\begin{cases} x = f(u,v) \\ y = g(u,v) \qquad (a \leqslant u \leqslant b, c \leqslant v \leqslant d) \\ z = h(u,v) \end{cases} \tag{3-4}$$

叫做曲面 Σ 的**参数方程**, 其中对于 u, v 的每一对确定的值, 由方程(3-4)确定的点 x, y, z 在曲面 Σ 上; 反过来, 曲面 Σ 上任一点的坐标都可由 u, v 的某一对值通过方程(3-4)确定.

例 2　求以原点为球心, R 为半径的球面的参数方程.

解　设 $M(x,y,z)$ 为球面上任一点, M 在 xOy 坐标面上的射影为 P (见图 3-1), 并设 $\measuredangle(\vec{i}, \overrightarrow{OP}) = \varphi$, $\angle POM = \theta$ (M 在 xOy 面的 z 轴的正向一侧时, θ 取正值; 反之, θ 取负值), 则

$$\vec{r} = \overrightarrow{OM} = \overrightarrow{OP} + \overrightarrow{PM}$$

而

$$\overrightarrow{OP} = \left|\overrightarrow{OP}\right|(\vec{i}\cos\varphi + \vec{j}\sin\varphi), \quad \overrightarrow{PM} = (\left|\overrightarrow{OM}\right|\sin\theta)\vec{k}$$

又 $\left|\overrightarrow{OM}\right| = R$, $\left|\overrightarrow{OP}\right| = R\cos\theta$, 所以

$$\vec{r} = (R\cos\theta\cos\varphi)\vec{i} + (R\cos\theta\sin\varphi)\vec{j} + (R\sin\theta)\vec{k}$$

于是

$$\begin{cases} x = R\cos\theta\cos\varphi \\ y = R\cos\theta\sin\varphi \\ z = R\sin\theta \end{cases} \quad \left(-\pi < \varphi \leqslant \pi, \ -\frac{\pi}{2} < \theta \leqslant \frac{\pi}{2}\right) \quad (3\text{-}5)$$

方程(3-5)为球心在原点, 半径为 R 的球面的参数方程.

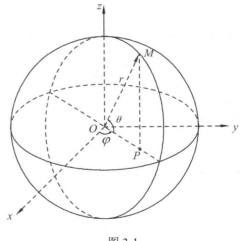

图 3-1

方程(3-5)中, $\theta = \pm\dfrac{\pi}{2}$ 时得两点 $(0,0,\pm R)$, 称为**极点**. 除这两点外, 球面上其余的点与 φ, θ 之间通过方程(3-5)建立一一对应关系, 所以也可以把 (φ, θ) 叫做球面上点的坐标. 这就是地球上确定地理位置的地球坐标, 其中 φ 叫做经

度, 分东经($\varphi > 0$)和西经($\varphi < 0$); θ 叫做纬度, 分北纬($\theta > 0$)和南纬($\theta < 0$). 两极点 $(0, 0, \pm R)$ 分别叫做南极和北极.

例3　求以 z 轴为对称轴, 半径为 R 的圆柱面方程.

解　如图3-2所示, 设 $M(x, y, z)$ 为圆柱面上

一点, M 在 xOy 坐标面上的射影为 P, 并设

$\measuredangle(\vec{i}, \overrightarrow{OP}) = \varphi$, 则

$$\vec{r} = \overrightarrow{OM} = \overrightarrow{OP} + \overrightarrow{PM}$$

而

$$\overrightarrow{OP} = \left|\overrightarrow{OP}\right|(\vec{i}\cos\varphi + \vec{j}\sin\varphi)$$

$$= \vec{i}R\cos\varphi + \vec{j}R\sin\varphi$$

$$\overrightarrow{PM} = u\vec{k}$$

所以

$$\vec{r} = \vec{i}R\cos\varphi + \vec{j}R\sin\varphi + u\vec{k}$$

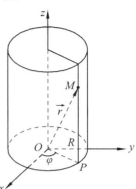

图 3-2

所以

$$\begin{cases} x = R\cos\varphi \\ y = R\sin\varphi \qquad (-\pi < \varphi \leqslant \pi, \ -\infty < u < +\infty) \\ z = u \end{cases} \tag{3-6}$$

方程(3-6)为以 z 轴为对称轴、半径为 R 的圆柱面的参数方程. 消去参数即得以 z 轴为对称轴、半径为 R 的圆柱的普通方程:

$$x^2 + y^2 = R^2 \tag{3-7}$$

曲面的参数方程的表达式不是唯一的, 选取的参数不同, 则表达式也不同.

二、空间曲线的方程

由于两个曲面相交时, 交线是一条空间曲线, 因此, 常常把两个曲面方程联系在一起表示曲线, 即空间曲线的方程可表示为

$$\begin{cases} F_1(x, y, z) = 0 \\ F_2(x, y, z) = 0 \end{cases}$$

例如, 空间直线的一般方程

$$\begin{cases} A_1x + B_1y + C_1z + D_1 = 0 \\ A_2x + B_2y + C_2z + D_2 = 0 \end{cases}$$

表示的就是两个平面的交线.

空间圆常常看成是球面与平面的交线, 因此, 空间圆的方程为

$$\begin{cases} (x-a)^2 + (y-b)^2 + (z-c)^2 = R^2 \\ Ax + By + Cz + D = 0 \end{cases}$$

例如, 在 xOy 坐标面上以原点为圆心、R 为半径的圆可看成是以原点为球心、R 为半径的球面与 xOy 面的交线, 因此, 方程为

$$\begin{cases} x^2 + y^2 + z^2 + R^2 \\ z = 0 \end{cases} \tag{4}$$

或

$$\begin{cases} x^2 + y^2 = R^2 \\ z = 0 \end{cases} \tag{5}$$

(4)和(5)式是同解方程组, 所以它们表示同一个圆.

空间曲线也可以用一个参数的参数方程来表示.

定义 3.3　如果曲线 Γ 上点的坐标表示成某个参数 t 的函数, 那么由它们给出的方程组

$$\begin{cases} x = f(t) \\ y = g(t) \qquad (a \leqslant t \leqslant b) \\ z = h(t) \end{cases} \tag{3-8}$$

叫做曲线 Γ 的**参数方程**. 其中对于 t 的每一个值, 由方程(3-8)确定的点 (x, y, z) 在曲线 Γ 上; 反过来, Γ 上任一点的坐标都可由 t 的某个值通过方程(3-8)确定.

第二章中直线的参数方程

$$\begin{cases} x = x_0 + Xt \\ y = y_0 + Yt \\ z = z_0 + Zt \end{cases}$$

就是其中的一例.

例 4　若一动点一方面绕定直线作等速圆周运动, 另一方面沿定直线做等速直线运动, 则动点形成的轨迹叫做**圆柱螺旋线**. 试求圆柱螺旋线的方程.

解　取定直线上一点为原点, 定直线为 z 轴建立坐标系. 设动点的起始位置为 $P_0(a, 0, 0)$, 等角速度为 w, 等速度为 v, 经过时间 t 动点的位置在 $P(x, y, z)$,

P 在 xOy 坐标面上的射影为 Q(见图 3-3), 则

$$\vec{r} = \overrightarrow{OP} = \overrightarrow{OQ} + \overrightarrow{QP}$$

而 $\measuredangle(\vec{i}, \overrightarrow{OQ}) = wt$, 从而

$$\overrightarrow{OQ} = |\overrightarrow{OQ}|(\vec{i}\cos wt + \vec{j}\sin wt)$$

又 $\overrightarrow{OP} = (vt)\vec{k}$, 所以

$$\vec{r} = (a\cos wt)\vec{i} + (a\sin wt)\vec{j} + (vt)\vec{k}$$

于是得

$$\begin{cases} x = a\cos wt \\ y = a\sin wt \\ z = vt \end{cases} \quad (-\infty < t < +\infty) \qquad (3\text{-}9)$$

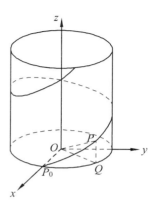

图 3-3

方程(3-9)为圆柱螺旋线的参数方程.

从(3-9)中消去参数, 得圆柱螺旋线的普通方程:

$$\begin{cases} x^2 + y^2 = a^2 \\ y = a\sin\left(\dfrac{w}{v}z\right) \end{cases} \qquad (3\text{-}10)$$

从方程(3-10)的第一个方程可以看出, 这是圆柱面上的一条曲线, 圆柱螺旋线因此而得名. 几何上就是在一张长方形的纸上画一条斜线, 然后把纸卷成圆柱面, 该直线可形成圆柱螺旋线.

习　题　3-1

1. 求到两点 $M_1(0,0,-c)$ 和 $M_2(0,0,c)$ 的距离之和为 $2b(b>c>0)$ 的点的轨迹.

2. 求到定点 $P(0,0,c)$ 与到 xOy 面距离相等的点的轨迹($c \neq 0$).

3. 求下列球面的球心和半径:

(1) $x^2 + y^2 + z^2 - 2x + 4y - 6z - 22 = 0$;

(2) $x^2 + y^2 + z^2 + 8x = 0$.

4. 求下列球面的方程

(1) 以 $M_1(1,2,3)$ 和 $M_2(-1,6,-5)$ 的连线段为直径的球面;

(2) 过点$(0,0,0)$, $(1,-1,1)$, $(1,2,-1)$和$(2,3,0)$的球面;

(3) 与平面 $x+2y+2z+3=0$ 相切于点 $P(1,1,-3)$ 且半径 $R=3$ 的球面;

(4) 与两平行平面 $6x-3y-2z-35=0$ 和 $6x-3y-2z+63=0$ 都相切，且与其中一平面切于点 $P(5,-1,-1)$ 的球面.

5. 试求球心在点 (a,b,c)、半径为 R 的球面的参数方程.

6. 化下列曲面的参数方程为普通方程:

(1) $\begin{cases} x=\mu, \\ y=v, \\ z=\sqrt{1-\mu^2-v^2} \end{cases}$ $(\mu^2+v^2\leqslant 1)$;

(2) $\begin{cases} x=a\cos\mu, \\ y=b\sin\mu, \\ z=v \end{cases}$ $(-\infty<\mu<+\infty, 0\leqslant v<2\pi)$

7. 证明下列两参数方程:

$$\begin{cases} x=\mu\cos v \\ y=\mu\sin v \\ z=\mu^2 \end{cases} (-\infty<\mu<+\infty, 0\leqslant v<2\pi)$$

与

$$\begin{cases} x=\dfrac{\mu}{\mu^2+v^2} \\ y=\dfrac{v}{\mu^2+v^2} \\ z=\dfrac{1}{\mu^2+v^2} \end{cases} (-\infty<\mu,v<+\infty, \mu^2+v^2\neq 0)$$

表示同一曲面.

8. 化下列曲线的参数方程为一般方程:

(1) $\begin{cases} x=6t+1, \\ y=(t+1)^2, \\ z=2t \end{cases} (-\infty<t<+\infty)$; (2) $\begin{cases} x=3\sin t, \\ y=5\sin t, \\ z=4\cos t \end{cases} (0\leqslant t<2\pi)$.

9. 平面 $x=c$ 与曲面 $x^2+y^2-2x=0$ 的公共点组成怎样的轨迹?

10. 指出下列曲面与三个坐标面的交线分别是什么曲线?

(1) $x^2+y^2+16z^2-64=0$; (2) $x^2+4y^2-16z^2-64=0$;

(3) $x^2 - 4y^2 - 16z^2 - 64 = 0$;   (4) $x^2 + 9y^2 - 10z = 0$;

(5) $x^2 - 9y^2 - 10z = 0$;   (6) $x^2 + 4y^2 - 16z^2 = 0$.

第二节 柱面和锥面

一、柱 面

1. 柱 面

定义 3.4 在空间, 由平行于一定方向且与一定曲线相交的一族平行直线构成的曲面叫做**柱面**. 平行直线族中的每一条直线叫做柱面的**母线**, 定方向叫做柱面的**方向**(或母线的方向), 定曲线叫柱面的**准线**.

显然, 柱面的准线不是唯一的.

设柱面的准线为

$$\Gamma : \begin{cases} F_1(x, y, z) = 0 \\ F_2(x, y, z) = 0 \end{cases}$$

母线的方向数为 X, Y, Z, 试求柱面的方程.

在准线上取一点 $M_1(x_1, y_1, z_1)$ (见图 3-4), 则过 M_1 的母线方程为

$$\frac{x - x_1}{X} = \frac{y - y_1}{Y} = \frac{z - z_1}{Z} \qquad (6)$$

又因 M_1 在准线上, 所以

$$\begin{cases} F_1(x_1, y_1, z_1) = 0 \\ F_2(x_1, y_1, z_1) = 0 \end{cases} \qquad (7)$$

当 M_1 取遍准线 Γ 上所有的点时, 直线(6)就生成了以 Γ 为准线、X, Y, Z 为母线的方向数的柱面. 因此, 由(6), (7)式消去参数 x_1, y_1, z_1, 得

$$F(x, y, z) = 0$$

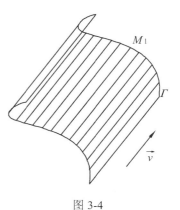

图 3-4

即为所求的柱面方程.

例 5 设柱面的准线为

$$\begin{cases} x^2 + y^2 + z^2 = 1 \\ x + y + z = 0 \end{cases}$$

母线的方向数为 1,1,−1，求柱面的方程.

解　设 $M_1(x_1, y_1, z_1)$ 为准线上一点，则过 M_1 的母线方程为

$$\frac{x - x_1}{1} = \frac{y - y_1}{1} = \frac{z - z_1}{-1} \tag{8}$$

且有

$$\begin{cases} x_1^2 + y_1^2 + z_1^2 = 1 \\ x_1 + y_1 + z_1 = 0 \end{cases} \tag{9}$$

由(8)(9)式消去参数 x_1, y_1, z_1 得方程

$$2x^2 + 2y^2 + 6z^2 + 2xy + 6xz + 6yz - 1 = 0$$

即为所求的柱面方程.

下面讨论母线平行于坐标轴的柱面.

定理 3.1　在空间直角坐标系下，如果一个三元方程缺少一个元，那么这个方程所表示的曲面是一个柱面，该柱面的母线平行于与所缺元同名的坐标轴.

证明　先证明方程

$$F(x, y) = 0 \tag{10}$$

的曲面是一个母线平行 z 轴的柱面. 取曲面(10)与 xOy 坐标面的交线

$$\begin{cases} F(x, y) = 0 \\ z = 0 \end{cases}$$

为准线，z 轴的方向 $\vec{k} = \{0, 0, 1\}$ 为母线的方向. 在准线上取一点 $M_1(x_1, y_1, z_1)$，则过 M_1 的母线为

$$\frac{x - x_1}{0} = \frac{y - y_1}{0} = \frac{z - z_1}{1}$$

即

$$\begin{cases} x = x_1 \\ y = y_1 \end{cases} \tag{11}$$

且有

$$\begin{cases} F(x_1, y_1) = 0 \\ z_1 = 0 \end{cases} \tag{12}$$

由(11)(12)式消去参数 x_1, y_1, z_1 得柱面的方程

$$F(x, y) = 0$$

这就是曲面(10). 因此, 曲面(10)是**母线平行于** z **轴的柱面**.

同理可得, $G(x, z) = 0$ 和 $H(y, z) = 0$ 分别为母线平行于 y 轴和母线平行于 x 轴的柱面.

例6 方程

$$\frac{x^2}{a^2} + \frac{y^2}{b^2} = 1 \tag{3-11}$$

表示母线平行于 z 轴的柱面. 柱面与 xOy 坐标面的交线是椭圆

$$\begin{cases} \dfrac{x^2}{a^2} + \dfrac{y^2}{b^2} = 1 \\ z = 0 \end{cases}$$

因而该柱面叫做**椭圆柱面**(见图 3-5)

同理

$$\frac{x^2}{a^2} - \frac{y^2}{b^2} = 1 \tag{3-12}$$

$$y^2 = 2px \quad (p > 0) \tag{3-13}$$

分别表示母线平行于 z 轴的**双曲柱面**(见图 3-6)和**抛物柱面**(见图 3-7), 椭圆柱面、双曲柱面和抛物柱面统称为**二次柱面**.

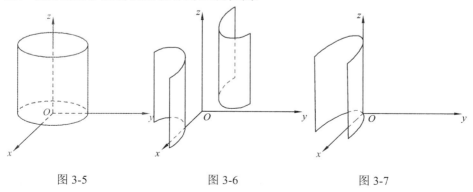

图 3-5　　　　　　　　　图 3-6　　　　　　　　　图 3-7

2. 空间曲线的射影柱面

设空间曲线 Γ 的方程为

$$\begin{cases} F(x,y,z)=0 \\ G(x,y,z)=0 \end{cases}$$

如果能从方程组中分别消去 z 和 y 可得到等价方程组:

$$\begin{cases} F_1(x,y)=0 \\ G_1(x,z)=0 \end{cases}$$

那么,根据定理 3.1,方程组中第一个方程表示母线平行于 z 轴的柱面,我们把此柱面称为曲线 Γ 对 xOy 坐标面的**射影柱面**,而把射影柱面与 xOy 坐标面的交线

$$\begin{cases} F_1(x,y)=0 \\ z=0 \end{cases}$$

叫做曲线 Γ 在 xOy 坐标面上的**射影曲线**(简称**射影**).

同理, $G_1(x,z)=0$ 为曲线 Γ 对 xOz 面的射影柱面,交线

$$\begin{cases} G_1(x,z)=0 \\ z=0 \end{cases}$$

为曲线 Γ 在 xOz 面上的射影.

例 7 讨论曲线

$$\begin{cases} x^2+y^2+z^2=1 \\ x^2+y^2=1 \end{cases}$$

的形状.

解 将方程组化为等价方程组

$$\begin{cases} x^2+y^2=1 \\ z=0 \end{cases}$$

由此可知,曲线是 xOy 面上以原点为圆心的单位圆.

从这里可以看到,用空间曲线的射影柱面来表示空间曲线,对认识空间曲线的形状是有利的.

二、锥 面

定义 3.5 在空间,过一定点且与一定曲线相交的一族直线所构成的曲面叫做**锥面**. 定点叫做锥面的**顶点**,定曲线叫做锥面的**准线**,直线族中的每一条

直线叫做锥面的**母线**.

显然, 锥面的准线不是唯一的.

设锥面的准线为

$$\Gamma: \begin{cases} F_1(x, y, z) = 0 \\ F_2(x, y, z) = 0 \end{cases}$$

顶点为 $A(x_0, y_0, z_0)$, 求锥面方程.

在准线 Γ 上取一点 $M_1(x_1, y_1, z_1)$ (见图 3-8), 则过 M_1 的母线为

$$\frac{x - x_0}{x_1 - x_0} = \frac{y - y_0}{y_1 - y_0} = \frac{z - z_0}{z_1 - z_0} \qquad (13)$$

又 M_1 在准线上, 所以

$$\begin{cases} F_1(x_1, y_1, z_1) = 0 \\ F_2(x_1, y_1, z_1) = 0 \end{cases} \qquad (14)$$

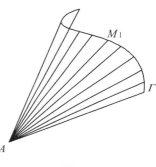

图 3-8

当 M_1 取遍准线 Γ 上所有点时, 直线(13)就生成以 Γ 为准线、A 为顶点的锥面. 从而由(13)(14)式消去参数 x_1, y_1, z_1 得方程

$$F(x, y, z) = 0$$

即为所求的锥面方程.

例 8　锥面的顶点在原点, 且准线为

$$\begin{cases} \dfrac{x^2}{a^2} + \dfrac{y^2}{b^2} = 1 \\ z = c \end{cases}$$

求锥面的方程.

解　在准线上取一点 $M_1(x_1, y_1, z_1)$, 则过 M_1 的母线为

$$\frac{x}{x_1} = \frac{y}{y_1} = \frac{z}{z_1} \qquad (15)$$

且有

$$\begin{cases} \dfrac{x_1^2}{a^2} + \dfrac{y_1^2}{b^2} = 1 & (16) \\ z_1 = c & (17) \end{cases}$$

由(15)(17)式得

$$\begin{cases} x_1 = \dfrac{cx}{z} \\[3mm] y_1 = \dfrac{cy}{z} \end{cases} \tag{18}$$

把(18)式代入(16)式可得所求的锥面方程:

$$\frac{c^2 x^2}{a^2 z^2} + \frac{c^2 y^2}{b^2 z^2} = 1$$

或改写成

$$\frac{x^2}{a^2} + \frac{y^2}{b^2} - \frac{z^2}{c^2} = 0 \tag{3-14}$$

曲面(3-14)叫做**二次锥面**.

圆锥面是一种特殊的锥面. 圆锥面的母线与轴所夹的锐角叫做圆锥面的**半顶角**. 除通过顶点和准线得到圆锥面方程的一般方法外, 还可以用适合于圆锥面的特殊方法.

例 9　求顶点为(1,2,4), 轴与平面 $2x + 2y + z = 0$ 垂直, 且经过点(3,2,1)的圆锥面方程.

解　设 $M(x,y,z)$ 为圆锥面上任意一点, 则过点 M 的母线的方向为

$$\vec{v} = \{x-1, y-2, z-4\}$$

又轴的方向即为平面的法方向, 即

$$\vec{n} = \{2,2,1\}$$

则过点(3,2,1)的母线方向为

$$\vec{v_1} = \{2,0,-3\}$$

从而有

$$\frac{\vec{n} \cdot \vec{v}}{|\vec{n}||\vec{v}|} = \frac{\vec{n} \cdot \vec{v_1}}{|\vec{n}||\vec{v_1}|}$$

即

$$\frac{2(x-1)+2(y-2)+(z-4)}{3\sqrt{(x-1)^2+(y-2)^2+(z-4)^2}} = \frac{4-3}{3\sqrt{13}}$$

化简整理得圆锥面方程

$$51(x-1)^2 + 51(y-2)^2 + 12(z-4)^2 + 104(x-1)(y-2) + 52(x-1)(z-4) + 52(y-2)(z-4)$$

从例 8 可以看到, 以原点为顶点的锥面方程是一个关于 x,y,z 的齐次方程[①].
一般地, 我们有如下的定理.

定理 3.2　一个关于 x, y, z 的齐次方程 $F(x,y,z)=0$ 总表示顶点在原点的
锥面.

证明　设关于 x,y,z 的齐次方程

$$F(x,y,z)=0 \tag{19}$$

表示的曲面为 Σ. 因为

$$F(tx,ty,tz)=t^{\lambda}F(x,y,z)$$

令 $t=0$, 得

$$F(0,0,0)=0$$

所以曲面 Σ 过原点.

设 $M_1(x_1,y_1,z_1)$ 为曲面 Σ 上任意一点(但不是原点),则

$$F_1(x_1,y_1,z_1)=0$$

又直线 OM_1 的方程为

$$\begin{cases} x=x_1t \\ y=y_1t \\ z=z_1t \end{cases}$$

代入方程(19)得

$$F(x,y,z)=F(tx_1,ty_1,tz_1)=t^{\lambda}F(x_1,y_1,z_1)=0$$

所以整条直线 OM_1 都在曲面 Σ 上, 而 M_1 是 Σ 上除原点外的任意点, 因此曲面 Σ
是由过原点的直线族组成的, 从而 Σ 是顶点在原点的锥面.

推论　关于 $x-x_0,y-y_0,z-z_0$ 的齐次方程

$$F(x-x_0,y-y_0,z-z_0)=0$$

总表示顶点在点 $M_0(x_0,y_0,z_0)$ 的锥面.

[①]注: 设 λ 为实数, 对于函数 $F(x,y,z)$, 如果 t^{λ} 有意义时, 总有
$$F(tx,ty,tz)=t^{\lambda}F(x,y,z)$$
那么, 称 $F(x,y,z)$ 为 λ 次齐次函数, 方程 $F(x,y,z)=0$ 为 λ 次齐次方程.

习　题　3-2

1. 已知柱面的准线为 $\begin{cases} x^2 + y^2 + z^2 = 1, \\ x + y + z = 0, \end{cases}$ 母线平行于向量 $\{1,1,1\}$，求柱面的方程.

2. 设柱面的准线为 $\begin{cases} x = y^2 + z^2, \\ x = 2z. \end{cases}$ 母线垂直于准线所在的平面，求此柱面的方程.

3. 求下列曲线对三个坐标面的射影柱面方程:

(1) $\begin{cases} x^2 + y^2 + z^2 = 25, \\ x^2 + 4y^2 - z^2 = 0; \end{cases}$ 　　　　(2) $\begin{cases} z = 4 - x^2 - \dfrac{1}{4}y^2, \\ z = 3x^2 + \dfrac{1}{4}y^2. \end{cases}$

4. 求通过直线 $\begin{cases} 5x + 8y - 3z + 9 = 0, \\ 2x - 4y + z - 1 = 0, \end{cases}$ 向三坐标面所引的射影平面方程.

5. 已知柱面的准线为 $\vec{r}(\mu) = \{x(\mu), y(\mu), z(\mu)\}$，母线的方向平行于向量 $\vec{s} = \{X, Y, Z\}$，试证明: 柱面的向量式参数方程与坐标式参数方程分别为

$$\vec{r} = \vec{r}(\mu) + v\vec{s} \quad \text{与} \quad \begin{cases} x = x(\mu) + Xv \\ y = y(\mu) + Yv \\ z = z(\mu) + Zv \end{cases}$$

6. 画出下列方程所表示的曲面图形:

(1) $4x^2 + 9y^2 = 36$；　　　　(2) $x^2 = 4z$．

7. 求下列锥面的方程:

(1) 顶点在原点，准线为 $\begin{cases} x^2 - 2z + 1 = 0, \\ y - z + 1 = 0; \end{cases}$

(2) 顶点为 $(3,-1,-2)$，准线为 $\begin{cases} x^2 + y^2 - z^2 = 1, \\ x - y + z = 1; \end{cases}$

(3) 顶点在原点，准线为 $\begin{cases} f(x,y) = 0, \\ z = k \end{cases}$ (k 为非零常数).

8. 已知锥面的准线为 $\vec{r}(\mu) = \{x(\mu), y(\mu), z(\mu)\}$，而顶点 A 的向径为 $\vec{r}_0 = \{x_0, y_0, z_0\}$，试证明: 锥面的向量式参数方程与坐标式参数方程分别为

$$\vec{r} = v\vec{r}(\mu) + (1-v)\vec{r}_0 \quad 与 \quad \begin{cases} x = x(\mu)v + (1-v)x_0 \\ y = y(\mu)v + (1-v)y_0 \\ z = z(\mu)v + (1-v)z_0 \end{cases}$$

第三节 旋转曲面

定义 3.6 在空间,一条曲线 Γ 绕一定直线 l 旋转一周所生成的曲面叫做**旋转曲面**(或称回转曲面),其中曲线 Γ 叫做旋转曲面的**母线**,定直线 l 叫做旋转曲面的**旋转轴**(简称为**轴**).

显然,旋转曲面的母线 Γ 上一点 M_1 旋转时形成一个圆(见图 3-9),这个圆也是过 M_1 垂直于轴 l 的平面与旋转曲面的交线,把它叫做**纬圆**或**纬线**;每一个以轴 l 为边缘的半平面与旋转曲面的交线,叫做旋转曲面的**经线**.

设旋转曲面的母线为

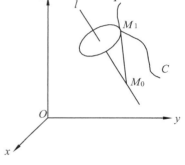

图 3-9

$$\Gamma : \begin{cases} F_1(x,y,z) = 0 \\ F_2(x,y,z) = 0 \end{cases} \quad (20)$$

旋转轴 l 为

$$\frac{x-x_0}{X} = \frac{y-y_0}{Y} = \frac{z-z_0}{Z} \quad (21)$$

求旋转曲面的方程.

设 $M_1(x_1, y_1, z_1)$ 为母线上一点,则过 M_1 的纬圆方程为

$$\begin{cases} X(x-x_1) + Y(y-y_1) + Z(z-z_1) = 0 \\ (x-x_0)^2 + (y-y_0)^2 + (z-z_0)^2 = (x_1-x_0)^2 + (y_1-y_0)^2 + (z_1-z_0)^2 \end{cases} \quad (22)$$

又 M_1 在母线上,所以有

$$\begin{cases} F_1(x_1, y_1, z_1) = 0 \\ F_2(x_1, y_1, z_1) = 0 \end{cases} \quad (23)$$

当 M_1 取遍母线 Γ 上所有的点时,纬圆族(22)就生成了旋转曲面.因此,从(22)、(23)式消去参数 x_1, y_1, z_1 最后得到一个关于 x, y, z 的方程

$$F(x,y,z) = 0$$

即为以(20)为母线、(21)为旋转轴的旋转曲面方程.

例 10　求直线 $\dfrac{x}{2} = \dfrac{y}{1} = \dfrac{z-1}{-1}$ 绕直线 $\dfrac{x}{1} = \dfrac{y}{-1} = \dfrac{z-1}{2}$ 旋转所得到的旋转曲面方程.

解　旋转轴过点 $(0,0,1)$，方向数为 $1,-1,2$. 设 $M_1(x_1, y_1, z_1)$ 为母线上一点，则过 M_1 的纬圆方程为

$$\begin{cases}(x - x_1) - (y - y_1) + 2(z - z_1) = 0 & (24)\\ x^2 + y^2 + (z-1)^2 = x_1^2 + y_1^2 + (z_1 - 1)^2 & (25)\end{cases}$$

又 M_1 在母线上，所以有

$$\frac{x_1}{2} = \frac{y_1}{1} = \frac{z_1 - 1}{-1}$$

令 $\dfrac{x_1}{2} = \dfrac{y_1}{1} = \dfrac{z_1 - 1}{-1} = t$，则有

$$x_1 = 2t, \quad y_1 = t, \quad z_1 = -t + 1$$

代入(24),(25)式得

$$\begin{cases}x - 2t - y + t + 2z + 2t - 2 = 0 & (26)\\ x^2 + y^2 + (z-1)^2 = 4t^2 + t^2 + t^2 = 6t^2 & (27)\end{cases}$$

由(26),(27)式消去参数，得旋转曲面的方程：

$$x^2 + y^2 + (z-1)^2 = 6(x - y + 2z - 2)^2$$

即

$$5x^2 + 5y^2 + 23z^2 - 12xy + 24xz - 24yz - 24x + 24y - 46z + 23 = 0$$

下面讨论母线为坐标平面上的曲线，旋转轴为坐标轴的旋转曲面.

设旋转曲面的母线为

$$\Gamma : \begin{cases}F(y,z) = 0\\ x = 0\end{cases}$$

旋转轴为 y 轴，求旋转曲面的方程.

在母线上取一点 $M_1(x_1, y_1, z_1)$（见图3-10），则过 M_1 的纬圆方程为

$$\Gamma : \begin{cases}y - y_1 = 0\\ x^2 + y^2 + z^2 = x_1^2 + y_1^2 + z_1^2\end{cases} \quad (28)$$

且有

$$\begin{cases} F(y_1, z_1) = 0 \\ x_1 = 0 \end{cases} \tag{29}$$

由(28)、(29)式消去参数 x_1, y_1, z_1，得旋转曲面的方程

$$F(y, \pm\sqrt{x^2 + z^2}) = 0$$

同理可得，Γ 绕 z 轴旋转所得到的旋转曲面方程

$$F(\pm\sqrt{x^2 + y^2}, z) = 0$$

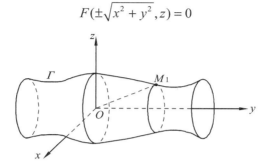

图 3-10

其他坐标面上的曲线绕坐标轴旋转得到的旋转曲面方程也有类似的结果，于是得到如下规律：

求坐标平面上的一条曲线绕该坐标面上的一条坐标轴旋转所得到的旋转曲面方程，只需在该曲线在坐标平面的方程中，保留与旋转轴同名的坐标不变，而把另一个坐标换成与旋转轴不同名的另两个坐标的平方和的平方根.

例 11 求椭圆

$$\begin{cases} \dfrac{y^2}{b^2} + \dfrac{z^2}{c^2} = 1 \\ x = 0 \end{cases} \quad (b > c)$$

绕长轴(y 轴)及绕短轴(z 轴)旋转所得到的旋转曲面方程.

解 绕 y 轴旋转时，在方程 $\dfrac{y^2}{b^2} + \dfrac{z^2}{c^2} = 1$ 中保留 y 不变，把 z 换成 $\pm\sqrt{x^2 + z^2}$ 得所求的旋转曲面方程：

$$\frac{y^2}{b^2} + \frac{x^2 + z^2}{c^2} = 1 \tag{3-15}$$

绕 z 轴旋转时得旋转曲面方程：

$$\frac{x^2 + y^2}{b^2} + \frac{z^2}{c^2} = 1 \qquad (3\text{-}16)$$

曲面(3-15)叫做**长球面**(见图 3-11), 曲面(3-16)叫做**扁球面**(见图 3-12).

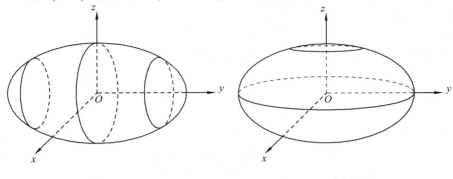

图 3-11   图 3-12

例 12 双曲线

$$\begin{cases} \dfrac{y^2}{b^2} - \dfrac{z^2}{c^2} = 1 \\ x = 0 \end{cases}$$

绕虚轴(z 轴)旋转得到的旋转曲面方程为

$$\frac{x^2 + y^2}{b^2} - \frac{z^2}{c^2} = 1 \qquad (3\text{-}17)$$

绕 y 轴(实轴)旋转, 所得的旋转曲面方程为

$$\frac{y^2}{b^2} - \frac{x^2 + z^2}{c^2} = 1 \qquad (3\text{-}18)$$

曲面(3-17)叫做**旋转单叶双曲面**(见图 3-13), 曲面(3-18)叫做**旋转双叶双曲面**(见图 3-14).

例 13 抛物线

$$\begin{cases} y^2 = 2pz \\ x = 0 \end{cases} \qquad (p > 0)$$

绕对称轴(z 轴)旋转, 所得到的旋转曲面方程为

$$x^2 + y^2 = 2pz \qquad (p > 0) \qquad (3\text{-}19)$$

曲面(3-19)叫做**旋转抛物面**(见图 3-15).

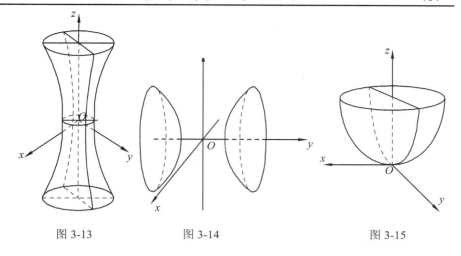

图 3-13   图 3-14   图 3-15

习 题 3-3

1. 求下列旋转曲面的方程:

(1) 直线 $\dfrac{x-1}{1} = \dfrac{y}{-3} = \dfrac{z}{3}$ 绕 z 轴旋转;

(2) 直线 $\dfrac{x}{4} = \dfrac{y}{1} = \dfrac{z-1}{-3}$ 绕直线 $x = y = z$ 旋转;

(3) 直线 $\dfrac{x-1}{1} = \dfrac{y+1}{-1} = \dfrac{z-1}{2}$ 绕直线 $\dfrac{x}{1} = \dfrac{y}{-1} = \dfrac{z-1}{2}$ 旋转;

(4) 曲线 $\begin{cases} z = x^2, \\ x^2 + y^2 = 1 \end{cases}$ 绕 z 轴旋转.

2. 将直线 $\dfrac{x}{\alpha} = \dfrac{y-\beta}{0} = \dfrac{z}{1}$ 绕 z 轴旋转, 求旋转曲面的方程, 并就 α, β 的可能值讨论是什么曲面.

第四节　二次曲面

　　用一个二次方程表示的曲面, 叫做**二次曲面**. 在第二节中所介绍的二次柱面(椭圆柱面、双曲柱面、抛物柱面)和二次锥面都是二次曲面. 本节将介绍椭球面、双曲面和抛物面等三种典型的二次曲面. 先给出它们的标准方程, 然后通过方程来讨论它们的性质和形状.

一、椭球面

定义 3.7　在空间直角坐标系下, 方程

$$\frac{x^2}{a^2} + \frac{y^2}{b^2} + \frac{z^2}{c^2} = 1 \tag{3-20}$$

表示的曲面叫做**椭球面**. 方程(3-20)叫做椭球面的**标准方程**, 其中 a,b,c 为正常数.

下面我们从方程(3-20)出发来讨论椭球面的性质和形状.

(1) 对称性.

在方程(3-20)中, 用 $(x,y,-z)$ 代替 (x,y,z) 时, 方程不变, 说明点 $P(x,y,z)$ 在椭球面上时, P 关于 xOy 坐标面的对称点 $P'(x,y,-z)$ 也在椭球面上, 即椭球面关于 xOy 坐标面对称.

同理, 椭球面关于 yOz 坐标面和 xOz 坐标面对称.

用 $(x,-y,-z)$ 代替方程(3-20)中的 (x,y,z) 时, 方程也不变, 所以椭球面关于 x 轴对称.

同理, 椭球面关于 y 轴、z 轴对称.

再用 $(-x,-y,-z)$ 代替方程(3-20)中的 (x,y,z) 时, 方程仍然不变, 所以椭球面关于原点对称.

综上所述, 椭球面关于三坐标面、三坐标轴以及坐标原点对称.

椭球面的对称平面、对称轴和对称中心分别叫做椭球面的**主平面**、**主轴**和**中心**.

(2) 与坐标轴的交点.

在方程(3-20)中, 令 $y=0, z=0$ 得 $x = \pm a$, 即椭球面与 x 轴的交点为 $A(a,0,0)$ 和 $A'(-a,0,0)$.

同理可得, 椭球面与 y 轴的交点为 $(0,\pm b,0)$, 与 z 轴的交点为 $(0,0,\pm c)$.

椭球面与对称轴的交点叫做椭球面的**顶点**. 以上 6 个点就是椭球面(3-20)的顶点.

(3) 范围: 曲面是否有界.

因为方程(3-20)表示三个非负数之和等于 1, 所以有

$$\frac{x^2}{a^2} \leqslant 1, \quad \frac{y^2}{b^2} \leqslant 1, \quad \frac{z^2}{c^2} \leqslant 1$$

即

$$|x| \leqslant a, \quad |y| \leqslant b, \quad |z| \leqslant c$$

这说明椭球面是有界的, 即椭球面被封闭在由 6 个平面 $x = \pm a$, $y = \pm b$, $z = \pm c$ 的长方体内, 这个性质是椭球面在二次曲面中最突出的性质.

(4) 与坐标面的交线.

椭球面与三坐标面的交线分别为

$$\begin{cases} \dfrac{x^2}{a^2} + \dfrac{y^2}{b^2} = 1 \\ z = 0 \end{cases} \tag{30}$$

$$\begin{cases} \dfrac{x^2}{a^2} + \dfrac{z^2}{c^2} = 1 \\ y = 0 \end{cases} \tag{31}$$

$$\begin{cases} \dfrac{y^2}{b^2} + \dfrac{z^2}{c^2} = 1 \\ x = 0 \end{cases} \tag{32}$$

它们分别是 xOy 坐标面, zOx 坐标面和 yOz 坐标面的**椭圆**, 分别叫做椭球面的**主椭圆**(或**主截线**).

为了进一步了解曲面的形状, 通常用一组平行平面去截曲面得到一组平面曲线(称为**平截线**或**截口**), 当我们对这组平截线的形状都已清楚时,曲面的大致形状也就看出来了. 这种用平截线研究曲面形状的方法简称为**平行截割法**(或**平截线法**). 为方便起见, 通常取这组平面平行于某坐标面.

(5) 平截线.

不妨用平行于 xOy 面的平面 $z = h$ ($|h| \leqslant c$) 来截椭球面, 截口为

$$\begin{cases} \dfrac{x^2}{a^2} + \dfrac{y^2}{b^2} = 1 - \dfrac{h^2}{c^2} \\ z = h \end{cases} \tag{33}$$

当 $|h| = c$, 即 $z = -c$ 或 $z = c$ 时, (33)式的图形是点 $(0,0,-c)$ 或 $(0,0,c)$;
当 $|h| < c$ 时, (33)式的图形为平面 $z = h$ 上的椭圆.

把(33)式写成标准形式, 得

$$\begin{cases} \dfrac{x^2}{\left(a\sqrt{1-\dfrac{h^2}{c^2}}\right)^2} + \dfrac{y^2}{\left(b\sqrt{1-\dfrac{h^2}{c^2}}\right)^2} = 1 \\ z = h \end{cases}$$

椭圆的两轴分别平行于 x 轴、y 轴, 两半轴分别为 $a\sqrt{1-\dfrac{h^2}{c^2}}$ 和 $b\sqrt{1-\dfrac{h^2}{c^2}}$, 顶点

分别为 $\left(\pm a\sqrt{1-\dfrac{h^2}{c^2}},0,h\right)$ 和 $\left(0,\pm b\sqrt{1-\dfrac{h^2}{c^2}},h\right)$.

显然, 椭圆(33)的两对顶点分别在两个主椭圆(31)和(32)上. 因此, 椭球面 (3-20)可以看成是椭圆族(33), 当 h 从 $-c$ 变到 c 时生成的. 变动时, 保持所在平面与 xOy 坐标面平行, 并且两对顶点分别在两个主椭圆(31)、(32)上滑动.

由上所述, 可以看出椭球面的形状(见图 3-16).

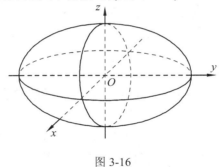

图 3-16

例 14　椭球面的主平面为三坐标平面, 且通过椭圆 $\begin{cases} \dfrac{x^2}{9} + \dfrac{z^2}{36} = 1, \\ y = 0 \end{cases}$ 与点

(2,4,2), 求其方程.

解　因为椭球面的主平面为三坐标平面, 所以设其方程为

$$\frac{x^2}{a^2} + \frac{y^2}{b^2} + \frac{z^2}{c^2} = 1$$

椭球面通过椭圆

$$\begin{cases} \dfrac{x^2}{9} + \dfrac{z^2}{36} = 1 \\ y = 0 \end{cases}$$

所以 $a^2 = 9$，$c^2 = 36$．又椭球面通过点 $(2,4,2)$，所以

$$\frac{4}{9} + \frac{16}{b^2} + \frac{4}{36} = 1$$

解得 $b^2 = 36$．因此，椭球面方程为

$$\frac{x^2}{9} + \frac{y^2}{36} + \frac{z^2}{36} = 1$$

二、双曲面

1．单叶双曲面

定义 3.8　在直角坐标系下，方程

$$\frac{x^2}{a^2} + \frac{y^2}{b^2} - \frac{z^2}{c^2} = 1 \tag{3-21}$$

表示的曲面叫做**单叶双曲面**．方程(3-21)叫做单叶双曲面的**标准方程**，其中 a,b,c 为正常数．

(1) 对称性．

单叶双曲面关于三坐标面、三坐标轴以及原点对称．

(2) 与坐标轴的交点．

单叶双曲面与 z 轴不相交，与 x 轴交于 $(\pm a,0,0)$，与 y 轴交于 $(0,\pm b,0)$．这 4 点叫做单叶双曲面的**顶点**，z 轴叫做单叶双曲面的**虚轴**．

(3) 与坐标面的交线．

分别用平面 $z=0$，$y=0$，$x=0$ 截割单叶双曲面，得到的截口曲线依次为：

$$\begin{cases} \dfrac{x^2}{a^2} + \dfrac{y^2}{b^2} = 1 \\ z = 0 \end{cases} \tag{34}$$

$$\begin{cases} \dfrac{x^2}{a^2} - \dfrac{z^2}{c^2} = 1 \\ y = 0 \end{cases} \tag{35}$$

$$\begin{cases} \dfrac{y^2}{b^2} - \dfrac{z^2}{c^2} = 1 \\ x = 0 \end{cases} \tag{36}$$

(34)式为 xOy 面上的椭圆，叫做单叶双曲面的**腰椭圆**. (35)、(36)式分别为 zOx 面和 yOz 面上的双曲线，它们有共同的虚轴和虚轴长.

(4) 平截线.

用平面 $z=h$ 截割单叶双曲面，截口为椭圆，即

$$\begin{cases} \dfrac{x^2}{a^2}+\dfrac{y^2}{b^2}=1+\dfrac{h^2}{c^2} \\ z=h \end{cases} \tag{37}$$

这是平面 $z=h$ 上的椭圆，椭圆的两轴分别平行于 x 轴和 y 轴，椭圆的两半轴分别为 $a\sqrt{1+\dfrac{h^2}{c^2}}$ 和 $b\sqrt{1+\dfrac{h^2}{c^2}}$，两对顶点坐标分别为 $\left(\pm a\sqrt{1+\dfrac{h^2}{c^2}},0,h\right)$ 和 $\left(0,\pm b\sqrt{1+\dfrac{h^2}{c^2}},h\right)$.

易知，椭圆的两对顶点分别在双曲线(35)和(36)上，因此，单叶双曲面可以看成是椭圆族(37)，当 h 由 $-\infty$ 变动到 $+\infty$ 时生成的. 变动时，保持所在平面与 xOy 面平行，两对顶点分别在双曲线(35)、(36)上滑动.

图 3-17 是单叶双曲面(3-21)的图形.

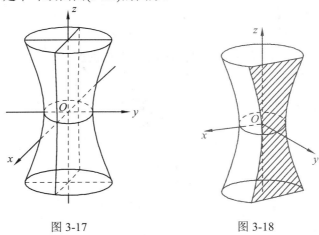

图 3-17   图 3-18

如果用 $y=k$ 去截割单叶双曲面，得到的截口方程为

$$\begin{cases} \dfrac{x^2}{a^2}-\dfrac{z^2}{c^2}=1-\dfrac{k^2}{b^2} \\ y=k \end{cases} \tag{38}$$

当 $|k| < b$ 时，截线(38)为平面 $y = k$ 上的双曲线，实轴平行于 x 轴，实半轴长为

$a\sqrt{1 - \dfrac{k^2}{b^2}}$；虚轴平行于 z 轴，虚半轴长为 $c\sqrt{1 - \dfrac{k^2}{b^2}}$．顶点 $\left(\pm a\sqrt{1 - \dfrac{k^2}{b^2}}, k, 0\right)$ 在腰

椭圆(34)上(见图 3-18)．

当 $|k| > b$ 时，$1 - \dfrac{k^2}{b^2} < 0$，可将(38)式化为

$$\begin{cases} \dfrac{z^2}{\left(c\sqrt{\dfrac{k^2}{b^2} - 1}\right)^2} - \dfrac{x^2}{\left(a\sqrt{\dfrac{k^2}{b^2} - 1}\right)^2} = 1 \\ y = k \end{cases} \tag{38}'$$

(38)′仍然是双曲线，然而其实轴平行于 z 轴，虚轴平行于 x 轴，顶点

$\left(0, k, \pm c\sqrt{\dfrac{k^2}{b^2} - 1}\right)$ 在双曲线(36)上(见图 3-19)．

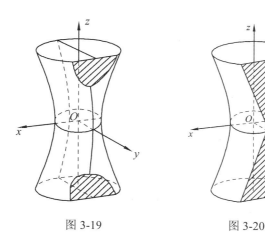

图 3-19　　　　　　　图 3-20

当 $|k| = b$ 时，如果 $k = b$，(38)式变为

$$\begin{cases} \dfrac{x^2}{a^2} - \dfrac{z^2}{c^2} = 0 \\ y = b \end{cases}$$

即

$$\begin{cases} \dfrac{x}{a} + \dfrac{z}{c} = 0 \\ y = b \end{cases} \quad \text{或} \quad \begin{cases} \dfrac{x}{a} - \dfrac{z}{c} = 0 \\ y = b \end{cases}$$

这表明用平面 $y = b$ 去截单叶双曲面, 得到的截线是一对相交于 $(0,b,0)$ 的直线 (见图 3-20).

同样, 用 $y = -b$ 去截单叶双曲面得到的是一对相交于 $(0,-b,0)$ 的直线.

方程

$$\frac{x^2}{a^2} - \frac{y^2}{b^2} + \frac{z^2}{c^2} = 1 \quad \text{与} \quad -\frac{x^2}{a^2} + \frac{y^2}{b^2} + \frac{z^2}{c^2} = 1$$

表示的曲面都是**单叶双曲面**.

2. 双叶双曲面

定义 3.9　在直角坐标系下, 方程

$$\frac{x^2}{a^2} + \frac{y^2}{b^2} - \frac{z^2}{c^2} = -1 \tag{3-22}$$

表示的曲面叫做**双叶双曲面**, 方程(3-22)叫做双叶双曲面的**标准方程**, 其中 a,b,c 为正常数.

(1) 对称性.

双叶双曲面关于三坐标面、三坐标轴及原点对称.

(2) 与坐标轴的交点.

双叶双曲面与 x 轴、y 轴都不相交, 与 z 轴相交于 $(0,0,\pm c)$, 这两点叫双叶双曲面(3-22)的顶点.

(3) 与坐标面的交线.

与 xOy 面不相交.

与 xOz 面和 yOz 面的交线分别为两条双曲线, 即

$$\begin{cases} \dfrac{z^2}{c^2} - \dfrac{x^2}{a^2} = 1 \\ y = 0 \end{cases} \tag{39}$$

与

$$\begin{cases} \dfrac{z^2}{c^2} - \dfrac{y^2}{b^2} = 1 \\ x = 0 \end{cases} \tag{40}$$

(4) 平截线.

用 $z = h\,(|h| \geqslant c)$ 去截割双叶双曲面(3-21)得椭圆

$$\begin{cases} \dfrac{x^2}{a^2} + \dfrac{y^2}{b^2} = \dfrac{h^2}{c^2} - 1 \\ z = h \end{cases} \qquad (41)$$

椭圆(41)的两对顶点 $\left(\pm a\sqrt{\dfrac{h^2}{c^2}-1},\,0,\,h\right)$ 和 $\left(0 \pm b\sqrt{\dfrac{h^2}{c^2}-1},\,h\right)$ 分别在双曲线(39)、

(40)上.

由上述讨论可以看出双叶双曲面的形状(见图 3-21).

方程

$$\frac{x^2}{a^2} - \frac{y^2}{b^2} + \frac{z^2}{c^2} = -1 \qquad 和 \qquad -\frac{x^2}{a^2} + \frac{y^2}{b^2} + \frac{z^2}{c^2} = -1$$

表示的曲面也都是**双叶双曲面**.

单叶双曲面和双叶双曲面统称为**双曲面**.

例15 用一族平行平面 $z = h$(h 为任意实数)截割单叶双曲面

$$\frac{x^2}{a^2} + \frac{y^2}{b^2} - \frac{z^2}{c^2} = 1 \quad (a > b)$$

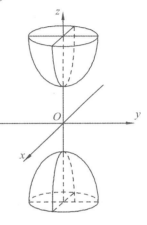

图 3-21

得一族椭圆,求椭圆族的焦点的轨迹.

解 椭圆族的方程为

$$\begin{cases} \dfrac{x^2}{a^2} + \dfrac{y^2}{b^2} = 1 + \dfrac{h^2}{c^2} \\ z = h \end{cases}$$

即

$$\begin{cases} \dfrac{x^2}{\left(a\sqrt{1+\dfrac{h^2}{c^2}}\right)^2} + \dfrac{y^2}{\left(b\sqrt{1+\dfrac{h^2}{c^2}}\right)^2} = 1 \\ z = h \end{cases}$$

因为 $a > b$,所以椭圆的长半轴为 $a\sqrt{1+\dfrac{h^2}{c^2}}$,短半轴为 $b\sqrt{1+\dfrac{h^2}{c^2}}$,从而椭圆的

焦点坐标为

$$\begin{cases} x = \pm\sqrt{(a^2-b^2)\left(1+\dfrac{h^2}{c^2}\right)} \\ y = 0 \\ z = h \end{cases}$$

消去参数 h 得

$$\begin{cases} \dfrac{x^2}{a^2-b^2} - \dfrac{z^2}{c^2} = 1 \\ y = 0 \end{cases}$$

即为椭圆焦点的轨迹方程.

三、抛物面

1. 椭圆抛物面

定义 3.10　在直角坐标系下, 方程

$$\frac{x^2}{a^2} + \frac{y^2}{b^2} = 2z \tag{3-23}$$

表示的曲面叫做**椭圆抛物面**, 方程(3-23)叫做椭圆抛物面的**标准方程**, 其中 a,b 为正常数.

(1) 对称性.

椭圆抛物面关于 xOz 面, yOz 面对称, 因而关于 z 轴也是对称的, 但没有对称中心.

(2) 与坐标轴的交点.

椭圆抛物面交对称轴(z 轴)于原点 $(0,0,0)$, 这点称为椭圆抛物面的**顶点**.

(3) 范围.

因为 $z = \dfrac{1}{2}\left(\dfrac{x^2}{a^2} + \dfrac{y^2}{b^2}\right) \geqslant 0$, 所以椭圆抛物面在 xOy 面的一侧, 即在 z 轴的正方向 $z \geqslant 0$ 的一侧.

(4) 与坐标面的交线.

椭圆抛物面与 xOy 坐标面交于原点, 与 xOz 坐标面和 yOz 坐标面的交线分别为

$$\begin{cases} x^2 = 2a^2 z \\ y = 0 \end{cases} \tag{42}$$

与

$$\begin{cases} y^2 = 2b^2z \\ x = 0 \end{cases} \tag{43}$$

(42)、(43)式均为抛物线, 这两条抛物线叫做椭圆抛物面的**主抛物线**, 它们的开口方向都与 z 轴的正方向一致.

(5) 平截线.

用平面 $z = h$ 截椭圆抛物面, 截口总是椭圆

$$\begin{cases} \dfrac{x^2}{a^2} + \dfrac{y^2}{b^2} = 2h \\ z = h \end{cases} \quad (h \geqslant 0) \tag{44}$$

椭圆的两对顶点 $(\pm a\sqrt{2h}, 0, h)$ 和 $(0, \pm b\sqrt{2h}, h)$ 分别在主抛物线(42)和(43)上. 因此, 椭圆抛物面可以看成是由椭圆族(44)当 h 由 0 变动到$+\infty$时产生的. 变动时, 保持所在平面与 xOy 面平行, 两对顶点分别在主抛物线(42)、(43)上滑动.

从上述讨论可以看出椭圆抛物面的形状(见图 3-22).

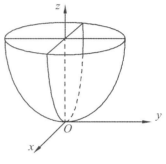

图 3-22

2. 双曲抛物面

定义 3.11　在直角坐标系下, 方程

$$\frac{x^2}{a^2} - \frac{y^2}{b^2} = 2z \tag{3-24}$$

表示的曲面叫做**双曲抛物面**. 方程(3-24)叫做双曲抛物面的**标准方程**, 其中 a, b 为正常数.

(1) 对称性.

双曲抛物面关于 xOz 坐标面和 yOz 坐标面对称, 因而关于 z 轴也是对称的, 没有对称中心.

(2) 双曲抛物面与坐标轴只有一个交点: 原点.

(3) 与坐标平面的交线.

双曲抛物面与 xOy 面的交线为

$$\begin{cases} \dfrac{x^2}{a^2} - \dfrac{y^2}{b^2} = 0 \\ z = 0 \end{cases} \tag{45}$$

这是两条交于原点的直线

$$\begin{cases} \dfrac{x}{a} + \dfrac{y}{b} = 0 \\ z = 0 \end{cases} \quad 与 \quad \begin{cases} \dfrac{x}{a} - \dfrac{y}{b} = 0 \\ z = 0 \end{cases} \tag{45}'$$

与 xOz 面,yOz 面的交线分别为

$$\begin{cases} x^2 = 2a^2 z \\ y = 0 \end{cases} \tag{46}$$

$$\begin{cases} y^2 = -2b^2 z \\ x = 0 \end{cases} \tag{47}$$

它们分别是 xOz 面和 yOz 面的两条抛物线, 有共同的对称轴(z 轴)及共同的顶点(原点). (46)式的开口沿 z 轴的正方向, (47)式的开口沿 z 轴的负方向. 这两条抛物线叫双曲抛物面的**主抛物线**.

(4) 平截线.

用平面 $z=h(h\neq 0)$ 截双曲抛物面得

$$\begin{cases} \dfrac{x^2}{2a^2 h} - \dfrac{y^2}{2b^2 h} = 1 \\ z = h \end{cases} \tag{48}$$

这是平面 $z=h$ 上的双曲线,当 $h > 0$ 时,双曲线的实轴平行于 x 轴,虚轴平行于 y 轴,顶点 $(\pm a\sqrt{2h}, 0, h)$ 在主抛物线(46)上;当 $h < 0$ 时,双曲线的实轴平行于 y 轴,虚轴平行于 x 轴,顶点 $(0, \pm b\sqrt{-2h}, h)$ 在主抛物线(47)上(见图3-23).

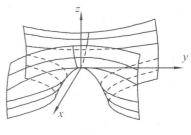

图 3-23

　　双曲抛物面的形状像马鞍, 因此也称它为**马鞍曲面**.

　　椭圆抛物面与双曲抛物面统称为**抛物面**, 它们都没有中心, 所以又叫**无心二次曲面**.

习　题　3-4

1. 求平面 $x - 2 = 0$ 与 椭球面 $\dfrac{x^2}{16} + \dfrac{y^2}{12} + \dfrac{z^2}{4} = 1$ 的截口椭圆的方程及其两半轴长和顶点坐标, 并画出图形.

2. 由椭球面 $\dfrac{x^2}{a^2} + \dfrac{y^2}{b^2} + \dfrac{z^2}{c^2} = 1$ 的对称中心沿某一定方向到椭球面上一点 P 的距离是 r, 设定方向的方向余弦 λ, μ, v, 求证: $\dfrac{1}{r^2} = \dfrac{\lambda^2}{a^2} + \dfrac{\mu^2}{b^2} + \dfrac{v^2}{c^2}$.

3. 由椭球面 $\dfrac{x^2}{a^2} + \dfrac{y^2}{b^2} + \dfrac{z^2}{c^2} = 1$ 的中心引三条两两互相垂直的射线, 分别交椭球面于点 P_1, P_2, P_3, 如果设 $OP_1 = r_1, OP_2 = r_2, OP_3 = r_3$, 试求证:

$$\frac{1}{r_1^2} + \frac{1}{r_2^2} + \frac{1}{r_3^2} = \frac{1}{a^2} + \frac{1}{b^2} + \frac{1}{c^2}$$

4. 已知椭球面 $x^2 + 6y^2 + 2z^2 = 8$, 求经过 z 轴且与椭球面的交线是圆的平面.

5. 讨论下列曲面的性质并画出图形:

(1) $\dfrac{x^2}{16} - \dfrac{y^2}{9} + \dfrac{z^2}{4} = 1$;　　　　　　　　(2) $\dfrac{x^2}{16} - \dfrac{y^2}{4} + \dfrac{z^2}{9} = -1$.

6. 已知单叶双曲面 $\dfrac{x^2}{4} + \dfrac{y^2}{9} - \dfrac{z^2}{4} = 1$, 求分别平行于 yOz 面和 zOx 面, 且与曲面的交线是一对直线的平面方程.

7. 给定方程

$$\frac{x^2}{a^2 - \lambda} + \frac{y^2}{b^2 - \lambda} + \frac{z^2}{c^2 - \lambda} = 1, \quad (a > b > c > 0)$$

试问 λ 取各种数值时, 方程表示怎样的曲面?

8. 试求单叶双曲面 $\dfrac{x^2}{16} + \dfrac{y^2}{4} - \dfrac{z^2}{5} = 1$ 与平面 $x - 2z + 3 = 0$ 的交线对 xOy 面的射影柱面.

9. 设动点与点 $(4, 0, 0)$ 的距离等于动点到平面 $x = 1$ 的距离的 2 倍, 求动点的轨迹.

10. 试验证单叶双曲面与双叶双曲面的参数方程分别为

$$
\begin{cases}
x = a\sec\mu\cos v, \\
y = b\sec\mu\sin v, \\
z = c\tan\mu
\end{cases}
\quad 与 \quad
\begin{cases}
x = a\tan\mu\cos v \\
y = b\tan\mu\sin v \\
z = c\sec\mu
\end{cases}
$$

其中 μ, v 为参数.

11. 已知椭圆抛物面的顶点在原点, 对称面为 xOz 面与 yOz 面, 而且过点 $(1, 2, 6)$ 和 $\left(\dfrac{1}{3}, -1, 1\right)$, 求这个椭圆抛物面的方程.

12. 给定方程

$$
\frac{x^2}{a - \lambda} + \frac{y^2}{b - \lambda} = z, \qquad (a > b > 0, \lambda 为参数)
$$

试问 λ 为何数值时, 方程表示椭圆抛物面、双曲抛物面?

13. 选取适当坐标系, 求到一定点和到一平面距离之比为常数的点的轨迹方程.

14. 试验证椭圆抛物面和双曲抛物面的参数方程分别为

$$
\begin{cases}
x = a\mu\cos v, \\
y = b\mu\sin v, \\
z = \dfrac{1}{2}\mu^2
\end{cases}
\quad 和 \quad
\begin{cases}
x = a(\mu + v) \\
y = b(\mu - v) \\
z = 2\mu v
\end{cases}
$$

其中 μ, v 为参数.

第五节　直纹面

由直线生成的曲面叫**直纹曲面**(简称**直纹面**). 直线族中的每一条直线叫做直纹面的**直母线**(简称**母线**), 如柱面、锥面都是直纹面. 本节将要证明单叶双曲面和双曲抛物面也都是直纹面, 而且它们与柱面、锥面不同, 即过曲面上任意一点有两条母线.

一、单叶双曲面的直纹性

设单叶双曲面的方程为

$$
\frac{x^2}{a^2} + \frac{y^2}{b^2} - \frac{z^2}{c^2} = 1 \tag{49}
$$

把方程改写为成

$$\frac{x^2}{a^2} - \frac{z^2}{c^2} = 1 - \frac{y^2}{b^2}$$

或

$$\left(\frac{x}{a} + \frac{z}{c}\right)\left(\frac{x}{a} - \frac{z}{c}\right) = \left(1 + \frac{y}{b}\right)\left(1 - \frac{y}{b}\right) \tag{50}$$

作方程组

$$\begin{cases} w\left(\frac{x}{a} + \frac{z}{c}\right) = u\left(1 + \frac{y}{b}\right) \\ u\left(\frac{x}{a} - \frac{z}{c}\right) = w\left(1 - \frac{y}{b}\right) \end{cases} \tag{3-25}$$

其中 w, u 为不全为零的实数.

下面证明单叶双曲面(49)是由直线族(3-25)生成的, 为此需要证明两个方面.

(1) 直线族(3-25)在单叶双曲面(49)上.

事实上, 如果 $wu \neq 0$, 只要把(3-25)中第一式的左端乘左端, 右端乘右端就可消去参数 w, u, 得到(50)式, 因而也就得到(49)式, 这说明 w, u 都不为零时, 满足方程(3-25)的点 (x, y, z) 满足方程(50), 也就满足方程(49), 即直线族(3-25)中每条直线上的点都在单叶双曲面(49)上, 因而直线族中每条直线都在单叶双曲面(49)上.

如果 w, u 中有一个为零, 不妨设 $w = 0$, $u \neq 0$, 则由(3-25)决定的直线为

$$\begin{cases} 1 + \frac{y}{b} = 0 \\ \frac{x}{a} - \frac{z}{c} = 0 \end{cases} \tag{51}$$

代入(50)式也满足, 因而满足方程(49), 即直线(51)在单叶双曲面上. 设 $w \neq 0$, $u = 0$ 时也一样. 这就证明了直线族(3-25)中的每一条直线都在单叶双曲面(49)上.

(2) 对于单叶双曲面(49)上的任意一点 $P_0(x_0, y_0, z_0)$, 必有直线族(3-25)中的一条直线通过该点.

事实上, 因为 P_0 在单叶双曲面(49)上, 所以

$$\frac{x_0^2}{a^2} + \frac{y_0^2}{b^2} - \frac{z_0^2}{c^2} = 1$$

从而有

$$\left(\frac{x_0}{a}+\frac{z_0}{c}\right)\left(\frac{x_0}{a}-\frac{z_0}{c}\right)=\left(1+\frac{y_0}{b}\right)\left(1-\frac{y_0}{b}\right)$$

由于 $1+\dfrac{y_0}{b}$ 和 $1-\dfrac{y_0}{b}$ 不可能同时为零，所以由

$$\begin{cases} w\left(\dfrac{x_0}{a}+\dfrac{z_0}{c}\right)=u\left(1+\dfrac{y_0}{b}\right) \\[2mm] u\left(\dfrac{x_0}{a}-\dfrac{z_0}{c}\right)=w\left(1-\dfrac{y_0}{b}\right) \end{cases}$$

可知，只要取

$$w:u=\left(\frac{x_0}{a}-\frac{z_0}{c}\right):\left(1-\frac{y_0}{b}\right)\qquad\left(1-\frac{y_0}{b}\neq 0\right)$$

或

$$u:w=\left(\frac{x_0}{a}+\frac{z_0}{c}\right):\left(1+\frac{y_0}{b}\right)\qquad\left(1+\frac{y_0}{b}\neq 0\right)$$

把 $w:u$ 或 $u:w$ 代入(3-25)即可得到其中过 P_0 的一条直母线.

综合(1)，(2)就证明了单叶双曲面(49)是由直线族(3-25)生成的，因而它是直纹面.

直线族(3-25)称做单叶双曲面(49)的 u 族直母线.

同理，从(50)式还可以得到另一族直线

$$\begin{cases} t\left(\dfrac{x}{a}+\dfrac{z}{c}\right)=v\left(1-\dfrac{y}{b}\right) \\[2mm] v\left(\dfrac{x}{a}-\dfrac{z}{c}\right)=t\left(1+\dfrac{y}{b}\right) \end{cases} \tag{3-26}$$

其中 t,v 为不全为零的实数.

用同样的方法可以证明，直线族(3-26)也是单叶双曲面的一族直母线.

直线族(3-26)称为单叶双曲面(49)的 v 族直母线.

单叶双曲面上两族直母线的分布情况如图 3-24 所示.

推论　对于单叶双曲面上任意一点，两族直母线中各有一条直母线通过该点.

例 16　求单叶双曲面

$$\frac{x^2}{4}+\frac{y^2}{1}-\frac{z^2}{9}=1$$

上过点(2,1,3)的直母线的方程.

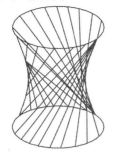

图 3-24

解 单叶双曲面的两族直母线方程分别为

$$\begin{cases} w\left(\dfrac{x}{2}+\dfrac{z}{3}\right)=u(1+y) \\ u\left(\dfrac{x}{2}-\dfrac{z}{3}\right)=w(1-y) \end{cases} \quad 与 \quad \begin{cases} t\left(\dfrac{x}{2}+\dfrac{z}{3}\right)=v(1-y) \\ v\left(\dfrac{x}{2}-\dfrac{z}{3}\right)=t(1+y) \end{cases}$$

把(2,1,3)分别代入两族直线的方程中得

$$w:u=1:1, \; t=0$$

则所求直母线方程分别为

$$\begin{cases} \dfrac{x}{2}+\dfrac{z}{3}=1+y \\ \dfrac{x}{2}-\dfrac{z}{3}=1-y \end{cases} \quad 与 \quad \begin{cases} 1-y=0 \\ \dfrac{x}{2}-\dfrac{z}{3}=0 \end{cases}$$

即

$$\begin{cases} x-2=0 \\ 3y-z=0 \end{cases} \quad 与 \quad \begin{cases} 3x-2z=0 \\ y-1=0 \end{cases}$$

二、双曲抛物面的直纹性

对于双曲抛物面

$$\frac{x^2}{a^2}-\frac{y^2}{b^2}=2z$$

同样可以证明它也有两族直母线, 其方程分别为

$$\begin{cases} \dfrac{x}{a} + \dfrac{y}{b} = 2u \\[2mm] u\left(\dfrac{x}{a} - \dfrac{y}{b}\right) = z \end{cases} \tag{3-27}$$

与

$$\begin{cases} \dfrac{x}{a} - \dfrac{y}{b} = 2v \\[2mm] v\left(\dfrac{x}{a} + \dfrac{y}{b}\right) = z \end{cases} \tag{3-28}$$

同样有下面的推论.

推论　对于双曲抛物面上任意一点, 两族直母线中各有一条直母线通过该点.

双曲抛物面上两族直母线的分布情况如图 3-25 所示.

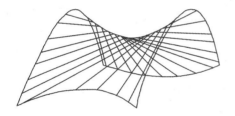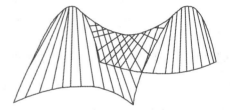

图 3-25

双曲抛物面的两族直母线方程也可表示成双参数形式, 即

$$\begin{cases} w\left(\dfrac{x}{a} + \dfrac{y}{b}\right) = 2u \\[2mm] u\left(\dfrac{x}{a} - \dfrac{y}{b}\right) = wz \end{cases} \tag{3-27$'$}$$

与

$$\begin{cases} t\left(\dfrac{x}{a} - \dfrac{y}{b}\right) = 2v \\[2mm] v\left(\dfrac{x}{a} + \dfrac{y}{b}\right) = tz \end{cases} \tag{3-28$'$}$$

但对于(3-27)$'$必须附加条件 $w \neq 0$, 否则当 $w=0$ 时, 必有 $u=0$. 而当有附加条件 $w \neq 0$ 时, (3-27)$'$实质就是(3-27)了. 对于(3-28)$'$也一样.

单叶双曲面和双曲抛物面的直母线有下列性质.

定理 3.3　单叶双曲面的直母线有下列性质:

(1) 异族的两条直母线必共面;

(2) 同族的两条直母线为异面直线.

现证性质(1), 性质(2)留给读者证明.

证明　由(3-25)和(3-26)中四个方程的系数和常数项组成的行列式为

$$
\begin{vmatrix} \dfrac{w}{a} & -\dfrac{u}{b} & \dfrac{w}{c} & -u \\ \dfrac{u}{a} & \dfrac{w}{b} & -\dfrac{u}{c} & -w \\ \dfrac{t}{a} & \dfrac{v}{b} & \dfrac{t}{c} & -v \\ \dfrac{v}{a} & -\dfrac{t}{b} & -\dfrac{v}{c} & -t \end{vmatrix} = -\frac{1}{abc}\begin{vmatrix} w & -u & w & u \\ u & w & -u & w \\ t & v & t & v \\ v & -t & -v & t \end{vmatrix} = -\frac{4}{abc}\begin{vmatrix} w & 0 & w & u \\ 0 & w & -u & w \\ t & v & t & v \\ 0 & 0 & -v & t \end{vmatrix}
$$

$$
= -\frac{4}{abc}\begin{vmatrix} w & 0 & 0 & u \\ 0 & w & -u & 0 \\ t & v & 0 & 0 \\ 0 & 0 & -v & t \end{vmatrix} = -\frac{4}{abc}(wutv - wuvt) = 0
$$

根据第二章第五节例 15 知, 这两条直线共面.

定理 3.4　双曲抛物面的直母线有下列性质:

(1) 异族的两条直母线共面且相交;

(2) 同族的两条直母线为异面直线;

(3) 同族的所有直母线都平行于一个定平面.

仿单叶双曲面或双曲抛物面建立直母线族的方法, 也可得到其他直纹面的直母线族的方程.

例 17　求圆锥面 $xy - xz - yz = 0$ 的直母线族方程.

解　圆锥面方程等价于

$$x(y - z) = yz$$

从而得圆锥面的直母线族方程

$$
\begin{cases} wx = uy \\ u(y - z) = wz \end{cases}
$$

其中 w, u 为不全为零的实数.

习 题 3-5

1. 求下列直纹面的直母线族方程:

(1) $\dfrac{x^2}{a^2} - \dfrac{y^2}{b^2} = 1$;　　　　　　(2) $x^2 - y^2 - z^2 = 0$;

(3) $y^2 = 2px$;　　　　　　(4) $z = axy$.

2. 求单叶双曲面 $\dfrac{x^2}{9} + \dfrac{y^2}{4} - \dfrac{z^2}{16} = 1$ 上过点 $(6, 2, 8)$ 的直母线方程.

3. 求下列直线族所生成的直纹面方程:

(1) $\dfrac{x - \lambda^2}{1} = \dfrac{y}{-1} = \dfrac{z - \lambda}{0}$;　　　　　　(2) $\begin{cases} x + 2\lambda y + 4z = 4\lambda, \\ \lambda x - 2y - 4\lambda z = 4. \end{cases}$

4. 在双曲抛物面 $\dfrac{x^2}{16} - \dfrac{y^2}{4} = z$ 上求平行于平面 $3x + 2y - 4z = 0$ 的直母线.

5. 求与两直线 $\dfrac{x - 6}{3} = \dfrac{y}{2} = \dfrac{z - 1}{1}$ 和 $\dfrac{x}{3} = \dfrac{y - 8}{2} = \dfrac{z + 4}{-2}$ 相交, 而且与平面 $2x + 3y - 5 = 0$ 平行的直线的轨迹.

第四章 二次曲线的一般理论

本章主要给出二次曲线的分类定理, 再经过适当的直角坐标变换, 将二次曲线的一般方程化为标准方程; 从二次曲线与直线的交点入手, 讨论一般二次曲线的中心、直径和共轭直径、主轴、切线和渐近线, 并对二次曲线进行分类.

第一节　研究二次曲线的途径及一些记号

一、二次曲线的概念

在平面上, 由二元二次方程

$$a_{11}x^2 + 2a_{12}xy + a_{22}y^2 + 2a_{13}x + 2a_{23}y + a_{33} = 0 \tag{4-1}$$

所表示的曲线叫做二次曲线, 简记为二次曲线 Γ.

二、研究二次曲线的目的

从理论上说, 在解析几何中讨论二次曲线 Γ 的性质, 都要利用二次曲线 Γ 的方程. 然而二次曲线 Γ 的方程不仅与二次曲线 Γ 有关, 而且还与所用的坐标系有关, 因此, 用方程的系数来定义的对象, 一般来说也与坐标系的选择有关. 但在几何中我们感兴趣的是二次曲线的几何性质, 即它仅与二次曲线 Γ 有关, 而与坐标系的选取无关. 这就自然提出一个问题, 在通过方程研究二次曲线 Γ 的性质时, 要注意判别利用方程的系数定义的对象与坐标系的选取是无关的.

一般来讲, 二次曲线方程都是从代数角度来反映其构造规律的, 因此, 若在原有基础上加深、拓广其知识, 可深刻掌握二次曲线理论: 将二次曲线的代数理论与几何理论相结合, 将研究方法从低维空间拓广到高维空间, 并将理论研究与实际相结合.

三、研究二次曲线的途径

1. 从二次曲线与直线的交点入手

在研究方法上, 若从直线与二次曲线的交点入手, 可得出二次曲线的性质, 如图 4-1 所示.

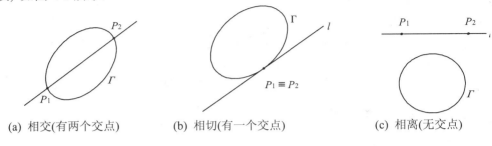

(a) 相交(有两个交点)　　　(b) 相切(有一个交点)　　　(c) 相离(无交点)

图 4-1

2. 将几何空间拓广为复空间

在平面上, 建立了笛氏坐标系以后, 一对有序实数 (x, y) 可表示平面上的一个点. 若 x 与 y 中至少有一个是虚数, 这里我们仍然认为 (x, y) 表示平面上的一个点. 这样的点, 我们把它叫做平面上为**虚点**, 而 x, y 叫做这一虚点的**坐标**. 相应地, 我们把坐标是一对实数的点叫做平面上的**实点**. 如果两个虚点的对应坐标都是共轭复数, 那么这两点叫做**一对共轭复虚点**. 实点与虚点统称为**复点**. 全体复点组成的集合称为**复平面**. 我们通常所说的平面就是由全体实点组成的集合, 可以称之为**实平面**. 因此, 复平面可以看成是实平面的拓广, 是把虚点添加到实平面的结果.

由于复数的四则运算规律与实数完全相同, 所以实平面上的许多概念, 如向量的概念及其线性运算、共线向量、共面向量及向量的坐标与其始点和终点的坐标关系等, 都可以推广到复平面上. 又由于共轭复数之和为实数, 所以连接两共轭虚点的线段的中点是实点, 即 $M_1(x_1, y_1)$ 与 $M_2(x_2, y_2)$ 是一对共轭虚点, $M\left(\dfrac{x_1 + x_2}{2}, \dfrac{y_1 + y_2}{2}\right)$ 叫做 $M_1 M_2$ 的中点(是实点). 类似地, 还可以引进共轭直线的概念, 即系数互为共轭的两个方程. 也就是说, 由方程 $ax + by + c = 0$ 和 $\bar{a}x + \bar{b}y + \bar{c} = 0$ 表示的是一对共轭直线. 在复平面上, 由方程 $x^2 + y^2 = -a^2$ (a 是实数)所表示的图形可以 "形式地" 称为半径为虚数 ai 的虚圆. 这里之所以说 "形式地", 是由于在直角坐标系中用坐标计算距离的公式

$d = \sqrt{(x_2 - x_1)^2 + (y_2 - y_1)^2}$ 对复平面来讲已不适用.

在平面上引进了虚点之后, 曲线的方程中可能会出现虚系数, 因此为了方便起见, 今后我们所讨论的问题, 只考虑实系数的曲线方程. 值得注意的是, 由于引进了虚点, 实系数方程所表示的曲线上将含有许多虚点, 甚至有的实系数方程所表示的曲线上只有虚点而无实点.

四、一些记号

对二次曲线

$$\Gamma:\ a_{11}x^2 + 2a_{12}xy + a_{22}y^2 + 2a_{13}x + 2a_{23}y + a_{33} = 0 \tag{4-1}$$

我们引进记号:

$$\Phi(x, y) = a_{11}x^2 + 2a_{12}xy + a_{22}y^2$$
$$F_1(x, y) = a_{11}x + a_{12}y + a_{13}$$
$$F_2(x, y) = a_{12}x + a_{22}y + a_{23}$$
$$F_3(x, y) = a_{13}x + a_{23}y + a_{33}$$

则二次曲线 Γ 的方程可简写为

$$\Gamma:\ F(x, y) = 0$$

规定:

$$a_{ij} = a_{ji} \quad (i, j = 1, 2, 3)$$

$$F(x, y) = xF_1(x, y) + yF_2(x, y) + F_3(x, y)$$

此外, 我们把 $F(x, y)$ 及 $\Phi(x, y)$ 的系数所构成的矩阵

$$A = (a_{ij}) = \begin{pmatrix} a_{11} & a_{12} & a_{13} \\ a_{12} & a_{22} & a_{23} \\ a_{13} & a_{23} & a_{33} \end{pmatrix}, \quad A^* = \begin{pmatrix} a_{11} & a_{12} \\ a_{12} & a_{22} \end{pmatrix}$$

称为二次曲线 Γ 的系数矩阵及它的二次项系数矩阵, 或称为 $F(x, y)$ 与 $\Phi(x, y)$ 的矩阵, 则

$$F(x, y) = (x\ y\ 1)A\begin{pmatrix} x \\ y \\ 1 \end{pmatrix}, \quad \Phi(x, y) = (x\ y)A^*\begin{pmatrix} x \\ y \end{pmatrix}$$

记

$$I_1 = a_{11} + a_{22}, \quad I_2 = \begin{vmatrix} a_{11} & a_{12} \\ a_{12} & a_{22} \end{vmatrix}, \quad I_3 = \begin{vmatrix} a_{11} & a_{12} & a_{13} \\ a_{12} & a_{22} & a_{23} \\ a_{13} & a_{23} & a_{33} \end{vmatrix}$$

$$K_1 = \begin{vmatrix} a_{11} & a_{13} \\ a_{13} & a_{33} \end{vmatrix} + \begin{vmatrix} a_{22} & a_{23} \\ a_{23} & a_{33} \end{vmatrix} = A_{11} + A_{22}$$

其中 I_1, I_2, I_3 称为二次曲线的不变量, K_1 称为二次曲线的半不变量.

例 1 已知二次曲线 Γ 的方程为 $x^2 + 6xy + y^2 + 6x + 2y - 1 = 0$, 求:

(1) 二次曲线 Γ 的矩阵 A;

(2) $\Phi(x, y)$ 及它的矩阵 A^*;

(3) I_1, I_2, I_3, K_1.

解

(1) Γ 的矩阵 $A = \begin{pmatrix} 1 & 3 & 3 \\ 3 & 1 & 1 \\ 3 & 1 & -1 \end{pmatrix}$;

(2) $\Phi(x, y) = x^2 + 6xy + y^2$,

$$A^* = \begin{pmatrix} 1 & 3 \\ 3 & 1 \end{pmatrix}.$$

(3) $I_1 = a_{11} + a_{22} = 2$,

$$I_2 = \begin{vmatrix} a_{11} & a_{12} \\ a_{12} & a_{22} \end{vmatrix} = \begin{vmatrix} 1 & 3 \\ 3 & 1 \end{vmatrix} = -8,$$

$$I_3 = \begin{vmatrix} a_{11} & a_{12} & a_{13} \\ a_{12} & a_{22} & a_{23} \\ a_{13} & a_{23} & a_{33} \end{vmatrix} = \begin{vmatrix} 1 & 3 & 3 \\ 3 & 1 & 1 \\ 3 & 1 & -1 \end{vmatrix} = 16,$$

$$K_1 = \begin{vmatrix} 1 & 3 \\ 3 & -1 \end{vmatrix} + \begin{vmatrix} 1 & 1 \\ 1 & -1 \end{vmatrix} = -12.$$

习 题 4-1

求下列二次曲线的矩阵 $A, F_1(x, y), F_2(x, y), F_3(x, y), I_1, I_2, I_3, K_1$:

(1) $\dfrac{x^2}{a^2}+\dfrac{y^2}{b^2}=1$；

(2) $y^2=2px$；

(3) $x^2-3xy+y^2+10x-10y+21=0$.

第二节　直线与二次曲线的位置关系

由于二次曲线的许多几何性质，如渐近线、切线、直径、主轴(对称轴)等都是直线，因此我们就从讨论直线与二次曲线的位置关系入手，研究它们之间位置关系的主要途径是研究直线与二次曲线的交点.

一、直线与二次曲线的交点

设二次曲线Γ的方程为

$$F(x,y)=a_{11}x^2+2a_{12}xy+a_{22}y^2+2a_{13}x+2a_{23}y+a_{33}=0 \qquad (4\text{-}2)$$

直线l过点$M_0(x_0,y_0)$，方向向量为$\vec{v}\{X,Y\}$，则l的参数方程为

$$\begin{cases} x=x_0+Xt \\ y=y_0+Yt \end{cases} \quad (t\in\mathbf{R}) \qquad (4\text{-}3)$$

下面求直线l与二次曲线Γ的交点.

将(4-2)、(4-3)两式联立，得

$$a_{11}(x_0+Xt)^2+2a_{12}(x_0+Xt)(y_0+Yt)+a_{22}(y_0+Yt)^2+$$
$$2a_{13}(x_0+Xt)+2a_{23}(y_0+Yt)+a_{33}=0$$

经过整理得到关于参数t的方程：

$$(a_{11}X^2+2a_{12}XY+a_{22}Y^2)t^2+2[(a_{11}x_0+a_{12}y_0+a_{13})X+(a_{12}x_0+a_{22}y_0+a_{23})Y]t+$$
$$(a_{11}x_0^2+2a_{12}x_0y_0+a_{22}y_0^2+2a_{13}x_0+2a_{23}y_0+a_{33})=0$$

使用第一节的记号，有

$$\Phi(X,Y)t^2+2(XF_1(x_0,y_0)+YF_2(x_0,y_0))t+F(x_0,y_0)=0 \qquad (4\text{-}4)$$

这是关于t的一元二次方程，它有两根t_1,t_2，且对应两个交点.

下面分两种情形进行讨论：

情形 1 若 $\Phi(X,Y) \neq 0$，则判别式为：

$$\Delta = (XF_1(x_0,y_0) + YF_2(x_0,y_0))^2 - \Phi(X,Y)F(x_0,y_0) \tag{4-5}$$

(1) 若 $\Delta > 0$，则方程(4-4)有两个不相等的实根 t_1, t_2，即直线 l 与二次曲线 Γ 有两个不同的交点，此时称直线 l 与二次曲线 Γ 相交，如图 4-1(a)所示.

(2) 若 $\Delta = 0$，则方程(4-4)有两个相等的实根 $t_1 = t_2$，即直线 l 与二次曲线 Γ 有两个重合的交点，此时称直线 l 与二次曲线 Γ 相切，如图 4-1(b)所示.

(3) 若 $\Delta < 0$，则方程(4-4)有两个共轭的虚根，即直线 l 与二次曲线 Γ 没有实的交点(或有两个虚交点)，此时称直线 l 与二次曲线 Γ 相离，如图 4-1(c)所示.

情形 2 若 $\Phi(X,Y) = 0$，则由方程(4-4)得

$$t = \frac{-F(x_0,y_0)}{2(XF_1(x_0,y_0) + YF_2(x_0,y_0))} \tag{4-6}$$

(1)若 $XF_1(x_0,y_0) + YF_2(x_0,y_0) \neq 0$，则方程(4-4)有一实数解，即直线 l 与二次曲线 Γ 有唯一实交点(这时 $t_2 \to \infty$，即另一交点在无穷远处).

(2) 若 $XF_1(x_0,y_0) + YF_2(x_0,y_0) = 0$，且 $F(x_0,y_0) \neq 0$，则方程(4-4)无解，即直线 l 与二次曲线 Γ 无交点(或重合交点在无穷远处).

(3) 若 $XF_1(x_0,y_0) + YF_2(x_0,y_0) = 0$，且 $F(x_0,y_0) = 0$，则方程(4-4)为恒等式，即任意实数 t 都是方程(4-4)的解. 换言之，整条直线 l 都在二次曲线 Γ 上(或直线 l 上的一切点都是 l 与 Γ 的交点).

例 2 求二次曲线 Γ: $x^2 - 2xy - 3y^2 - 4x - 6y + 3 = 0$ 与直线 l: $x - 3y = 0$ 的交点.

解 将直线 l 的方程化为参数方程：

$$\begin{cases} x = 3t \\ y = t \end{cases}$$

且 $M_0(0,0) \in l, \vec{v} = \{3,1\}$. 又因为直线 l 与二次曲线 Γ 的交点满足方程(4-4)，即：

$$\Phi(X,Y)t^2 + 2(XF_1(x_0,y_0) + YF_2(x_0,y_0))t + F(x_0,y_0) = 0$$

又因为 $\Phi(3,1) = 0, F_1(0,0) = -2, F_2(0,0) = -3, F(0,0) = 3$，所以

$$t = \frac{-F(x_0,y_0)}{2(XF_1(x_0,y_0) + YF_2(x_0,y_0))} = \frac{1}{6}$$

所以只有唯一一个实交点为 $\left(\dfrac{1}{2}, \dfrac{1}{6}\right)$.

二、二次曲线的切线

定义 4.1　若直线 l 与二次曲线 Γ 有两个重合的交点或者直线 l 在二次曲线 Γ 上, 则称直线 l 是二次曲线 Γ 的**切线**. 直线 l 与二次曲线 Γ 的交点称为**切点**.

下面分两种情形来讨论二次曲线 Γ 的切线.

情形 1　求经过二次曲线 Γ 上一点 $M_0(x_0, y_0)$ 的切线 l 的方程.

已知 Γ 的方程为

$$F(x, y) = a_{11}x^2 + 2a_{12}xy + a_{22}y^2 + 2a_{13}x + 2a_{23}y + a_{33} = 0 \tag{1}$$

切线 l 过点 $M_0(x_0, y_0)$, 方向向量为 $\vec{v}\{X, Y\}$, 则 l 的参数方程为

$$\begin{cases} x = x_0 + Xt, \\ y = y_0 + Yt \end{cases} \quad t \in \mathbf{R} \tag{2}$$

由定义 4.1 可知, 直线 l 为二次曲线 Γ 的切线条件是:

(1) 当 $\varPhi(X, Y) \neq 0$ 时,

$$\Delta = (XF_1(x_0, y_0) + YF_2(x_0, y_0))^2 - \varPhi(X, Y)F(x_0, y_0) = 0$$

又因为 $M_0(x_0, y_0) \in \Gamma$, 所以 $F(x_0, y_0) = 0$, 因此有

$$XF_1(x_0, y_0) + YF_2(x_0, y_0) = 0 \tag{4-7}$$

(2) 当 $\varPhi(X, Y) = 0$, (4-4)式可化为

$$2(XF_1(x_0, y_0) + YF_2(x_0, y_0))t + F(x_0, y_0) = 0$$

又因为 $M_0(x_0, y_0) \in \Gamma$, 所以 $F(x_0, y_0) = 0$, 同样得到(4-7)式.

总之, 过二次曲线 Γ 上的点 $M_0(x_0, y_0)$ 的直线 l, 如果是 Γ 的切线, 则 l 的方向数 X, Y 应满足(4-7)式. 反之, 如果这样的直线 l 的方向数 X, Y 满足(4-7)式, 则直线 l 是二次曲线 Γ 的切线.

如果 $F_1(x_0, y_0)$ 与 $F_2(x_0, y_0)$ 不全为零, 则由(4-7)式得

$$X : Y = -F_2(x_0, y_0) : F_1(x_0, y_0)$$

因此过二次曲线 Γ 上的点 $M_0(x_0, y_0)$ 的切线 l 的方程为

$$\frac{x - x_0}{-F_2(x_0, y_0)} = \frac{y - y_0}{F_1(x_0, y_0)} \tag{4-8}$$

或者

$$(x - x_0)F_1(x_0, y_0) + (y - y_0)F_2(x_0, y_0) = 0 \tag{4-8}'$$

利用 $F(x_0, y_0) = 0$，又可化成

$$a_{11}x_0x + a_{12}(x_0y + y_0x) + a_{22}y_0y + a_{13}(x + x_0) + a_{23}(y + y_0) + a_{33} = 0 \tag{4-8}''$$

如果 $F_1(x_0, y_0) = F_2(x_0, y_0) = 0$，那么(4-7)式变为恒等式，此时任意方向 $\vec{v}\{X, Y\}$ 都满足(4-7)式，从而过 $M_0(x_0, y_0)$ 的任意一条直线都是 Γ 的切线.

定义 4.2　二次曲线 Γ 上满足 $F_1(x_0, y_0) = F_2(x_0, y_0) = 0$ 的点 $M_0(x_0, y_0)$ 称为二次曲线 Γ 的**奇异点**，简称**奇点**；二次曲线 Γ 的非奇异点称为 Γ 的**正常点**.

由上述讨论可以得到：

定理 4.1　如果 $M_0(x_0, y_0)$ 是二次曲线 Γ 的正常点，则过 M_0 存在 Γ 的唯一的一条切线，它的方程是

$$(x - x_0)F_1(x_0, y_0) + (y - y_0)F_2(x_0, y_0) = 0 \tag{4-8}'$$

情形 2　求过二次曲线 Γ 外一点 $M_1(x_1, y_1)$ 的切线 l (如果存在的话)，此时 l 不可能整条直线在 Γ 上，因此 l 与 Γ 有两个重合的交点.

设 l 的方向向量 $\vec{v}\{X, Y\}$，$M_1(x_1, y_1) \in l$，即直线 l 的方程为

$$\begin{cases} x = Xt + x_1, \\ y = Yt + y_1 \end{cases} \quad t \in \mathbf{R}$$

从而求 l 的方程可转化为求其方向向量 $\vec{v}\{X, Y\}$. 由假设可知，l 的方向向量 $\vec{v}\{X, Y\}$ 满足 $\Phi(X, Y) \neq 0$，且

$$\Delta = [XF_1(x_1, y_1) + YF_2(x_1, y_1)]^2 - \Phi(X, Y)F(x_1, y_1) = 0 \tag{4-9}$$

而 $F_1(x_1, y_1)$，$F_2(x_1, y_1)$，$F(x_1, y_1)$ 已知，此时只需从(4-9)式中解出方向向量 $\vec{v}\{X, Y\}$ (通常是将(4-9)式因式分解)，就得到切线 l 的方程.

例 3　求二次曲线 $xy + 2x - 2y - 1 = 0$ 通过点 $(1, 1)$ 的切线方程.

解　先判断 $M(1, 1)$ 是否在 Γ 上，$M(1, 1)$ 是否为 Γ 的正常点.

因为 $F(1, 1) = 0$，所以点 $M(1, 1) \in \Gamma$. 又因为 $F_1(1, 1) = \dfrac{3}{2} \neq 0, F_2(1, 1) = -\dfrac{1}{2} \neq 0$，

所以(1,1)是二次曲线的正常点, 因此由(4-8)′可得过(1,1)的切线方程:

$$(x-1)F_1(1,1) + (y-1)F_2(1,1) = 0$$

即

$$\frac{3}{2}(x-1) - \frac{1}{2}(y-1) = 0$$

即

$$3x - y - 2 = 0$$

例 4 求二次曲线 $x^2 - xy + y^2 - 1 = 0$ 通过点(0,2)的切线方程.

解 因为 $F(0,2) = 3 \neq 0$, 所以点(0,2)不在曲线上. 又因为 $F_1(0,2) = -1$, $F_2(0,2) = 2$, 设直线 l 的方向向量 $\vec{v}\{X, Y\}$, 则 l 过(0,2)的方程为

$$\begin{cases} x = Xt \\ y = 2 + Yt \end{cases}, \quad t \in \mathbf{R} \tag{3}$$

根据直线与二次曲线的相切条件(4-9)得

$$(-X + 2Y)^2 - 3(X^2 - XY + Y^2) = 0$$

化简得

$$2X^2 + XY - Y^2 = 0$$

从而有

$$(X + Y)(2X - Y) = 0$$

求得

$$X : Y = -1 : 1 \quad \text{或} \quad X : Y = 1 : 2 \tag{4}$$

将(4)式代入(3)式得过(0,2)的切线方程

$$\begin{cases} x = -t, \\ y = 2 + t; \end{cases} \quad \begin{cases} x = t \\ y = 2 + 2t \end{cases} \quad (t \text{ 为参数})$$

或者

$$x + y - 2 = 0, \quad 2x - y + 2 = 0$$

定义 4.3 过二次曲线 Γ 上一点,且垂直于过该点的切线的直线称为二次曲线 Γ 在这点的**法线**.

设 $M_0(x_0, y_0) \in \Gamma$, 当 $F_1(x_0, y_0)$ 与 $F_2(x_0, y_0)$ 不全为零时,过 $M_0(x_0, y_0)$ 的切线方向为

$$X : Y = -F_2(x_0, y_0) : F_1(x_0, y_0)$$

于是过 $M_0(x_0, y_0)$ 的法线方向是

$$X_1 : Y_1 = F_1(x_0, y_0) : F_2(x_0, y_0)$$

从而过 $M_0(x_0, y_0)$ 的法线方程为

$$\frac{x - x_0}{F_1(x_0, y_0)} = \frac{y - y_0}{F_2(x_0, y_0)}$$

习 题 4-2

1. 试讨论 k 的值，使

(1) 直线 $x + ky - 1 = 0$ 与二次曲线 $y^2 - 2xy - (k-1)y - 1 = 0$ 交于两个互相重合的实点;

(2) 直线 $x - y + 5 = 0$ 与二次曲线 $x^2 - 3x + y + k = 0$ 交于两个不同的实点.

2. 求直线 $x - y - 1 = 0$ 与二次曲线 $2x^2 - xy - y^2 - x - 2y - 1 = 0$ 的交点.

3. 求二次曲线 $4x^2 - 4xy + y^2 - 2x + 1 = 0$ 过点 $M_0(1,3)$ 的切线方程和法线方程.

4. 求下列二次曲线在经过所给点的切线方程.

(1) $2x^2 - xy - y^2 - x - 2y - 1 = 0$，点 $(0,2)$;

(2) $3x^2 + 4xy + 5y^2 - 7x - 8y - 3 = 0$，点 $(2,1)$;

(3) $x^2 + xy + y^2 + x + 4y + 3 = 0$，点 $(-2,-1)$;

(4) $5x^2 + 6xy + 5y^2 - 8 = 0$，点 $(0, 2\sqrt{2})$.

5. 求满足下列条件的二次曲线的切线方程，并且求出切点的坐标.

(1) $x^2 + 4xy + 3y^2 - 5x - 6y + 3 = 0$ 的切线平行于 $x + 4y = 0$;

(2) $x^2 + xy + y^2 = 3$ 的切线平行于 y 轴.

6. 求下列二次曲线的奇异点.

(1) $2xy + y^2 - 2x - 1 = 0$;

(2) $3x^2 - 2y^2 + 6x + 4y + 1 = 0$;

(3) $x^2 - 2xy + y^2 - 2x + 2y + 1 = 0$.

7. 证明: 抛物线 $y^2 = 2px$ 的切点为 (x_1, y_1) 的切线与 x 轴的交点为 $(-x_1, 0)$.

8. 求经过原点而且与直线 $4x + 3y + 2 = 0$ 相切于点 $(1,-2)$ 及与直线 $x - y - 1 = 0$ 相切于点 $(0,-1)$ 的二次曲线方程.

第三节　二次曲线的渐近方向、中心、渐近线

一、二次曲线的渐近方向

定义 4.4　满足条件 $\Phi(X,Y)=0$ 的方向 $\{X,Y\}$ 称为二次曲线 Γ 的**渐近方向**；否则称为**非渐近方向**.

当 $\Phi(X,Y)=0$ 时，直线 l 与 Γ 的交点由下式求出

$$t = \frac{-F(x_0,y_0)}{2(XF_1(x_0,y_0)+YF_2(x_0,y_0))}$$

其中 $(x_0,y_0)\in l$，l 的方向为 $\vec{v}=\{X,Y\}$. 换言之，具有渐近方向的直线 l 与二次曲线 Γ 的关系是：

(1) 要么只有一个实交点；

(2) 要么无交点；

(3) 要么所有交点都在二次曲线 Γ 上(或直线 l 全部在二次曲线 Γ 上).

由于

$$\Phi(X,Y)=a_{11}X^2+2a_{12}XY+a_{22}Y^2=0 \tag{4-10}$$

中的三个系数 a_{11},a_{12},a_{22} 不全为零，所以总有确定的解 $X:Y$，因此二次曲线 Γ：(4-1)总有确定的渐近方向.

不妨设 $a_{22}\neq 0$，则(4-10)式可改写成

$$a_{22}\left(\frac{Y}{X}\right)^2+2a_{12}\left(\frac{Y}{X}\right)+a_{11}=0 \tag{4-11}$$

(4-11)式的判别式

$$\Delta = a_{12}^2 - a_{11}a_{22} = -I_2$$

即(4-11)式的解由其判别式 Δ 的符号确定. 于是当 $I_2>0$ 时，二次曲线(4-1)的渐近方向是一对共轭的虚方向；当 $I_2<0$，(4-1)有两个实渐近方向；当 $I_2=0$ 时，(4-1)有一个实的渐近方向，因此二次曲线的渐近方向最多有两个，而二次曲线的非渐近方向有无数多个.

定义 4.5　没有实渐近方向($I_2>0$)的二次曲线称为**椭圆型曲线**；有两个实渐近线方向($I_2<0$)的二次曲线称为**双曲型曲线**；只有一个实渐近方向($I_2=0$)的

二次曲线称为**抛物型曲线**.

例 5 求二次曲线 $x^2 - 4xy + 4y^2 - 2x + 4x = 0$ 的渐近方向，并指出曲线属于何种类型.

解 由 $\Phi(X,Y) = X^2 - 4XY + 4Y^2 = 0$ 解得

$$(X - 2Y)^2 = 0$$

所以 $X=2Y$. 因此所求渐近方向为一个实渐近方向: $\{2,1\}$. 又 $I_2=0$，故此曲线属于抛物型曲线.

二、二次曲线的中心

定义 4.6 如果二次曲线 Γ 上任意一点 M_1 关于点 O 的对称点 M_2 仍在曲线 Γ 上，则称点 O 为二次曲线 Γ 的**中心**(或对称中心).

定理 4.2 点 $O(x_0, y_0)$ 是二次曲线 $\Gamma: F(x,y) = 0$ 的中心的充要条件是

$$\begin{cases} F_1(x_0, y_0) = a_{11}x_0 + a_{12}y_0 + a_{13} = 0 \\ F_2(x_0, y_0) = a_{12}x_0 + a_{22}y_0 + a_{23} = 0 \end{cases} \tag{4-12}$$

证明 必要性. 设点 $O(x_0, y_0)$ 是 Γ 的中心，则由定义 4.6 知，过点 (x_0, y_0) 且以 Γ 的任意非渐近方向 $\{X,Y\}$ 为方向的直线 l 交 Γ 于两点 M_1 与 M_2，且 O 点为线段 M_1M_2 的中点，即

$$\begin{cases} F(x,y) = 0 \\ x = x_0 + Xt, \quad t \in \mathbf{R} \\ y = y_0 + Yt \end{cases}$$

所以

$$\Phi(X,Y)t^2 + 2(XF_1(x_0,y_0) + YF_2(x_0,y_0))t + F(x_0,y_0) = 0 \tag{5}$$

因为 $\Phi(X,Y) \neq 0$，所以(5)式是一个关于 t 的一元二次方程. 设它的两个根为 t_1 与 t_2(可以是实的、重合的或共轭虚的)，由根与系数的关系有

$$t_1 + t_2 = \frac{-2(XF_1(x_0,y_0) + YF_2(x_0,y_0))}{\Phi(X,Y)}$$

又因 O 点是 M_1, M_2 的中点，故

$$t_1 + t_2 = 0$$

即

$$XF_1(x_0,y_0) + YF_2(x_0,y_0) = 0 \tag{4-13}$$

(4-13)式对于 Γ 的任意非渐近方向 $\{X,Y\}$ 均成立，所以(4-13)式是关于 X,Y 的恒等式，从而有

$$F_1(x_0,y_0)=0 , \quad F_2(x_0,y_0)=0$$

充分性. 如果点 $O(x_0,y_0)$ 满足

$$\begin{cases} F_1(x_0,y_0)=0 \\ F_2(x_0,y_0)=0 \end{cases}$$

则对 Γ 的任意非渐近方向 $\{X,Y\}$ 都能使

$$XF_1(x_0,y_0)+YF_2(x_0,y_0)=0$$

因为点 $O(x_0,y_0)$ 是 Γ 的所有经过它的弦的对称点，即 $O(x_0,y_0)$ 是 Γ 的中心.

由此得出，二次曲线 $\Gamma: F(x,y)=0$ 的中心坐标由方程组

$$\begin{cases} F_1(x,y)=a_{11}x+a_{12}y+a_{13}=0 \\ F_2(x,y)=a_{12}x+a_{22}y+a_{23}=0 \end{cases} \tag{4-14}$$

确定.

由高等代数的相关知识有

$$x=\frac{\begin{vmatrix} -a_{13} & a_{12} \\ -a_{23} & a_{22} \end{vmatrix}}{\begin{vmatrix} a_{11} & a_{12} \\ a_{12} & a_{22} \end{vmatrix}}=\frac{\begin{vmatrix} a_{12} & a_{13} \\ a_{22} & a_{23} \end{vmatrix}}{\begin{vmatrix} a_{11} & a_{12} \\ a_{12} & a_{22} \end{vmatrix}}=\frac{A_{31}}{I_2}$$

$$y=\frac{\begin{vmatrix} a_{11} & -a_{13} \\ a_{12} & -a_{23} \end{vmatrix}}{\begin{vmatrix} a_{11} & a_{12} \\ a_{12} & a_{22} \end{vmatrix}}=\frac{\begin{vmatrix} a_{13} & a_{11} \\ a_{23} & a_{22} \end{vmatrix}}{\begin{vmatrix} a_{11} & a_{12} \\ a_{12} & a_{22} \end{vmatrix}}=\frac{A_{32}}{I_2}$$

(1) 若 $I_2\neq 0$，则方程组(4-14)有唯一解，因此二次曲线 Γ 有唯一中心，且中心坐标为 $(x,y)=\left(\dfrac{A_{31}}{I_2},\dfrac{A_{32}}{I_2}\right)$.

(2) 若 $I_2=0$，即 $\dfrac{a_{11}}{a_{12}}=\dfrac{a_{12}}{a_{22}}$，则

① 当 A_{31} 或 A_{32} 不为零时，即 $\dfrac{a_{11}}{a_{12}}=\dfrac{a_{12}}{a_{22}}\neq\dfrac{a_{13}}{a_{23}}$ 时，方程组(4-14)无解，二次

曲线 Γ 没有中心;

② 当 $A_{31} = A_{32} = 0$ 时, 即 $\dfrac{a_{11}}{a_{12}} = \dfrac{a_{12}}{a_{22}} = \dfrac{a_{13}}{a_{23}}$ 时, 方程组(4-14)有无数多解, 二次曲线 Γ 有无数多个中心, 这时方程 $F_1(x,y) = 0$ 或 $F_2(x,y) = 0$ 上的所有点都是二次曲线的中心, 这条直线称为**中心直线**.

定义 4.7　把有唯一中心 $(I_2 \neq 0)$ 的二次曲线称为**中心二次曲线**; 没有中心或者有无穷多个中心$(I_2=0)$的二次曲线称为**非中心二次曲线**, 其中没有对称中心的称为**无心曲线**, 有无穷多个中心的称为**线心曲线**.

将以上的讨论情况可列为表 4-1, 因此, 椭圆型、双曲型曲线为中心曲线; 抛物型曲线为非中心曲线, 包括无心与线心曲线.

表 4-1

曲线类型	I_2 的值	按渐近方向分类(渐近线的数目)	按中心分类	
椭圆型	$I_2 > 0$	有两个虚的渐近方向(没有实渐近方向, 无实渐近线)	有唯一中心	退化时为一点(一对共轭虚直线的交点)
双曲型	$I_2 < 0$	有两个不同的实渐近线方向(有两条不同的实渐近线)		退化时为一对相交直线, 交点为中心
抛物型	$I_2 = 0$	有一个实的渐近方向(无渐近线或有一条渐近线)	无中心	退化时无渐近直线
			线心	为一条直线

例 6　求曲线 $3x^2 + 2xy - y^2 + 8x + 10y + 114 = 0$ 的中心.

解　由(4-12)式可得方程组

$$\begin{cases} 3x_0 + y_0 + 4 = 0 \\ x_0 - y_0 + 5 = 0 \end{cases}$$

解得 $x_0 = -\dfrac{9}{4}$, $y_0 = \dfrac{11}{4}$, 所以 $\left(-\dfrac{9}{4}, \dfrac{11}{4} \right)$ 是该曲线的中心.

例 7　讨论当 a,b 满足什么条件时, 二次曲线

$$x^2 + 6xy + ay^2 + 3x + by - 4 = 0$$

(1) 有唯一的中心?

(2) 没有中心?

(3) 有一条中心直线?

解　由(4-12)式可得方程组

$$\begin{cases} F_1(x,y) = x + 3y + \dfrac{3}{2} = 0 \\ F_2(x,y) = 3x + ay + \dfrac{b}{2} = 0 \end{cases}$$

(1) 有中心的条件是

$$I_2 = \begin{vmatrix} 1 & 3 \\ 3 & a \end{vmatrix} \neq 0$$

即 $a - 9 \neq 0$，所以 $a \neq 9$．因此当 $a \neq 9$，b 为任意实数时，二次曲线有唯一的中心．

(2) 没有中心的条件是

$$I_2 = \begin{vmatrix} 1 & 3 \\ 3 & a \end{vmatrix} = 0$$

所以 $a=9$．且

$$\frac{1}{3} = \frac{3}{a} \neq \frac{\dfrac{3}{2}}{\dfrac{b}{2}}$$

得 $b \neq 9$．因此当 $a=9$ 且 $b \neq 9$ 时，二次曲线无中心．

(3) 当 $\dfrac{a_{11}}{a_{12}} = \dfrac{a_{12}}{a_{22}} = \dfrac{a_{13}}{a_{23}}$，即 $\dfrac{1}{3} = \dfrac{3}{a} = \dfrac{\dfrac{3}{2}}{\dfrac{b}{2}}$ 时，即 $a = b = 9$ 时，二次曲线为线心曲线．

三、二次曲线的渐近线

定义 4.8 通过二次曲线的中心，且以渐近方向为方向的直线，叫做二次曲线的**渐近线**．

根据这个定义及前面关于渐近方向的讨论可知：

(1) 椭圆型曲线有两条虚渐近线；

(2) 双曲型曲线有两条不同的实渐近线；

(3) 抛物型曲线要么是无心曲线且无渐进线；要么是线心曲线且有一条实渐进线，而且这条渐进线就是中心直线．

求二次曲线的渐近线，需要解决以下两个问题：

(1) 求中心：$\begin{cases} F_1(x,y) = 0, \\ F_2(x,y) = 0. \end{cases}$

(2) 求渐近方向：$\Phi(X,Y)=0$.

例 8　求二次曲线 $6x^2 - xy - y^2 + 3x + y - 1 = 0$ 的渐近线.

解　(1)先求二次曲线的中心，即由(4-12)式得方程组

$$\begin{cases} 6x_0 - \dfrac{1}{2}y_0 + \dfrac{3}{2} = 0 \\[2mm] -\dfrac{x_0}{2} - y_0 + \dfrac{1}{2} = 0 \end{cases}$$

求得 $\left(-\dfrac{1}{5}, \dfrac{3}{5}\right)$.

(2) 求渐近方向，即由 $\Phi(X,Y)=0$，可得

$$6X^2 - XY - Y^2 = 0$$

所以

$$(3X+Y)(2X-Y)=0$$

即 $Y=-3X$ 或 $Y=2X$，故渐近线方向为 $\{1,-3\}$ 或 $\{1,2\}$.

(3)渐近线方程为

$$\frac{x+\dfrac{1}{5}}{1} = \frac{y-\dfrac{3}{5}}{-3} \qquad 与 \qquad \frac{x+\dfrac{1}{5}}{1} = \frac{y-\dfrac{3}{5}}{2}$$

即

$$3x+y=0 \qquad 与 \qquad 2x-y+1=0$$

习　题　4-3

1. 求下列二次曲线的渐近方向，并指出曲线属于何种类型.

(1) $2xy - 4x - 2y + 3 = 0$；

(2) $3x^2 + 4xy + 2y^2 - 6x - 2y + 5 = 0$；

(3) $x^2 + 2xy + y^2 + 3x + y = 0$.

2. 分别求

(1) $\dfrac{x^2}{a^2} + \dfrac{y^2}{b^2} = 1$；　　(2) $\dfrac{x^2}{a^2} - \dfrac{y^2}{b^2} = 1$；　　(3) $x^2 = 2py$

的渐近方向.

3. 求下列二次曲线的中心.

(1) $5x^2 + 8xy + 5y^2 - 18x - 18y + 11 = 0$；

(2) $2x^2 + 5xy + 2y^2 - 6x - 3y + 5 = 0$;

(3) $9x^2 - 30xy + 25y^2 + 8x - 15y = 0$;

(4) $x^2 - 2xy + y^2 - 3x + 2y - 11 = 0$.

4. 证明: 如果二次曲线

$$a_{11}x^2 + 2a_{12}xy + a_{22}y^2 + 2a_{13}x + 2a_{23}y + a_{33} = 0$$

有渐近线, 那么它的两渐近线方程是

$$\varPhi(x - x_0, y - y_0) \equiv a_{11}(x - x_0)^2 + 2a_{12}(x - x_0)(y - y_0) + a_{22}(y - y_0)^2 = 0$$

其中 (x_0, y_0) 为二次曲线的中心.

5. 求下列二次曲线的渐近线.

(1) $x^2 + 2xy + y^2 + 2x + 2y - 4 = 0$;

(2) $6x^2 - xy - y^2 + 3x + y - 1 = 0$;

(3) $x^2 - 3xy + 2y^2 + x - 3y + 4 = 0$.

第四节　二次曲线的直径与主轴

一、二次曲线的直径

前面我们讨论了直线 l 与二次曲线 $\varGamma$ 的位置关系, 当直线平行于 $\varGamma$ 的某一非渐近方向 $X{:}Y$ 时, 这条直线与二次曲线都有两个交点(两个不同的实交点、两个重合的实交点或一对共轭虚的交点)(见图4-2). 关于两个重合的实交点, 已在第二节中讨论过, 此时该直线即为二次曲线的切线. 若两个交点是两个不同的实交点时, 则以交点为端点的线段叫做二次曲线的**弦**, 而平行于该非渐近方向的直线则是一组平行线, 此时这组平行线也称为二次曲线 $\varGamma$ 的**一组平行弦**.

下面讨论二次曲线中这一组平行弦中点的轨迹: 设二次曲线 $\varGamma$ 的方程为

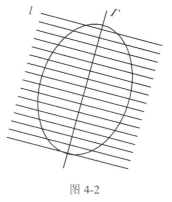

图 4-2

$$F(x, y) = a_{11}x^2 + 2a_{12}xy + a_{22}y^2 + 2a_{13}x + 2a_{23}y + a_{33} = 0 \qquad (6)$$

$X{:}Y$ 是 $\varGamma$ 的任意一个非渐近方向, 即 $\varPhi(X, Y) \neq 0$, 而 $M_0(x_0, y_0)$ 为平行于方

向 $X:Y$ 的任意弦的中点, 则这条弦所在的直线 l 的方程可写成

$$\begin{cases} x = x_0 + Xt \\ y = y_0 + Xt \end{cases} \quad (-\infty < t < +\infty) \tag{7}$$

而弦的两端点是直线 l 与 Γ 的两交点, 于是将(6), (7)两式联立, 有

$$\Phi(X,Y)t^2 + (XF_1(x_0, y_0) + YF_2(x_0, y_0))t + F(x_0, y_0) = 0 \tag{8}$$

于是弦的两端点由方程(8)的两个根 t_1, t_2 决定, 因为 $M_0(x_0, y_0)$ 是中点的充要条件是

$$t_1 + t_2 = 0$$

即

$$XF_1(x_0, y_0) + YF_2(x_0, y_0) = 0 \tag{9}$$

这就是曲线 Γ 对给定方向 $X:Y$ 的任意一组平行弦的中点满足的条件式(9).

现在在保持(9)式中方向 $X:Y$ 不变的条件下, 变动弦的位置, 而这些弦的中点 M_0 都满足条件(9), 于是将 (x_0, y_0) 改写为 (x, y), 即得平行弦中点的轨迹方程

$$XF_1(x, y) + YF_2(x, y) = 0 \tag{4-15}$$

或

$$(a_{11}X + a_{12}Y)x + (a_{12}X + a_{22}Y)y + (a_{13}X + a_{23}Y) = 0 \tag{4-16}$$

此 时, 方 程 (4-16) 的 一 次 项 系 数 不 能 全 为 零, 如 果 这 样, 那 么 当 $a_{11}X + a_{12}Y = a_{12}X + a_{22}Y = 0$ 时, 则有

$$\begin{aligned} \Phi(X,Y) &= a_{11}X^2 + 2a_{12}XY + a_{22}Y^2 \\ &= (a_{11}X + a_{12}Y)X + (a_{12}X + a_{22}Y)Y = 0 \end{aligned}$$

这与 $\{X, Y\}$ 是非渐近方向相矛盾. 从而(4-15)或(4-16)式是一个二元一次方程, 即它表示一条直线.

由此得出下面的定理.

定理 4.3　二次曲线 Γ 的一组平行弦的中点轨迹是一条直线. 其直线方程为(4-15)或(4-16)式.

定义 4.9　二次曲线的平行弦中点的轨迹叫做这个二次曲线的**直径**. 它所对应的平行弦叫做共轭于这条直径的**共轭弦**, 而直径也叫做**共轭于平行弦方向的直径**.

注: 由于 $X:Y$ 可有无数多组值, 因而二次曲线的直径也有无数多条.

由(4-15)式知，二次曲线的任一直径都通过下列两条直线的交点：

$$\begin{cases} F_1(x,y) = a_{11}x + a_{12}y + a_{13} = 0 \\ F_2(x,y) = a_{12}x + a_{22}y + a_{23} = 0 \end{cases} \tag{10}$$

从讨论方程组(10)的解是否存在，可以看到以下几种情形：

(1) 若 $\dfrac{a_{11}}{a_{12}} \neq \dfrac{a_{12}}{a_{22}}$，即方程组(10)有唯一解 (x_0, y_0)，则 (x_0, y_0) 为二次曲线的中心，即二次曲线的直径中心.

(2) 若 $\dfrac{a_{11}}{a_{12}} = \dfrac{a_{12}}{a_{22}} \neq \dfrac{a_{13}}{a_{23}}$，即方程组(10)无解，二次曲线为无心曲线，它的直径平行于二次曲线的渐近方向：

$$X : Y = -a_{12} : a_{11} = -a_{22} : a_{12}$$

(3) 若 $\dfrac{a_{11}}{a_{12}} = \dfrac{a_{12}}{a_{22}} = \dfrac{a_{13}}{a_{23}}$，即方程组(10)只有一个独立方程，二次曲线为线心曲线，此时二次曲线只有一条直径，它的方程为

$$a_{11}x + a_{12}y + a_{13} = 0 \quad \text{或} \quad a_{12}x + a_{22}y + a_{23} = 0$$

例 9　已知二次曲线 $x^2 + 2y^2 - 2xy - 4x - 1 = 0$，求

(1)共轭于方向 $\{1, -1\}$ 的直径；

(2)平行于直线 $x + 2y + 1 = 0$ 的直径所共轭的方向；

(3)通过(0,0)和(1,1)的直径.

解　共轭于方向 $X : Y$ 的直径方程为

$$(a_{11}X + a_{12}Y)x + (a_{12}X + a_{22}Y)y + (a_{13}X + a_{23}Y) = 0$$

即

$$(X - Y)x + (-X + 2Y)y + (-2X) = 0 \tag{11}$$

(1) 共轭于方向 $\{1, -1\}$ 的直径为

$$(1+1)x + (-1-2)y - 2 = 0$$

即

$$2x - 3y - 2 = 0$$

(2) 设所求共轭方向为 $X : Y$，则由题设可知

$$\frac{X-Y}{1}=\frac{-X+2Y}{2}$$

解得 $X:Y=4:3$.

(3) 因所求的直径过 $(0,0)$ 及 $(1,1)$，由直线的两点式得所求直径方程

$$\frac{x-0}{1}=\frac{y-0}{1}$$

即

$$x-y=0$$

例 10　试求二次曲线 $x^2-2xy+y^2+2x-2y-3=0$ 的共轭于非渐近方向 $X:Y$ 的直径.

解　共轭于非渐近方向 $X:Y$ 的直径方程为

$$XF_1(x,y)+YF_2(x,y)=0$$

因为 $F_1(x,y)=x-y+1$，　$F_2(x,y)=-x+y-1$，所以

$$X(x-y+1)+Y(-x+y-1)=0$$

所以

$$(X-Y)(x-y+1)=0$$

故 $X=Y$ 或 $x-y+1=0$. 若 $X=Y$，则

$$\varPhi(X,Y)=X^2-2XY+Y^2=(X-Y)^2=0$$

即 $X:Y$ 为渐近方向. 这与已知相矛盾，故 $X\ne Y$，即 $X-Y\ne 0$. 因此曲线的共轭于非渐近方向 $X:Y$ 的直径为

$$x-y+1=0$$

例 11　已知二次曲线为 $3x^2+7xy+5y^2+4x+5y+1=0$，求它的与 x 轴平行的弦的中点轨迹.

解　因为 x 轴的方向为 $X:Y=1:0$，又因为

$$F_1(x,y)=3x+\frac{7}{2}y+2，\quad F_2(x,y)=\frac{7}{2}x+5y+\frac{5}{2}$$

所以与 x 轴平行的弦的中点轨迹方程为

$$XF_1(x,y)+YF_2(x,y)=0$$

即

$$3x+\frac{7}{2}y+2=0$$

即
$$6x + 7y + 4 = 0$$

二、二次曲线的共轭方向与共轭直径

定义 4.10　把二次曲线的与非渐近方向 $X:Y$ 共轭的直径方向

$$X':Y' = -(a_{12}X + a_{22}Y):(a_{11}X + a_{12}Y) \tag{4-17}$$

称为非渐近方向 $X:Y$ 的**共轭方向**.

若 $X':Y'$ 是非渐近方向 $X:Y$ 的共轭方向，由(4-17)式有

$$\frac{X'}{-(a_{12}X + a_{22}Y)} = \frac{Y'}{a_{11}X + a_{12}Y} = t \quad (t \text{ 为非零常数}) \tag{4-18}$$

即

$$\begin{cases} X' = -(a_{12}X + a_{22}Y)t \\ Y' = (a_{11}X + a_{12}Y)t \end{cases} \tag{4-19}$$

下面考察 $X':Y'$ 是否是渐近方向，即 $\Phi(X':Y')$ 是否为零.

$$\begin{aligned} \Phi(X',Y') &= a_{11}X'^2 + 2a_{12}X'Y' + a_{22}Y'^2 \\ &= a_{11}[-(a_{12}X + a_{22}Y)]^2 t^2 - 2a_{12}(a_{12}X + a_{22}Y)(a_{11}X + a_{12}Y)t^2 + \\ &\quad a_{22}(a_{11}X + a_{12}Y)^2 t^2 \\ &= (a_{11}a_{22} - a_{12}^2)^2 (a_{11}X^2 + 2a_{12}XY + a_{22}Y^2)t^2 \\ &= I_2^2 \Phi(X,Y)t^2 \end{aligned} \tag{4-20}$$

因为 $\Phi(X,Y) \neq 0$ 且 $t \neq 0$，因此(4-20)式可分两种情况讨论：

(1) 当 $I_2 \neq 0$，即二次曲线为中心曲线时，$\Phi(X',Y') \neq 0$. 这就是说，中心二次曲线的非渐近方向确定的共轭方向也是非渐近方向；

(2) 当 $I_2 = 0$，即二次曲线为非中心曲线时，$\Phi(X',Y') = 0$. 也就是说，非中心型二次曲线的任一非渐近方向 $X:Y$，其共轭方向 $X':Y'$ 是渐近方向. 由(4-18)式有

$$\frac{X'}{Y'} = \frac{-(a_{12}X + a_{22}Y)}{a_{11}X + a_{12}Y}$$

即

$$a_{11}XX' + a_{12}(XY' + X'Y) + a_{22}YY' = 0 \tag{4-21}$$

(4-21)式关于 $X:Y$ 和 $X':Y'$ 是对称的，故(4-21)式是 $X':Y'$ 的共轭方向 $X:Y$ 满足的条件式，(4-21)式也称相互共轭方向满足的条件式.

定义 4.11　中心曲线的一对具有相互共轭方向的直径叫做一对**共轭直径**.

例 12　求二次曲线 Γ: $4xy - 5y^2 + 2x + 6y + 1 = 0$ 通过点 $(-4, 2)$ 的直径和它的共轭直径.

解　因为 $F_1(x, y) = 2y + 1$，$F_2(x, y) = 2x - 5y + 3$，则

(1) 设二次曲线 Γ 的直径方程为

$$XF_1(x, y) + YF_2(x, y) = 0 \qquad\qquad (12)$$

即

$$X(2y + 1) + Y(2x - 5y + 3) = 0$$

又因为 $(-4, 2)$ 在直径上，所以点 $(-4, 2)$ 满足 (12) 式，即

$$X(4 + 1) + Y(-8 - 10 + 3) = 0$$

所以

$$5X - 15Y = 0$$

所以 $X : Y = 3 : 1$. 故所求直径方程为

$$3(2y + 1) + 1(2x - 5y + 3) = 0$$

即

$$2x + y + 6 = 0$$

(2) 因为 $X : Y$ 的共轭方向 $X' : Y'$ 满足 (4-21)，即

$$a_{11}XX' + a_{12}(XY' + X'Y) + a_{22}YY' = 0$$

所以

$$2(XY' + X'Y) - 5YY' = 0$$

又因为 $X : Y = 3 : 1$，得 $X' : Y' = -1 : 2$. 故以 $X' : Y'$ 为共轭方向的共轭直径方程为

$$X'F_1(x, y) + Y'F_2(x, y) = 0$$

即

$$4x - 12y + 5 = 0$$

三、二次曲线的主轴

定义 4.12　二次曲线的主轴是一条直径，它垂直于确定它的共轭平行弦，主轴的方向与垂直于主轴的方向都称为**主方向**.

注：主轴也叫主直径或对称轴.

为了研究 Γ 的主轴，需要先弄清楚它的主方向，由定义 4.12 和共轭方向的性质容易看到：主方向总是成对的，垂直于主方向的方向也是主方向. 特别地，主轴的方向是主方向，奇异方向总可以看成主方向，因此主直径一定是 Γ

的对称轴.

设二次曲线 Γ 的方程为

$$F(x,y) = a_{11}x^2 + 2a_{12}xy + a_{22}y^2 + 2a_{13}x + 2a_{23}y + a_{33} = 0 \qquad (13)$$

下面求 Γ 的主方向及主轴.

由上面分析可知,主方向是共轭方向的特例,故应在共轭方向中求得. 设 $X:Y$ 是 Γ 的一个非渐近方向, $X':Y'$ 是它的共轭方向,则有

$$X':Y' = -(a_{12}X + a_{22}Y):(a_{11}X + a_{12}Y) \qquad (14)$$

由题设可知,方向 $X:Y$ 与 $X':Y'$ 互相垂直,故有

$$XX' + YY' = 0 \quad 或 \quad X:Y = -Y':X' \qquad (15)$$

满足主方向的条件有(14)(15),即将(14)(15)式联立,得

$$\begin{cases} X':Y' = -(a_{12}X + a_{22}Y):(a_{11}X + a_{12}Y) \\ XX' + YY' = 0 \end{cases}$$

由(14)式得

$$\frac{X'}{-(a_{12}X + a_{22}Y)} = \frac{Y'}{a_{11}X + a_{12}Y} = t \quad (非零常数) \qquad (16)$$

将(16)式代入(15)得

$$\frac{X}{Y} = \frac{a_{11}X + a_{12}Y}{a_{12}X + a_{22}Y} \qquad (4\text{-}22)$$

两方向平行,即存在不为零的数 λ,使得

$$\begin{cases} a_{11}X + a_{12}Y = \lambda X \\ a_{12}X + a_{22}Y = \lambda Y \end{cases} \qquad (4\text{-}23)$$

或

$$\begin{cases} (a_{11} - \lambda)X + a_{12}Y = 0 \\ a_{12}X + (a_{22} - \lambda)Y = 0 \end{cases} \qquad (4\text{-}24)$$

由于 X,Y 不全为零,方程组(4-23)或(4-24)有非零解的充要条件是

$$\begin{vmatrix} a_{11} - \lambda & a_{12} \\ a_{12} & a_{22} - \lambda \end{vmatrix} = 0 \qquad (4\text{-}25)$$

或

$$\lambda^2 - I_1\lambda + I_2 = 0 \qquad (4\text{-}26)$$

其中 $I_1 = a_{11} + a_{22}$, $I_2 = a_{11}a_{22} - a_{12}^2$.

定义 4.13 (4-25)或(4-26)式称为二次曲线 Γ (13)的**特征方程**, 特征方程的根叫做二次曲线的**特征根**.

从(4-25)或(4-26)式可求出特征根, 把它代入(4-24)式, 就得到相应的主方向. 如果主方向为非渐近方向, 由 $XF_1(x,y) + YF_2(x,y) = 0$, 可得到共轭于 $X:Y$ 的主轴(或对称轴)方程.

由于 Γ 有中心与非中心之分, 故对于中心型曲线来说, 任一个非渐近方向 $X:Y$, 其共轭方向 $X':Y'$ 是一个非渐近方向; 但对非中心型曲线来说, 任一个非渐近方向 $X:Y$, 其共轭方向 $X':Y'$ 都是一个渐近方向.

对特征方程

$$\lambda^2 - I_1\lambda + I_2 = 0 \tag{4-26}$$

因为

$$\begin{aligned}
\Delta &= I_1^2 - 4I_2 = (a_{11} + a_{22})^2 - 4(a_{11}a_{12} - a_{12}^2)^2 \\
&= (a_{11} - a_{22})^2 + 4a_{12}^2 \geqslant 0
\end{aligned}$$

因此方程(4-26)必有两个特征根, 且皆为实根. 下面分两种情况讨论.

情形 1 中心型曲线, 即 $I_2 \neq 0$ 时, 特征根皆不为零.

当 $a_{11} \neq a_{22}$ 或 $a_{12} \neq 0$ 时, 判别式 $\Delta > 0$, 特征方程有两个不相等的实根 λ_1, λ_2. 将它们代入方程(4-24)式, 得两个主方向

$$X_1 : Y_1 = -a_{12} : (a_{11} - \lambda_1) = -(a_{22} - \lambda_1) : a_{12}$$

及

$$X_2 : Y_2 = -a_{12} : (a_{11} - \lambda_2) = -(a_{22} - \lambda_2) : a_{12}$$

由于这两个方向是互相垂直的, 由它们得到的共轭直径, 就是两条互相垂直的主轴.

当 $a_{11} = a_{22} \neq 0$ 且 $a_{12} = 0$ 时, 中心曲线为圆(包括虚圆和点圆), 此时判别式 $\Delta = 0$, 特征方程(4-26)有重根: $\lambda_1 = \lambda_2 = a_{11} = a_{22} \neq 0$. 也就是说, 对任意方向 $X:Y$, 都满足 $\lambda = \lambda_1 = \lambda_2$. 代入(4-24)式, 得两个恒等式

$$\begin{cases} a_{11}X = a_{11}X \\ a_{11}Y = a_{11}Y \end{cases}$$

因此任何方向都是主方向，从而通过圆心的任何直线不仅都是直径，而且还是圆的主轴，即圆的任何一条直径都是主轴.

情形 2　非中心型曲线，即 $I_2=0$.

由根与系数的关系可知：$\lambda_1\lambda_2=I_2=0$，所以 λ_1 与 λ_2 中至少有一个是零(但两个不能均为零. 若 $a_{11}=a_{12}=a_{22}=0$，$I_1=I_2=0$，则 Γ 不是二次曲线)，所以特征方程为

$$\lambda^2-I_1\lambda=0$$

即

$$\lambda(\lambda-I_1)=0$$

所以 $\lambda_1=0$，$\lambda_2=I_1=a_{11}+a_{22}$

对于 $\lambda_1=0$，代入主方向方程(4-24)有

$$\begin{cases} a_{11}X+a_{12}Y=0 \\ a_{12}X+a_{22}Y=0 \end{cases}$$

即

$$X:Y=-a_{12}:a_{11}=-a_{22}:a_{12}$$

显然 $X_1:Y_1$ 是 Γ 的渐近方向. 由定义4.12可知，$\lambda_1=0$ 所决定的方向 $X_1:Y_1$ 不是主方向.

对于 $\lambda_2=a_{11}+a_{22}$，代入(4-24)式有

$$X_2:Y_2=a_{12}:a_{22}=a_{11}:a_{12}$$

且为 Γ 的非渐近方向. 共轭于这个方向的直径就是非中心二次曲线的唯一的主轴，即它的对称轴. 主轴方程为

$$X_2F_1(x,y)+Y_2F_2(x,y)=0$$

由以上分析得出：中心二次曲线至少有两条主轴，非中心二次曲线只有一条主轴.

例13　求二次曲线 $5x^2-6xy+5y^2+18x-14y+9=0$ 的主方向与主轴.

解　首先，判断 Γ 是否是中心型. 因为

$$I_1=a_{11}+a_{22}=10,\quad I_2=\begin{vmatrix} 5 & -3 \\ -3 & 5 \end{vmatrix}=16\neq 0$$

所以 Γ 为中心型二次曲线.

其次，求特征方程 $\lambda^2-I_1\lambda+I_2=0$ 的特征根，即

$$\lambda^2 - 10\lambda + 16 = 0$$

特征根为 $\lambda_1 = 2, \lambda_2 = 8$.

最后将 λ_1, λ_2 的值分别代入主方向方程组(4-24), 求主方向.

对于 $\lambda_1 = 2$, 它确定的主方向为 $X_1 : Y_1 = 1 : 1$;

对于 $\lambda_2 = 8$, 它确定的主方向为 $X_2 : Y_2 = -1 : 1$.

又因为 $F_1(x, y) = 5x - 3y + 9$, $F_2(x, y) = -3x + 5y - 7$, 所以分别与 $X_1 : Y_1 = 1 : 1$

和 $X_2 : Y_2 = -1 : 1$ 共轭的主轴方程为

$$X_1 F_1(x, y) + Y_1 F_2(x, y) = 0 \quad 与 \quad X_2 F_1(x, y) + Y_2 F_2(x, y) = 0$$

即
$$x + y + 1 = 0 \quad 与 \quad x - y + 2 = 0$$

例 14　求二次曲线 $x^2 + 4xy + 4y^2 - 8x + 4 = 0$ 的主方向与主轴.

解　首先, 判断 Γ 是否是中心型. 因为

$$I = a_{11} + a_{12} = 1 + 4 = 5, \quad I_2 = \begin{vmatrix} 1 & 2 \\ 2 & 4 \end{vmatrix} = 0$$

所以 Γ 为非中心型二次曲线.

其次, 求特征方程 $\lambda^2 - I_1\lambda + I_2 = 0$ 的特征根, 即

$$\lambda^2 - 5\lambda = 0$$

所以 $\lambda_1 = 0$, $\lambda_2 = 5$.

最后将 $\lambda_1 = 0$, $\lambda_2 = 5$ 代入主方向的方程组, 求主方向.

对于 $\lambda_1 = 0$, 它确定的主方向为

$$\begin{cases} X_1 + 2Y_1 = 0 \\ 2X + 4Y = 0 \end{cases}$$

即 $X : Y = 2 : -1$. 故 $X_1 : Y_1$ 是 Γ 的渐近方向.

对于 $\lambda_2 = 5$, 它确定的主方向为

$$\begin{cases} (1-5)X + 2Y = 0 \\ 2X + (4-5)Y = 0 \end{cases}$$

即 $X_2 : Y_2 = 1 : 2$, 故 $X_2 : Y_2$ 是 Γ 的非渐近方向.

又因为 $F_1(x, y) = x + 2y - 4$, $F_2(x, y) = 2x + 4y$, 所以曲线唯一的主轴为

$$X_2 F_1(x, y) + Y_2 F_2(x, y) = 0$$

即

$$5x + 10y - 4 = 0$$

习 题 4-4

1. 求二次曲线 $4xy - 5y^2 + 2x + 6y + 1 = 0$ 通过点 $(-4,2)$ 的直径和它的共轭直径.

2. 已知二次曲线 $3x^2 + 7xy + 5y^2 + 4x + 5y + 1 = 0$，求它的

(1) 与 x 轴平行的弦的中点轨迹;

(2) 与 y 轴平行的弦的中点轨迹.

3. 已知抛物线 $y^2 = -8x$，求通过点 $(-1,1)$ 的弦，使它在这点被平分.

4. 已知曲线 $xy - y^2 - 2x + 3y - 1 = 0$ 的直径与 y 轴平行，求它的方程，并求出这直径的共轭直径.

5. 证明: 圆的任意一对共轭直径互相垂直.

6. 椭圆 $\dfrac{x^2}{9} + \dfrac{y^2}{4} = 1$ 的一条弦在点 $(2,1)$ 被等分，求出这条弦的斜率.

7. 证明: 对于抛物线，沿渐近方向的每一条直线都是它的直径.

8. 求下列二次曲线的主方向和主轴.

(1) $\dfrac{x^2}{a^2} + \dfrac{y^2}{b^2} = 1$;   (2) $\dfrac{x^2}{a^2} - \dfrac{y^2}{b^2} = 1$;   (3) $y^2 = 2px$.

9. 求下列二次曲线的主方向和主轴.

(1) $x^2 - xy + y^2 - 1 = 0$;

(2) $x^2 - 4xy + 4y^2 - 5x + 6 = 0$

10. 若 $a_{11}x^2 + 2a_{12}xy + a_{22}y^2 + a_{33} = 0$ 是椭圆或双曲线，证明主轴是

$$a_{12}(x^2 - y^2) - (a_{11} - a_{22})xy = 0$$

11. 若二次曲线 $a_{11}x^2 + 2a_{12}xy + a_{22}y^2 + 2a_{13}x + 2a_{23}y + a_{33} = 0$ 是非中心二次曲线时，试证明它的唯一主轴的方程是

$$(a_{11} + a_{22})(a_{12}x + a_{22}y) + a_{12}a_{13} + a_{22}a_{23} = 0$$

或写成

$$(a_{11} + a_{22})(a_{11}x + a_{12}y) + a_{11}a_{13} + a_{12}a_{23} = 0$$

第五节 二次曲线方程的化简与分类

一、平面直角坐标变换

在实际应用中，对二次曲线几何性质的研究，一般采用 Γ 的标准方程. 如椭圆：$\dfrac{x^2}{a^2}+\dfrac{y^2}{b^2}=1$；双曲线：$\dfrac{x^2}{a^2}-\dfrac{y^2}{b^2}=1$；抛物线：$y^2=2px$ 等. 在这一节，我们研究的二次曲线的方程均是一般式，但曲线的一般式方程不利于对 Γ 的几何性质的研究，因此将它化简为标准方程. 在这之前所学的概念其实都是为本节做准备的.

将二次曲线

$$\Gamma : F(x,y)=a_{11}x^2+2a_{12}xy+a_{22}y^2+2a_{13}x+2a_{23}y+a_{33}=0 \qquad (17)$$

化简为标准方程的途径是什么？为了固定思路，不妨设 Γ 为中心型椭圆，且已求出其中心为 $C_0(x_0,y_0)$，主轴为 AA' 和 BB'，以 $C_0(x_0,y_0)$ 为坐标原点 O'，AA' 与 BB' 分别为两个坐标轴，建立坐标系 $X'O'Y'$. 在此坐标系中，Γ 的方程为标准式：

$$a_{11}'^2 x'^2 + a_{22}'^2 y'^2 + a_{33}' = 0 \qquad (4\text{-}27)$$

以上是从方程角度研究的结果，若从坐标变换观点来看，需要解决以下两个问题：① 平移距离；② 旋转角度.

如图 4-3 所示，新的坐标系 $O'-x'y'$ 是平移变换与旋转变换的乘积.

定义 4.14 所谓坐标系的变换，是指坐标系的平移变换(简称平移)或旋转变换(简称旋转)或者它们的复合(简称乘积).

一般情况下，由旧坐标系 $O-xy$ 变成新坐标系 $O'-x'y'$，总可以分两步来完成：

(1) 先移轴使坐标原点 O 与新坐标系的原点 O' 重合，变成坐标系 $O'-x''y''$；

(2) 由辅助坐标系 $O'-x''y''$ 再旋转而成新坐标系 $O'-x'y'$ (见图 4-3).

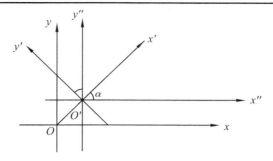

图 4-3

对(1)来讲，可由 $O-xy$ 变为 $O'-x''y''$，其平移变换式为

$$\begin{cases} x = x'' + x_0 \\ y = y'' + y_0 \end{cases}$$

对(2)来讲，可由 $O'-x''y''$ 变为 $O'-x'y'$，其旋转变换式为

$$\begin{cases} x'' = x'\cos\alpha - y'\sin\alpha \\ y'' = x'\sin\alpha + y'\cos\alpha \end{cases}$$

因此从 $O-xy$ 变为 $O'-x'y'$，有

$$\begin{cases} x = x'\cos\alpha - y'\sin\alpha + x_0 \\ y = x'\sin\alpha + y'\cos\alpha + y_0 \end{cases} \tag{4-28}$$

且 $\begin{vmatrix} \cos\alpha & -\sin\alpha \\ \sin\alpha & \cos\alpha \end{vmatrix} = 1 \neq 0$．解出 x', y'，可得其逆变换公式

$$\begin{cases} x' = x\cos\alpha + y\sin\alpha - (x_0\cos\alpha + y_0\sin\alpha) \\ y' = -x\sin\alpha + y\cos\alpha - (-x_0\sin\alpha + y_0\cos\alpha) \end{cases} \tag{4-29}$$

式(4-28)或(4-29)称为坐标变换的一般公式．

下面用坐标变换的观点来解释:式(4-28)、(4-29)给出了同一点 $P(x,y)$ 在不同坐标系下坐标之间的关系，即 P 点在坐标系 $O-xy$ 下的坐标为 $P(x,y)$，在坐标系 $O'-x''y''$ 下的坐标为 $P(x'',y'')$ 及在坐标系 $O'-x'y'$ 下的坐标为 $P(x',y')$，则它们之间的关系式满足式(4-28)或(4-29)．

由以上分析可知，平面直角坐标系变换式是由新坐标系原点 O' 在旧坐标系下的坐标 $C_0(x_0, y_0)$ 与坐标轴的旋转角 α 确定的．

二、二次曲线方程在坐标变换下系数的变换

在坐标变换下，二次曲线方程的系数怎样变化？又由于一般坐标变换由移坐标轴与旋转坐标轴组成，那么二次曲线是先移坐标轴还是先旋转坐标轴，这需要进一步研究. 下面分别考察在移坐标轴与旋转坐标轴下，二次曲线方程系数的变换规律.

设在直角坐标系 $O\text{-}xy$ 中，二次曲线 Γ 的方程为

$$F(x,y) \equiv a_{11}x^2 + 2a_{12}xy + a_{22}y^2 + 2a_{13}x + 2a_{23}y + a_{33} = 0$$

在坐标变换式

$$\begin{cases} x = x'\cos\alpha - y'\sin\alpha + x_0 \\ y = x'\sin\alpha + y'\cos\alpha + y_0 \end{cases}$$

下，得到二次曲线 Γ 在 $O'-x'y'$ 系中的方程：

$$a_{11}'x'^2 + 2a_{12}'x'y' + a_{22}'y'^2 + 2a_{13}'x' + 2a_{23}'y' + a_{33}' = 0 \qquad (4\text{-}30)$$

下面分别就(4-30)表示旋转 $(x_0 = y_0 = 0)$ 与平移 $(\alpha = 0)$ 写出从方程(17)到(4-30)的系数变化公式.

引理 1　在平移坐标变换(4-28)下 $(\alpha = 0)$，二次曲线方程(17)变为(4-30)，其系数由下式

$$\begin{cases} a_{11}' = a_{11}, a_{12}' = a_{12}, a_{22}' = a_{22} \\ a_{13}' = a_{11}x_0 + a_{12}y_0 + a_{13} = F_1(x_0,y_0) \\ a_{23}' = a_{12}x_0 + a_{22}y_0 + a_{23} = F_2(x_0,y_0) \\ a_{33}' = a_{11}x_0^2 + 2a_{12}x_0y_0 + a_{22}y_0^2 + 2a_{13}x_0 + 2a_{23}y_0 + a_{33} = F(x_0,y_0) \end{cases} \qquad (4\text{-}31)$$

确定.

由公式(4-31)可见，在平移坐标变换(4-28)下 $(\alpha = 0)$，二次曲线方程系数的变化规律为：

(1) 二次项系数不变；

(2) 一次项系数变为 $2F_1(x_0,y_0)$ 与 $2F_2(x_0,y_0)$；

(3) 常数项变为 $F(x_0,y_0)$.

引理 2 在旋转坐标变换(4-29)下 $(x_0 = y_0 = 0)$，二次曲线方程(17)变为(4-30)，其系数由下式

$$\begin{cases} a'_{11} = a_{11}\cos^2\alpha + 2a_{12}\sin\alpha\cos\alpha + a_{22}\sin^2\alpha \\ a'_{12} = (a_{22}-a_{11})\sin\alpha\cos\alpha + a_{12}(\cos^2\alpha - \sin^2\alpha) \\ a'_{22} = a_{11}\sin^2\alpha - 2a_{12}\sin\alpha\cos\alpha + a_{22}\cos^2\alpha \\ a'_{13} = a_{13}\cos\alpha + a_{23}\sin\alpha \\ a'_{23} = -a_{13}\sin\alpha + a_{23}\cos\alpha \\ a'_{33} = a_{33} \end{cases} \tag{4-32}$$

确定.

由公式(4-32)可见，在旋转坐标变换下，二次曲线方程(17)的系数变换规律为：

(1) 二次项系数变为二次项系数(新的二次项系数)；

(2) 一次项系数变为新的一次项系数；

(3) 常数项保持不变.

三、二次曲线方程的化简

由二次曲线方程在坐标变换下的系数变化可知，通过适当选取坐标系可化简二次曲线 Γ 的方程(17).

二次曲线方程的化简，可分两步进行：

第一步，通过坐标旋转变换消去方程(17)中的交叉项. 为了消去二次曲线方程中的交叉项 xy，作旋转变换

$$\begin{cases} x = x'\cos\alpha - y'\sin\alpha \\ y = x'\sin\alpha + y'\cos\alpha \end{cases} \tag{18}$$

其中旋转角 α 由

$$\cot 2\alpha = \frac{a_{11}-a_{22}}{2a_{12}} \tag{4-33}$$

确定. 为了讨论方便，α 可只需在 $0 \sim \frac{\pi}{2}$ 间取值，由三角函数的关系转化：

$$\begin{cases} \cos 2\alpha = \dfrac{\cot 2\alpha}{\sqrt{1+\cot^2 2\alpha}} \\[3mm] \sin \alpha = \sqrt{\dfrac{1-\cos 2\alpha}{2}} \\[3mm] \cos \alpha = \sqrt{\dfrac{1+\cos 2\alpha}{2}} \end{cases} \tag{4-33$'$}$$

第二步, 通过坐标平移变换进一步化简方程. 通过旋转消去交叉项就可以配方, 再作平移, 可把二次曲线方程进一步化简.

例 15　化简二次曲线方程 $5x^2 + 4xy + 2y^2 - 24x - 12y + 18 = 0$, 并画出它的图形.

分析　Γ 的方程含有交叉项 xy, 可先通过旋转消去交叉项 xy.

解　首先作旋转消去交叉项. 设旋转角为 α, 则由(4-33)式有

$$\cot 2\alpha = \frac{a_{11} - a_{22}}{2a_{12}} = \frac{5-2}{4} = \frac{3}{4}$$

于是由(4-33)$'$式知

$$\cos 2\alpha = \frac{\dfrac{3}{4}}{\sqrt{1+\left(\dfrac{3}{4}\right)^2}} = \frac{3}{5}, \quad \sin \alpha = \sqrt{\frac{1-\dfrac{3}{5}}{2}} = \frac{1}{\sqrt{5}}, \quad \cos \alpha = \sqrt{\frac{1+\dfrac{3}{5}}{2}} = \frac{2}{\sqrt{5}}$$

代入(18)式得旋转公式:

$$\begin{cases} x = \dfrac{1}{\sqrt{5}}(2x' - y') \\[3mm] y = \dfrac{1}{\sqrt{5}}(x' + 2y') \end{cases} \tag{①}$$

将①式代入原方程化简得

$$6x'^2 + y'^2 - 12\sqrt{5}\,x' + 18 = 0 \tag{②}$$

其次作平移. 配方得

$$6(x' - \sqrt{5})^2 + y'^2 - 12 = 0 \tag{③}$$

其平移公式为

$$\begin{cases} x'' = x' - \sqrt{5} \\ y'' = y' \end{cases} \tag{④}$$

将④式代入③式, 方程最后化简为

$$6x''^2 + y''^2 - 12 = 0$$

其图形如图 4-4 所示.

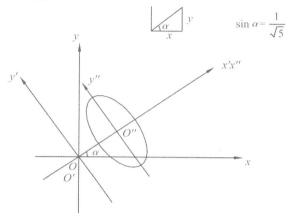

图 4-4

这个方程代表一个椭圆. 根据旋转作出坐标系 $O-x'y'$, 然后将坐标系 $O-x'y'$ 平移, 作出坐标系 $O''-x''y''$, 并在 $O''-x''y''$ 中画出椭圆的图形(见图 4-4).

例 16　化简二次曲线方程 $\Gamma : x^2 + 4xy + 4y^2 + 12x - y + 1 = 0$, 并画出它的图形.

解　首先作旋转消去交叉项. 设旋转角为 α, 则由(4-33)式有

$$\cot 2\alpha = \frac{a_{11} - a_{22}}{2a_{12}} = -\frac{3}{4}$$

于是由(4-33)′知

$$\cos 2\alpha = \frac{\cot 2\alpha}{\sqrt{1 + \cot^2 2\alpha}} = \frac{\dfrac{3}{4}}{\sqrt{1 + \sqrt{\dfrac{9}{16}}}} = \frac{3}{5}$$

$$\sin \alpha = \sqrt{\frac{1 - \cos 2a}{2}} = \sqrt{\frac{1 + \dfrac{3}{5}}{2}} = \frac{2}{\sqrt{5}}$$

$$\cos\alpha = \sqrt{\frac{1+\cos 2\alpha}{2}} = \sqrt{\frac{1-\dfrac{3}{5}}{2}} = \frac{1}{\sqrt{5}}$$

代入(18)式得旋转公式

$$\begin{cases} x = x'\cos\alpha - y'\sin\alpha = \dfrac{1}{\sqrt{5}}(x'-2y') \\ y = x'\sin\alpha + y'\cos\alpha = \dfrac{1}{\sqrt{5}}(2x'+y') \end{cases} \qquad ⑤$$

将⑤式代入原方程并化简得

$$5x'^2 + 2\sqrt{5}x' - 5\sqrt{5}y' + 1 = 0 \qquad ⑥$$

其次作平移，配方得

$$\left(x' + \frac{\sqrt{5}}{5}\right)^2 - \sqrt{5}y' = 0 \qquad ⑦$$

作平移

$$\begin{cases} x'' = x' + \dfrac{\sqrt{5}}{5} \\ y'' = y' \end{cases} \qquad ⑧$$

将⑧式代入⑦式，方程最后化简为

$$x''^2 - \sqrt{5}y'' = 0$$

其图形如图 4-5 所示.

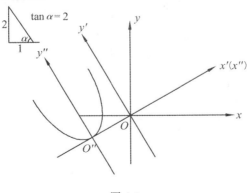

图 4-5

这个方程代表一条抛物线，它的顶点是新坐标 $O'' - x''y''$ 的原点 $\left(-\dfrac{\sqrt{5}}{5}, 0\right)$.

根据旋转作出坐标系 $O-x'y'$，然后将坐标系 $O-x'y''$ 平移，可作出坐标系 $O''-x''y''$，并在 $O''-x''y''$ 中画出抛物线的图形(见图4-5).

注: (1)对于中心型二次曲线的化简，还可以通过以下两条途径化简二次曲线;

方法 1. 先求出二次曲线的中心，其次作平移(以中心为新原点进行平移)，然后再作旋转.

方法 2. 先求出二次曲线的两主轴，然后以两主轴为新坐标轴求得坐标变换. 对于非中心二次曲线，只能先旋转后平移.

(2)利用旋转消去二次曲线方程中的交叉项 xy，它的几何意义就是把坐标轴旋转到与二次曲线的主方向平行的位置. 这是因为，对于二次曲线的特征根 λ 所确定的主方向 $X:Y$ 来讲，如果令 $\tan\alpha=\dfrac{Y}{X}=\dfrac{a_{12}}{\lambda-a_{22}}=\dfrac{\lambda-a_{11}}{a_{12}}$，则有

$$\cot 2\alpha = \frac{1-\tan^2\alpha}{2\tan\alpha} = \frac{1-\left(\dfrac{a_{12}}{\lambda-a_{22}}\right)^2}{2\dfrac{a_{12}}{\lambda-a_{22}}} = \frac{1-\left(\dfrac{a_{12}}{\lambda-a_{22}}\right)\left(\dfrac{\lambda-a_{11}}{a_{12}}\right)}{\dfrac{2a_{12}}{\lambda-a_{22}}} = \frac{a_{11}-a_{22}}{2a_{12}}$$

这就说明两个主方向与旋转所得两个新坐标轴的方向是一致的.

因此，上面介绍的通过坐标变换来化简二次曲线方程的方法，实际上是把坐标轴变换到与二次曲线的主轴重合的位置. 对于中心型二次曲线，它有两条主轴，以它们为新坐标轴就可将方程化简. 对于非中心型二次曲线，它只有一条主轴，以它为新坐标轴，二次曲线为无心时，以顶点为新原点;二次曲线为线心时，以任一中心为新原点，就可将方程化简.

四、二次曲线的分类

前面我们分析了二次曲线在坐标变换下系数变化的规律及用实例说明将二次曲线方程的化简，本节主要讨论对二次曲线方程的化简并进行分类.

现在化简一般二元三次方程

$$a_{11}x^2+2a_{12}xy+a_{22}y^2+2a_{13}x+2a_{23}y+a_{33}=0 \tag{19}$$

第一步，若 $a_{12}\neq 0$，进行旋转变换

$$\begin{cases} x=x'\cos\alpha-y'\sin\alpha \\ y=x'\sin\alpha+y'\cos\alpha \end{cases} \tag{20}$$

则(19)式在新坐标系中的方程变为

$$a'_{11}x'^2 + 2a'_{12}x'y' + a'_{22}y'^2 + 2a'_{13}x' + 2a'_{23}y' + a'_{33} = 0 \qquad (4\text{-}34)$$

其中交叉项 $x'y'$ 的系数为

$$2a'_{12} = 2(a_{22} - a_{11})\sin\alpha\cos\alpha + 2a_{12}(\cos^2\alpha - \sin^2\alpha)$$
$$= (a_{22} - a_{11})\sin 2\alpha + 2a_{12}\cos 2\alpha \qquad (4\text{-}35)$$

因此，当 $a_{12} \neq 0$ 时，新方程的交叉项 $x'y'$ 的系数为零的充要条件是

$$\cot 2\alpha = \frac{a_{11} - a_{22}}{2a_{12}} \qquad (21)$$

选取满足(21)式的旋转角 α，则新方程成为

$$a'_{11}x'^2 + a'_{22}y'^2 + 2a'_{13}x' + 2a'_{23}y' + a'_{33} = 0 \qquad (4\text{-}36)$$

第二步，经过旋转消去交叉项后，就可以通过配方，再作平移并对(4-36)式进行化简，这时需要分几种情况讨论.

情形 1　a'_{11} 与 a'_{22} 均不为零，即 $a'_{11}a'_{22} \neq 0$ 且 a'_{11} 与 a'_{22} 同号. 将(4-36)配方得

$$a'_{11}\left(x' + \frac{a'_{13}}{a'_{11}}\right)^2 + a'_{22}\left(y' + \frac{a'_{23}}{a'_{22}}\right)^2 + a'_{33} - \frac{a'^2_{13}}{a'_{11}} - \frac{a'^2_{23}}{a'_{22}} = 0 \qquad (4\text{-}37)$$

作平移

$$\begin{cases} x^* = x' + \dfrac{a'_{13}}{a'_{11}} \\ \\ y^* = y' + \dfrac{a'_{23}}{a'_{22}} \end{cases} \qquad (4\text{-}38)$$

则(4-37)变成

$$a'_{11}x^{*2} + a'_{22}y^{*2} + \widetilde{a_{33}} = 0 \qquad (4\text{-}39)$$

其中 $\widetilde{a_{33}} = a'_{33} - \dfrac{a'^2_{13}}{a'_{11}} - \dfrac{a'^2_{23}}{a'_{22}}$.

(1) 若 $\widetilde{a_{33}}$ 与 a'_{11} 同号，则方程(4-39)的两边同除以 $\widetilde{a_{33}}$，得

$$\frac{x^{*2}}{\widetilde{a^2}} + \frac{y^{*2}}{\widetilde{b^2}} = -1 \tag{4-40}$$

其中 $\widetilde{a^2} = \dfrac{\widetilde{a_{33}}}{a'_{11}}$, $\widetilde{b^2} = \dfrac{\widetilde{a_{33}}}{a'_{22}}$. 显然方程(4-40)无实轨迹, 它表示虚椭圆.

(2) 若 $\widetilde{a_{33}}$ 与 a'_{11} 异号, 则方程(4-39)的两边同除以 $-\widetilde{a_{33}}$, 得

$$\frac{x^{*2}}{\widetilde{a^2}} + \frac{y^{*2}}{\widetilde{b^2}} = 1 \tag{4-41}$$

其中 $\widetilde{a^2} = -\dfrac{\widetilde{a_{33}}}{a'_{11}}$, $\widetilde{b^2} = -\dfrac{\widetilde{a_{33}}}{a'_{22}}$. 显然方程(4-41)表示椭圆.

(3) 若 $\widetilde{a_{33}} = 0$, 则(4-39)式可写成

$$\frac{x^{*2}}{\widetilde{a^2}} + \frac{y^{*2}}{\widetilde{b^2}} = 0 \tag{4-42}$$

其中 $\widetilde{a^2} = \dfrac{1}{\left|a'_{11}\right|}$, $\widetilde{b^2} = \dfrac{1}{\left|a'_{22}\right|}$. 方程(4-42)表示一个点 O^* (移轴后坐标系的原点)或一对共轭虚直线.

情形 2 若 a'_{11} 与 a'_{22} 异号, 即 $a'_{11} a'_{22} < 0$, 则有

(1) 若 $\widetilde{a_{33}} \neq 0$, 将(4-39)式的两边同除以 $-\widetilde{a_{33}}$, 且当 a'_{33} 与 a'_{11} 异号时, 有

$$\frac{x^{*2}}{\widetilde{a_1^2}} - \frac{y^{*2}}{\widetilde{b_1^2}} = 1 \tag{4-43}$$

当 a'_{33} 与 a'_{11} 同号时有

$$-\frac{x^{*2}}{\widetilde{a_2^2}} + \frac{y^{*2}}{\widetilde{b_2^2}} = 1 \tag{4-44}$$

方程 (4-43)、(4-44) 均为双曲线, 其中 $\widetilde{a_1^2} = -\dfrac{\widetilde{a_{33}}}{a'_{11}}$, $\widetilde{b_1^2} = \dfrac{\widetilde{a_{33}}}{a'_{22}}$, $\widetilde{a_2^2} = \dfrac{\widetilde{a_{33}}}{a'_{11}}$,

$\widetilde{b_2^2} = -\dfrac{\widetilde{a_{33}}}{a'_{22}}$.

(2) 若 $\widetilde{a_{33}} = 0$, 则方程(4-39)可化为

$$\frac{x^{*2}}{\widetilde{a^2}} - \frac{y^{*2}}{\widetilde{b^2}} = 0 \tag{4-45}$$

其中 $\widetilde{a}^2 = \dfrac{1}{|a'_{11}|}$，$\widetilde{b}^2 = \dfrac{1}{|a'_{22}|}$．方程(4-45)表示一对相交直线．

情形 3　若 a'_{11} 与 a'_{22} 中有一个为零，即 $a'_{11}a'_{22} = 0$，不妨设 $a'_{11} = 0$，将方程(4-36)配方得

$$a'_{22}\left(y' + \frac{a'_{23}}{a'_{22}} \right)^2 + 2a'_{13}x' + a'_{33} - \frac{{a'_{23}}^2}{a'_{22}} = 0 \tag{4-46}$$

(1)　如果 $a'_{13} \neq 0$，方程(4-46)经过平移得

$$\begin{cases} x^* = x' + \dfrac{a'_{22}a'_{33} - {a'_{23}}^2}{2a'_{13}a'_{22}} \\[4mm] y^* = y' + \dfrac{a'_{23}}{a'_{22}} \end{cases} \tag{4-47}$$

则方程(4-46)成为

$$a'_{22}y^{*2} + 2a'_{13}x^* = 0 \tag{4-48}$$

方程(4-48)表示抛物线．

若 $a'_{13} = 0$，方程(4-46)经过平移

$$\begin{cases} x^* = x' \\[3mm] y^* = y' + \dfrac{a'_{23}}{a'_{22}} \end{cases} \tag{4-49}$$

变为

$$a'_{22}y^{*2} + \widetilde{C} = 0 \tag{4-50}$$

其中 $\widetilde{C} = \dfrac{1}{a'_{22}}(a'_{22}a'_{33} - {a'_{23}}^2)$．

(2)若 $\widetilde{C}$ 与 a'_{22} 异号，则由(4-50)得

$$y^{*2} = -\frac{\widetilde{C}}{a'_{22}} \tag{4-51}$$

方程(4-50)或(4-51)表示一对平行直线．

(3)若 $\widetilde{C}$ 与 a'_{22} 同号，方程(4-50)无实轨迹或表示一对虚平行直线．

(4)若 $\widetilde{C}=0$，则由(4-50)得

$$y^{*2}=0 \qquad\qquad (4\text{-}52)$$

方程(4-52)表示一对重合直线.

综上所述，通过适当选取坐标系，任一条二次曲线必属于上述几类中的某一类.

习　题　4-5

1. 将坐标轴旋转 $\dfrac{\pi}{6}$，求 $\sqrt{3}xy-y^2=12$ 在新坐标系中的方程，并画图.

2. 将坐标轴旋转 $\dfrac{\pi}{4}$，求

(1) 新坐标为 $(-2,1)$ 的点的旧坐标；

(2) 曲线 $xy=6$ 在新坐标系中的方程.

3. 将原点移到 $(-1,3)$，求

(1) 旧坐标为 $(-3,1)$ 的点的新坐标；

(2) 曲线 $x^2-y^2+2x+6y-5=0$ 在新坐标系中的方程.

4. 求旋转角 α，使曲线 $x^2-2xy+y^2-x-5=0$ 在旋转后的新坐标系中的方程，不含交叉项 $x'y'$.

5. 化简下列二次曲线的方程，并画出它们的图形.

(1) $3x^2-4xy+6y^2-8x-4y+3=0$；

(2) $4x^2+24xy+11y^2+64x+42y+51=0$；

(3) $9x^2-24xy+16y^2-20x+110y-50=0$；

(4) $x^2+2xy+y^2-5x-3y-2=0$.

6. 已知两条互相垂直的直线 $l_1:3x-4y+6=0$ 及 $l_2:4x+3y-17=0$，以它们为新的坐标轴(l_1 为 x' 轴，l_2 为 y' 轴，且都以向上的方向为正方向)，求坐标变换公式，并求点 $A(0,1)$ 的新坐标.

第五章　变换群与几何学

迄今为止，我们所学的几何学只讨论了图形的静止性质，如一个三角形的内角及边长，一个圆的半径，一个椭圆的长、短半轴等. 而研究这些图形的性质时，采用了坐标法、向量法及坐标变换法. 这些方法是解析几何中最基本的方法，也是最重要的方法. 作为研究"空间形式"的几何学，还应该研究图形在运动与变化下的性质，即用一种新的方法来研究其变化性质. 譬如，证明梯形两腰延长线的交点和对角线交点的连线必平分上、下底时，如果用坐标法或坐标变换法去证明都比较麻烦，那么怎样用一种新方法来研究它呢？由于等腰梯形具有上述性质，这促使我们设想，如果有一种变换能把一般的梯形变为等腰梯形，问题就得以解决了，这就要求我们要研究图形在运动与变换下的性质，即寻找图形在变换下的不变性质与不变量. 本章将介绍变换群及几何学，这是几何学中十分重要的概念. 这里着重研究正交变换、仿射变换、射影变换及相应的欧氏几何、仿射几何、射影几何的一些内容.

本章主要以研究平面为主，其方法和结果很容易推广到高维空间.

第一节　点变换及例

一、点变换

任何一个空间图形都可视为由点构成的集合，即点是几何学研究的最基本元素，因此用变换的观点研究图形的几何性质首先要研究点的变化.

定义 5.1　如果对平面 π 上的任一点 P，在同一平面上有唯一一点 P' 与它对应，则称这种对应关系

$$\varphi : P \to P'$$

为平面 π 上的一个**点变换**，记作 $P' = \varphi(P)$，其中 P' 称为变换 φ 下 P 点的**像**，而点 P 叫做 P' 的**原象**.

定义 5.2　如果点变换 φ 对于平面上任一点 P 的像仍是它本身，即

$$\varphi(P) = P$$

则称 φ 为平面上的**恒等变换**，记作 ε，即 $\varepsilon(P) = P$．此时点 P 称为变换 φ 的不动点．或者说，平面上的任意一点为其不动点的变化，称为恒等变换．

二、变换的乘积

在许多问题中，需要相继作两次点变换，因此引进下述定义．

定义 5.3 设 φ_1, φ_2 是平面上的两个点变换，如果对于平面 π 上任一点 P，先通过 φ_1，再通过 φ_2，而得到 P''，即

$$P \xrightarrow{\varphi_1} P' \xrightarrow{\varphi_2} P''$$

则称变换

$$\varphi : P'' = \varphi(P)$$

为 φ_1 与 φ_2 的乘积，记为 $\varphi = \varphi_1\varphi_2$，即 $\forall P \in \pi$，有

$$(\varphi_2\varphi_1)(P) = \varphi_2(\varphi_1(P)) = \varphi_2(P') = P''$$

注：变换的乘积与次序有关，即 $\varphi_1\varphi_2 \neq \varphi_2\varphi_1$．也就是说，变换的乘法不满足交换律．

定理 5.1 变换的乘法满足结合律．

证明 设 $\varphi_1, \varphi_2, \varphi_3$ 是三个点变换，对于平面上任一点 P，有

$$\varphi_1 : P \to P', \quad \varphi_2 : P' \to P'', \quad \varphi_3 : P'' \to P'''$$

则

$$(\varphi_3(\varphi_2\varphi_1))(P) = \varphi_3(\varphi_2\varphi_1)(P) = \varphi_3(\varphi_2(\varphi_1))(P)$$
$$= (\varphi_3\varphi_2)(\varphi_1)(P) = ((\varphi_3\varphi_2)\varphi_1)(P)$$

所以
$$\varphi_3(\varphi_2\varphi_1) = (\varphi_3\varphi_2)\varphi_1$$

三、可逆变换与逆变换

定义 5.4 设平面上一点变换 φ，如果存在点变换 ψ，使得

$$\varphi\psi = \psi\varphi = \varepsilon$$

则称变换 φ 是可逆的，此时称 ψ 为 φ 的**逆变换**，记作 φ^{-1}，即

$$\varphi\varphi^{-1} = \varphi^{-1}\varphi = \varepsilon$$

注: 如果 φ 是可逆的, 则它的逆变换是唯一的.

事实上, 设 ψ 与 τ 都是 φ 的逆变换, 则有

$$\psi\varphi\tau = (\psi\varphi)\tau = \varepsilon\tau = \tau$$

又因为

$$\psi\varphi\tau = \psi(\varphi\tau) = \psi\varepsilon = \psi$$

而 $\psi\varphi\tau = (\psi\varphi)\tau = \psi(\varphi\tau)$, 所以

$$\tau = \psi$$

例 1(平移变换) 在平面上, 如果选取了直角坐标系 Oxy, 那么方程

$$\begin{cases} x' = x + x_0 \\ y' = y + y_0 \end{cases} \tag{5-1}$$

确定了平面上的一个点变换, 称为平移变换. 其逆变换为

$$\begin{cases} x = x' - x_0 \\ y = y' - y_0 \end{cases}$$

例 2(旋转变换) 平面 π 上方程

$$\begin{cases} x' = x\cos\theta - y\sin\theta \\ y' = x\sin\theta + y\cos\theta \end{cases} \tag{5-2}$$

确定了平面上的一个点变换, 称为旋转变换, 其中 θ 为旋转角, 且为定角.

例 3(反射变换) 在平面上, 如果选取了直角坐标系 Oxy, 那么方程

$$\begin{cases} x' = x \\ y' = y \end{cases} \tag{5-3}$$

确定了平面上的一个点变换, 称为反射变换.

其几何意义是点 $P(x, y)$ 关于 x 轴的对称点 $P'(x', y')$ 之间的关系满足方程 (5-3).

注: 在前面的章节中我们也学过平移和旋转, 但那里指的是坐标变换. 所谓坐标变换是指坐标系在变化, 而点是不动的. 换言之, (x, y) 与 (x', y') 是表示同一点 P 在不同坐标系下的坐标. 而这里的例 1、例 2 及例 3 所定义的平移、旋转、反射均指点变换. 所谓点变换是指坐标系不动而点在动. 换言之, (x, y) 与 (x', y') 是两个不同的点在同一个坐标系下的坐标.

其实对同一公式定义的变换可以有两种解释, 即坐标变换与点变换, 它

们只是观点不同，形式相同. 本章所研究的变换是指点变换.

例 4　设 φ 是平面 π 的一个点变换，即

$$\varphi:\begin{cases} x' = 2x + y + 5 \\ y' = 3x - y + 7 \end{cases}$$

求 φ 的逆变换 φ^{-1}.

解　$\forall P \in \pi$，$\varphi: P \to P'$，即

$$\varphi: P(x, y) \to P'(x', y')$$

而 $\varphi^{-1}: P' \to P$，即

$$\varphi^{-1}: P'(x', y') \to P(x, y)$$

因此为了得到 φ^{-1} 的公式，只要从 φ 的公式中解出 x, y 即可，即

$$\begin{cases} x = \dfrac{1}{5}x' + \dfrac{1}{5}y' - \dfrac{12}{5} \\ y = \dfrac{3}{5}x' - \dfrac{2}{5}y' - \dfrac{1}{5} \end{cases}$$

有时为了统一起见，对于每一个变换公式，都把原象的坐标写为 (x, y)，而把像的坐标写为 (x', y')，因此 φ^{-1} 的点变换为

$$\begin{cases} x' = \dfrac{1}{5}x + \dfrac{1}{5}y - \dfrac{12}{5} \\ y' = \dfrac{3}{5}x - \dfrac{2}{5}y - \dfrac{1}{5} \end{cases}$$

例 5　设 φ_1 是平移变换，φ_2 是旋转变换，即

$$\varphi_1:\begin{pmatrix} x' \\ y' \end{pmatrix} = \begin{pmatrix} x \\ y \end{pmatrix} + \begin{pmatrix} x_0 \\ y_0 \end{pmatrix}, \qquad \varphi_2:\begin{pmatrix} x' \\ y' \end{pmatrix} = \begin{pmatrix} \cos\theta & -\sin\theta \\ \sin\theta & \cos\theta \end{pmatrix}\begin{pmatrix} x \\ y \end{pmatrix}$$

其中 θ 为旋转角，求 $\varphi_1\varphi_2$ 及 $\varphi_2\varphi_1$.

解　设 $P(x, y) \xrightarrow{\varphi_1} P''(x'', y'') \xrightarrow{\varphi_2} P'(x', y')$，则 $\varphi_2\varphi_1$ 为

$$\begin{pmatrix} x' \\ y' \end{pmatrix} = \begin{pmatrix} \cos\theta & -\sin\theta \\ \sin\theta & \cos\theta \end{pmatrix}\begin{pmatrix} x'' \\ y'' \end{pmatrix} = \begin{pmatrix} \cos\theta & -\sin\theta \\ \sin\theta & \cos\theta \end{pmatrix}\left[\begin{pmatrix} x \\ y \end{pmatrix} + \begin{pmatrix} x_0 \\ y_0 \end{pmatrix}\right]$$

即 $\varphi_2\varphi_1$ 为

$$\begin{cases} x' = (x+x_0)\cos\theta - (y+y_0)\sin\theta \\ y' = (x+x_0)\sin\theta + (y+y_0)\cos\theta \end{cases} \tag{5-4}$$

设 $Q(x,y) \xrightarrow{\varphi_2} Q''(x'',y'') \xrightarrow{\varphi_1} Q'(x',y')$，则 $\varphi_1\varphi_2$

$$\begin{pmatrix} x' \\ y' \end{pmatrix} = \begin{pmatrix} x'' \\ y'' \end{pmatrix} + \begin{pmatrix} x_0 \\ y_0 \end{pmatrix} = \begin{pmatrix} \cos\theta & -\sin\theta \\ \sin\theta & \cos\theta \end{pmatrix}\begin{pmatrix} x \\ y \end{pmatrix} + \begin{pmatrix} x_0 \\ y_0 \end{pmatrix}$$

即 $\varphi_1\varphi_2$ 为

$$\begin{cases} x' = x\cos\theta - y\sin\theta + x_0 \\ y' = x\sin\theta + y\cos\theta + y_0 \end{cases} \tag{5-5}$$

比较(5-4)及(5-5)可知，$\varphi_2\varphi_1 \neq \varphi_1\varphi_2$.

习　题　5-1

1. 已知平面上的点变换

$$\varphi : \begin{cases} x' = 2x - 3y + 5 \\ y' = x + 3y - 7 \end{cases}$$

求(1) 点 $O(0,0)$，$A(3,2)$ 的像；

(2) 点 $O(0,0)$，$B(1,-4)$ 的原像.

2. 给了平面的两个变换 φ_1 和 φ_2，它们的公式分别是

$$\varphi_1 : \begin{cases} x' = 2x + y + 5, \\ y' = 3x - y + 7, \end{cases} \qquad \varphi_2 : \begin{cases} x' = 2x - 3y + 4 \\ y' = -x + 2y - 5 \end{cases}$$

求 $\varphi_1\varphi_2$ 和 $\varphi_2\varphi_1$.

3. 求平面的下列点变换的逆变换.

$$(1) \begin{cases} x' = \dfrac{1}{2}x - \dfrac{\sqrt{3}}{2}y - 2, \\ y' = \dfrac{\sqrt{3}}{2}x + \dfrac{1}{2}y - 1; \end{cases} \qquad (2) \begin{cases} x' = 2x + 3y - 7, \\ y' = 3x + 5y - 9. \end{cases}$$

4. 设 φ 是平面上绕原点的旋转变换(旋转角为 θ)，在 φ 下，直线 $x=p$ 变为什么直线?

第二节　变换群与几何学

一、变换群

定义 5.5　设 G 是由平面上某些点变换组成的集合, 如果 G 满足下列条件:

(1) G 包含恒等变换 ε;

(2) 如果 $\varphi \in G$, 则 $\varphi^{-1} \in G$;

(3) 如果 $\varphi_1, \varphi_2 \in G$, 则 $\varphi_1\varphi_2 \in G$,

则称 G 为平面的一个**变换群**.

　　易知, 平面上所有平移变换组成的集合 G 是平面 E^2 上的一个变换群, 平面上所有绕原点 O 的旋转变换也是平面 E^2 上的一个变换群.

　　注: E^2 表示二维欧氏空间, E^3 表示三维欧氏空间.

二、几何学

　　用变换群来研究几何学的观点是由德国数学家克莱因(Klein, 1849—1925), 于 1872 年在德国 Erlangen 大学所作的题为"近世几何学研究的比较评论"的报告中首先提出来的. 它揭示了几何学的实质在于一个几何变换群, 任何一门几何都是在相应变换群中求不变量或不变性的.

　　克莱因的群论观点把各种不同的几何用统一的方法来处理, 从而在这个层面上建立了不同几何体系之间的联系. 现在我们规定, 集合 S 叫做**空间**, 它的元素叫做**点**, 它的子集叫做**图形**. 给定空间 S 上的一个变换群, 空间内的图形对此群的不变性质的命题系统的研究称为这个空间的几何学, 而空间的维度数称为几何学的维数.

　　下面我们将用克莱因的群论观点来研究不同的几何.

第三节　欧氏几何与正交变换

一、正交变换的概念与性质

定义 5.6　平面(空间)上的点变换 φ 使任意两点 P 与 Q 间的距离保持不变,

即 $\forall \varphi : P \to P'$；$Q \to Q'$ 时, 有

$$d(\varphi(P), \varphi(Q)) = d(P', Q') = d(P, Q) \tag{5-6}$$

则称点变换 φ 为平面(空间)的**正交变换**(或称**等距变换**). 其中 $d(P, Q)$ 表示点 P 与 Q 之间的距离.

显然, 平移、旋转与仿射变换都是正交变换.

下面给出正交变换的一些简单性质.

性质 1   正交变换保留同素性不变, 即在正交变换下, 点变为点、直线变为直线.

分析   点变为点, 由点变换 φ 的定义得证. 这里只需证正交变换把直线 l 变为直线 l' 即可.

由定义可知, 正交变换保留两点间的距离不变, 因此只需证把任意共线三点仍变为共线三点即可.

证明   设 φ 是正交变换, 在直线 l 上任取三点 A, B, C, 且 $\varphi : A \to A'$, $\varphi : B \to B'$, $\varphi : C \to C'$, 由平面几何知识可知, 任意三点 A, B, C 依次在一条直线 l 上的充要条件是

$$d(A, B) + d(B, C) = d(A, C)$$

即由定义知

$$\begin{aligned}
d(A, B) + d(B, C) &= d(\varphi(A), \varphi(B)) + d(\varphi(B), \varphi(C)) \\
&= d(A', B') + d(B', C') \\
&= d(\varphi(A), \varphi(C)) = d(A', C')
\end{aligned}$$

即 A', B', C' 依次仍在一条直线 l' 上.

由此得出:

性质 2   正交变换保留点线的结合性, 即将共线点变为共线点、将不共线点变为不共线点.

性质 3   正交变换把平行直线变为平行直线.

证明   设 φ 是正交变换, 直线 l_1 与 l_2 平行, 由性质 2 可知, φ 把直线 l_1 变为直线 l_1', l_2 变为 l_2'.

假设 l_1' 与 l_2' 交于点 M', 则由性质 2 可知, M' 的唯一原象 M 既在 l_1 上, 又在 l_2 上, 这与 l_1, l_2 平行矛盾, 故 l_1' 与 l_2' 平行.

性质 4   正交变换保持两直线的夹角不变.

证明　设 φ 是正交变换, φ 将不共线三点 A,O,B 变为不共线三点 A',O',B', 即证 $\angle AOB = \angle A'O'B'$.

因为 $d(A,B) = d(A',B')$, $d(O,A) = d(O',A')$, $d(O,B) = d(O',B')$ 所以

$$\triangle OAB \cong \triangle O'A'B'$$

所以
$$\angle AOB = \angle A'O'B'$$

性质 5　正交变换保留正交性不变, 即将两垂直直线变为两垂直直线.

证明　根据正交变换的定义及性质 4 得证.

总之: 在一切正交变换下, 不改变的性质、图形和数量称为正交不变性、正交不变图形、正交不变量. 由上面所讨论的正交变换的性质可知, 正交变换的不变性为同素性、接合性、平行性和正交性, 不变量为距离和角度.

利用上面的性质容易证明, 在正交变换 φ 下, 若 φ 把点 $M(x,y)$ 变为 $\varphi(M) = (x',y')$, 则 (x,y) 与 (x',y') 之间有变换公式:

$$\begin{cases} x' = a_{11}x + a_{12}y + a_{13} \\ y' = a_{21}x + a_{22}y + a_{23} \end{cases} \tag{5-7}$$

其中

$$\varphi(0,0) = (a_{13},a_{23}), \quad \varphi(1,0) = (a_{11},a_{21}), \quad \varphi(0,1) = (a_{12},a_{22}).$$

$A = \begin{pmatrix} a_{11} & a_{12} \\ a_{21} & a_{22} \end{pmatrix}$ 称为正交变换的**系数矩阵**. 当行列式 $|A| = 1$ 时, 公式(5-7)变为

$$\begin{cases} x' = x\cos\theta - y\sin\theta + a_{13} \\ y' = x\sin\theta + y\cos\theta + a_{23} \end{cases} \tag{5-8}$$

它是平面上的一个刚体运动(平移、旋转、平移和旋转的复合);

当行列式 $|A| = -1$ 时, 公式(5-7)变为

$$\begin{cases} x' = x\cos\theta - y\sin\theta + a_{13} \\ y' = -x\sin\theta - y\cos\theta + a_{23} \end{cases} \tag{5-9}$$

它是平面上的反射.

由此得出, 正交变换的代数式是(5-8)或(5-9), 即正交变换或者是刚体运动, 或者是反射, 或者是刚体运动与反射的乘积.

二、正交变换群与欧氏几何

定理 5.2 平面上正交变换的全体构成一个变换群, 称为**正交变换群**.

证明 (1) 由正交变换的定义知, 恒等变换是正交变换.

(2) 任意两个正交变换 φ 与 ψ 的乘积仍是正交变换(由正交变换的定义得知).

(3) 一个正交变换的逆变换是正交变换(由正交变换的定义及逆变换的定义推出).

由(1)(2)(3)知, 正交变换的全体构成一个群.

所谓欧氏几何是指研究正交变换群下图形的不变性质与不变量的几何. 因此, 初等几何中都是与讨论图形的距离、角度、面积、平行、相似比等有关的性质, 如三角形全等、平行、垂直等.

例 6 判断下述平面的点变换是否为正交变换, 并求它的不动点.

$$\begin{cases} x' = \dfrac{4}{5}x - \dfrac{3}{5}y + 1 \\ y' = \dfrac{3}{5}x + \dfrac{4}{5}y - 2 \end{cases}$$

解 要验证一个点变换是否为正交变换, 只需求系数矩阵 A 的行列式是否为 1 即可. 因为

$$|A| = \begin{vmatrix} \dfrac{4}{5} & -\dfrac{3}{5} \\ \dfrac{3}{5} & \dfrac{4}{5} \end{vmatrix} = \dfrac{16}{25} + \dfrac{9}{25} = 1$$

所以所求的点变换为正交变换.

令 $x' = x$, $y' = y$, 若求其不动点, 则有

$$\begin{cases} x = \dfrac{4}{5}x - \dfrac{3}{5}y + 1 \\ y = \dfrac{3}{5}x + \dfrac{4}{5}y - 2 \end{cases}$$

即

$$\begin{cases} -\dfrac{1}{5}x - \dfrac{3}{5}y + 1 = 0 \\ \dfrac{3}{5}x - \dfrac{1}{5}y - 2 = 0 \end{cases}$$

解得 $x = \dfrac{7}{2}$，$y = \dfrac{1}{2}$．所以不动点是 $\left(\dfrac{7}{2}, \dfrac{1}{2} \right)$．

习　题　5-3

1. 证明：三角形的面积经过正交变换后不变．

2. 求直线 $x + y - 2 = 0$ 在正交变换

$$\begin{cases} x' = \dfrac{1}{2}x - \dfrac{\sqrt{3}}{2}y + 3 \\[2mm] y' = \dfrac{\sqrt{3}}{2}x + \dfrac{1}{2}y - 1 \end{cases}$$

下的像．

3. 证明：在正交变换下，矩形变为全等的矩形．

4. 若把曲线 $2xy = a^2$ 绕原点旋转 $45°$，求新的曲线方程．

第四节　仿射几何与仿射变换

通过上一节的学习，我们知道了在正交变换中，图形保持任意两点之间的距离不变．然而此类变换是十分特殊的，例如，图像的放大、物体在阳光照射下的影子等，都不具有这种性质，即都不是正交变换．那么有没有一种比正交变换广泛的点变换呢？这就是本节将要讨论的仿射变换．本节主要研究平面的仿射变换，其方法和结果可以推广到空间的仿射变换．

一、平面上的仿射坐标系与仿射变换的概念

在平面上任取一点 O 及两个不共线的向量：$\vec{e_1} = \overrightarrow{OE_1}$，$\vec{e_2} = \overrightarrow{OE_2}$（$\vec{e_1}$ 与 $\vec{e_2}$ 不一定是单位向量，且 $\vec{e_1}$ 与 $\vec{e_2}$ 不一定垂直），这样就建立了平面上的仿射坐标系（见图 5-1），记作 $\left[O, \vec{e_1}, \vec{e_2} \right]$．

如图 5-2 所示，对于平面上任一点 P，则向量 $\overrightarrow{OP}$ 可唯一地表示为

$$\overrightarrow{OP} = x\vec{e_1} + y\vec{e_2}$$

数组 (x, y) 称为 P 点关于仿射坐标系 $\left[O, \vec{e_1}, \vec{e_2} \right]$ 的仿射坐标．

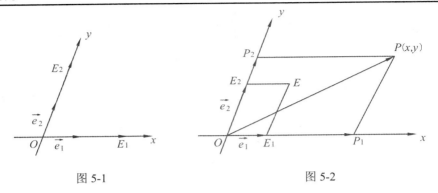

图 5-1 图 5-2

建立仿射坐标系的两个向量 $\overrightarrow{e_1}$ 与 $\overrightarrow{e_2}$ 叫做**坐标向量**. 当坐标向量是互相垂直的单位向量时, 仿射坐标系就称为直角坐标系, 因此仿射坐标系是较直角坐标系更宽泛的一种坐标系.

定义 5.7 平面的一个点变换 φ, 如果它在一个仿射坐标系中的公式为

$$\begin{cases} x' = a_{11}x + a_{12}y + a_{13} \\ y' = a_{21}x + a_{22}y + a_{23} \end{cases} \tag{5-10}$$

且

$$|\boldsymbol{A}| = \begin{vmatrix} a_{11} & a_{12} \\ a_{21} & a_{22} \end{vmatrix} \neq 0$$

则称 φ 是平面的仿射(点)变换, 其中 (x, y), (x', y') 分别是点 P, P' 的仿射坐标.

例 7 由公式

$$\tau : \begin{cases} x' = x \\ y' = ky \end{cases} \quad (k \neq 0)$$

确定的压缩变换是仿射变换.

事实上

$$|\boldsymbol{A}| = \begin{vmatrix} 1 & 0 \\ 0 & k \end{vmatrix} = k \neq 0$$

所以 τ 是仿射变换.

例 8 由公式

$$\varphi : \begin{cases} x' = kx \\ y' = hy \end{cases} \quad (k \neq 0, h \neq 0)$$

确定的变换表示分别沿 x 轴、y 轴方向的两个压缩变换的乘积, 也是一个仿射变换.

定理 5.3 (平面仿射变换的基本定理)　平面上不共线的三对对应点唯一决定一个仿射变换.

事实上, 在(5-10)式中, 有六个独立系数 a_{11}, a_{12}, a_{13} 及 a_{21}, a_{22}, a_{23}, 若将三对对应点:

$$P_1(x_1, y_1) \xrightarrow{\varphi} P_1'(x_1', y_1')$$
$$P_2(x_2, y_2) \xrightarrow{\varphi} P_2'(x_2', y_2')$$
$$P_3(x_3, y_3) \xrightarrow{\varphi} P_3'(x_3', y_3')$$

的坐标分别代入(5-10)式, 可得关于 $a_{11}, a_{12}, a_{13}, a_{21}, a_{22}, a_{23}$ 的六个一次方程. 由于 P_1, P_2, P_3 及 P_1', P_2', P_3' 都不共线, 所以有唯一解, 且满足

$$|A| = \begin{vmatrix} a_{11} & a_{12} \\ a_{21} & a_{22} \end{vmatrix} \neq 0 .$$

根据定理 5.3, 平面上任意给定的两个三角形, 总可以经过一个仿射变换, 把一个三角形变为另一个三角形.

例 9　求使三点 $O(0,0)$, $E(1,1)$, $P(1,-1)$ 顺次变为点 $O'(2,3)$, $E'(2,5)$, $P'(3,-7)$ 的仿射变换.

解　设所求仿射变换为

$$\varphi: \begin{cases} x' = a_{11}x + a_{12}y + a_{13} \\ y' = a_{21}x + a_{22}y + a_{23} \end{cases} \tag{5-11}$$

将 $O(0,0) \xrightarrow{\varphi} O'(2,3)$ 代入(5-11)式得

$$\begin{cases} a_{13} = 2 \\ a_{23} = 3 \end{cases}$$

将 $E(1,1) \xrightarrow{\varphi} E'(2,5)$ 代入(5-11)得

$$\begin{cases} a_{11} + a_{12} + a_{13} = 2 \\ a_{21} + a_{22} + a_{23} = 5 \end{cases}$$

将 $P(1,-1) \xrightarrow{\varphi} P'(3,-7)$ 代入(5-11)式得

$$\begin{cases} a_{11} - a_{12} + a_{13} = 3 \\ a_{21} - a_{22} + a_{23} = -7 \end{cases}$$

解得 $a_{11}=\dfrac{1}{2}$, $a_{12}=-\dfrac{1}{2}$, $a_{21}=-4$, $a_{22}=6$, $a_{13}=2$, $a_{23}=3$. 故所求的仿射变换为

$$\begin{cases} x'=\dfrac{1}{2}x-\dfrac{1}{2}y+2 \\ y'=-4x+6y+3 \end{cases} \quad 且 \quad |A|=\begin{vmatrix} \dfrac{1}{2} & -\dfrac{1}{2} \\ -4 & 6 \end{vmatrix}=1\neq0$$

例 10　试确定仿射变换, 使 y 轴、x 轴的像分别为直线 $x+y+1=0$, $x-y-1=0$, 且点 $(1,1)$ 的像为原点.

解　设仿射变换

$$\varphi:\begin{cases} x'=a_{11}x+a_{12}y+a_{13} \\ y'=a_{21}x+a_{22}y+a_{23} \end{cases} \tag{1}$$

且 $\begin{vmatrix} a_{11} & a_{12} \\ a_{21} & a_{22} \end{vmatrix}\neq0$ 的逆变换为

$$\begin{cases} x=\alpha_1 x'+\beta_1 y'+\gamma_1 \\ y=\alpha_2 x'+\beta_2 y'+\gamma_2 \end{cases} \tag{2}$$

且 $\begin{vmatrix} \alpha_1 & \beta_1 \\ \alpha_2 & \beta_2 \end{vmatrix}\neq0$, 则 $x=0$ 变为直线

$$\alpha_1 x'+\beta_1 y'+\gamma_1=0$$

由题设知 $x=0$ 变为 $x+y+1=0$, 即

$$x+y+1=0 \quad 与 \quad \alpha_1 x'+\beta_1 y'+\gamma_1=0$$

表示同一直线, 故有

$$\frac{\alpha_1}{1}=\frac{\beta_1}{1}=\frac{\gamma_1}{1}=\frac{1}{h}$$

因此

$$hx=x'+y'+1, (h\ 为参数)$$

同理

$$ky=x'-y'-1, (k\ 为参数)$$

把点 $(1,1)$ 变为原点, 代入仿射变换式

$$\begin{cases} hx=x'+y'+1 \\ ky=x'-y'-1 \end{cases}$$

有 $h=1, k=-1$. 故所求变换的逆变换为

$$\begin{cases} x = x' + y' + 1 \\ y = -(x' - y' - 1) \end{cases}$$

则所求的仿射变换为

$$\begin{cases} x' = \dfrac{x}{2} - \dfrac{y}{2} \\ y' = \dfrac{x}{2} + \dfrac{y}{2} - 1 \end{cases} \quad 且 \quad |A| = \begin{vmatrix} \dfrac{1}{2} & -\dfrac{1}{2} \\ \dfrac{1}{2} & \dfrac{1}{2} \end{vmatrix} = \dfrac{1}{2} \neq 0$$

二、仿射变换的基本性质

定义 5.8　经过任何仿射变换都不改变的性质、图形和数量称为仿射不变性、仿射不变图形、仿射不变量.

性质 1　仿射变换保持同素性不变(点变为点, 直线变为直线)、结合性不变(共线点不变, 共点性不变).

性质 1 由仿射变换的定义得证.

推论　三角形是仿射不变图形.

性质 2　两直线间的平行性是仿射不变性.

证明　设 a,b 是平面 π 内的两条平行线, 经过一个仿射变换 T, a,b 在 π' 内的仿射映像分别是 a',b', 下面只需证 $a' /\!/ b'$.

假设 $a' \bigcap b' \equiv P'$, 且设 P 为 P' 的原象点, 由于仿射变换保留接合性, 即 $P \in a$, $P \in b$, 所以 $P \in a \bigcap b$, 并与已知矛盾, 故 $a' /\!/ b'$.

推论　平行四边形、梯形是仿射不变图形.

定义 5.9(共线三点的简比或单比或仿射比)　设 P_1, P_2, P 为共线三点, 这三点的简比定义为以下有向线段的比:

$$(P_1P_2P) = \frac{P_1P}{P_2P}$$

如图5-3所示, P 点在线段 P_1P_2 内时, 简比 $(P_1P_2P) < 0$; P 点在线段 P_1P_2 的延长线上时, 简比 $(P_1P_2P) > 0$.

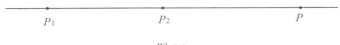

图 5-3

简比与线段定比分割的关系为

$$\lambda = \frac{P_1P}{-P_2P} = -(P_1P_2P)$$

其中 λ 为点 P 分割线段 P_1P_2 的分割比. 因此简比 (P_1P_2P) 等于点 P 分割线段 P_1P_2 的分割比的相反数.

由此可知: 当 P 为线段 P_1P_2 的中点时, $(P_1P_2P) = -1$.

设 $P_i(x_i, y_i)(i = 1, 2, 3)$ 是一条直线上的三点, 其中 (x_i, y_i) 为 P_i 的仿射坐标 (见图 5-4), 则

$$(P_1P_2P_3) = \frac{P_1P_3}{P_2P_3} = \frac{P_{x_1}P_{x_3}}{P_{x_2}P_{x_3}} = \frac{OP_{x_3} - OP_{x_1}}{OP_{x_2} - OP_{x_1}} = \frac{x_3 - x_1}{x_2 - x_1} \tag{5-12}$$

同理

$$(P_1P_2P_3) = \frac{y_3 - y_1}{y_2 - y_1} \tag{5-13}$$

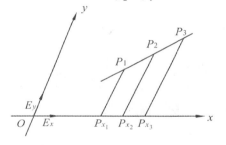

图 5-4

性质 3 共线三点的简比是仿射不变量.

分析 设 P_1, P_2, P 是共线三点, 在仿射变化 (5-10) 下的像 P_1', P_2', P' 仍共线 (性质 1), 现只需证 $(P_1P_2P) = (P_1'P_2'P')$.

证明 设共线三点 $P_1(x_1, y_1)$, $P_2(x_2, y_2)$, $P_3(x_3, y_3)$, 则

$$(P_1P_2P) = \frac{x - x_1}{x - x_2} = \frac{y - y_1}{y - y_2}$$

在仿射变换 (5-10) 下, P_1, P_2, P 的像分别为 $P_1(x_1', y_1')$, $P_2(x_2', y_2')$, $P(x', y')$. 设 $(P_1P_2P) = \lambda$, 于是有

$$(P_1'P_2'P') = \frac{x' - x_1'}{x' - x_2'} = \frac{a_{11}(x - x_1) + a_{12}(y - y_1)}{a_{11}(x - x_2) + a_{12}(y - y_2)}$$

$$= \frac{a_{11}\lambda(x - x_2) + a_{12}\lambda(y - y_2)}{a_{11}(x - x_2) + a_{12}(y - y_2)} = \lambda = (P_1P_2P)$$

所以 $(P_1'P_2'P) = (P_1P_2P)$.

性质 4　两条平行线段之比是仿射不变量.

证明　已知 $AB /\!/ CD$, 设 AB 和 CD 在仿射变换 T 下的像为 $A'B'$, $C'D'$, 且 $A'B' /\!/ C'D'$ (性质 2).

过 C 作 $CE /\!/ BD$, 交 AB 于 E(见图 5-5), 得 $\square BECD$. 它在仿射变换 T 下的象是 $\square B'E'C'D'$. 又因为 A, E, B 三点共线, 故由性质 3 有

$$(AEB) = (A'E'B')$$

即

$$\frac{AB}{EB} = \frac{A'B'}{E'B'}$$

又因为 $EB /\!/ CD$, $E'B' /\!/ C'D'$, 所以有

$$\frac{AB}{CD} = \frac{A'B'}{C'D'}$$

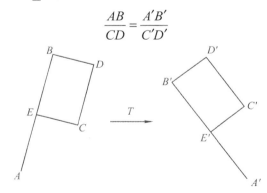

图 5-5

性质 5　一直线上任两线段之比是仿射不变量.

特别地, 线段的中点仍变为线段的中点.

性质 6　任意两个三角形的面积之比是仿射不变量.

证明　设在直角坐标系下, 已知不共线三点 $P_i(x_i, y_i)(i = 1, 2, 3)$, 则 $\triangle P_1P_2P_3$ 的面积 $S_{\triangle P_1P_2P_3}$ 为

$$S_{\triangle P_1 P_2 P_3} = \frac{\varepsilon}{2}\begin{vmatrix} x_1 & y_1 & 1 \\ x_2 & y_2 & 1 \\ x_3 & y_3 & 1 \end{vmatrix} \tag{3}$$

其中 $\varepsilon = \pm 1$.

经过仿射变换(5-9)后，P_i 变为 $P_i'(x_i', y_i')(i=1,2,3)$，则

$$\begin{cases} x_i' = a_{11}x_i + a_{12}y_i + a_{13} \\ y_i' = a_{21}x_i + a_{22}y_i + a_{23} \end{cases} (i=1,2,3) \tag{4}$$

且 $k = \begin{vmatrix} a_{11} & a_{12} \\ a_{21} & a_{22} \end{vmatrix}$，则

$$\begin{aligned}
S_{\triangle P_1'P_2'P_3'}' &= \frac{\varepsilon}{2}\begin{vmatrix} x_1' & y_1' & 1 \\ x_2' & y_2' & 1 \\ x_3' & y_3' & 1 \end{vmatrix} \\
&= \frac{\varepsilon}{2}\begin{vmatrix} a_{11}x_1 + a_{12}y_1 + a_{13} & a_{21}x_1 + a_{22}y_1 + a_{23} & 1 \\ a_{11}x_2 + a_{12}y_2 + a_{13} & a_{21}x_2 + a_{22}y_2 + a_{23} & 1 \\ a_{11}x_3 + a_{12}y_3 + a_{13} & a_{21}x_3 + a_{22}y_3 + a_{23} & 1 \end{vmatrix} \\
&= \frac{\varepsilon}{2}\begin{vmatrix} x_1 & y_1 & 1 \\ x_2 & y_2 & 1 \\ x_3 & y_3 & 1 \end{vmatrix}\begin{vmatrix} a_{11} & a_{21} & 0 \\ a_{12} & a_{22} & 0 \\ a_{13} & a_{23} & 1 \end{vmatrix} = S_{\triangle P_1 P_2 P_3}\begin{vmatrix} a_{11} & a_{21} \\ a_{12} & a_{22} \end{vmatrix} = kS_{\triangle P_1 P_2 P_3}
\end{aligned} \tag{5}$$

所以

$$\frac{S_{\triangle P_1'P_2'P_3'}'}{S_{\triangle P_1 P_2 P_3}} = k = \begin{vmatrix} a_{11} & a_{12} \\ a_{21} & a_{22} \end{vmatrix}$$

同理，另一个三角形 $Q_1Q_2Q_3$ 与其像三角形 $Q_1'Q_2'Q_3'$ 的面积之比也有关系：

$$\frac{S_{\triangle Q_1'Q_2'Q_3'}'}{S_{\triangle Q_1 Q_2 Q_3}} = k = \begin{vmatrix} a_{11} & a_{12} \\ a_{21} & a_{22} \end{vmatrix}$$

所以

$$\frac{S_{\triangle P_1 P_2 P_3}}{S_{\triangle Q_1 Q_2 Q_3}} = \frac{S_{\triangle P_1'P_2'P_3'}}{S_{\triangle Q_1'Q_2'Q_3'}}$$

推论 1　两个平行四边形的面积之比是仿射不变量.

推论 2　两个封闭图形的面积之比是仿射不变量.

例 11　证明: 梯形两腰延长线的交点和对角线交点的连线必平分上、下底.

证明 因为本命题仅涉及仿射性(平行性),所以可利用仿射变换 T 将原梯形变为等腰梯形 $ABCD$ 来讨论,(见图 5-6). 因为等腰梯形 $ABCD$ 上、下底中点的连线 EF 是它的对称轴,故 AB, CD; AC, BD 的交点 H,G 也在对称轴上,即 E,F,H,G 共线,因此原命题成立.

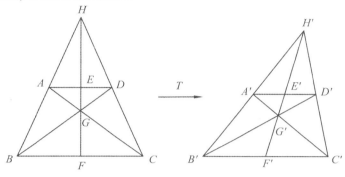

图 5-6

例 12 求椭圆的面积.

解 如图 5-7 所示,设在笛氏直角坐标系下,椭圆的方程为

$$\frac{x^2}{a^2} + \frac{y^2}{b^2} = 1$$

经过仿射变换

$$\begin{cases} x' = x \\ y' = \dfrac{a}{b}y \end{cases} \qquad (6)$$

且 $k = \begin{vmatrix} 1 & 0 \\ 0 & \dfrac{a}{b} \end{vmatrix} = \dfrac{a}{b} \neq 0$,故其对应图形为圆

$$x'^2 + y'^2 = a^2$$

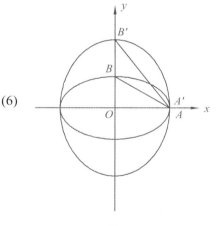

图 5-7

又椭圆内 $\triangle OAB$ 经过仿射变换(6)的对应图形为 $\triangle OA'B'$,其中 $O(0,0)$,$A(a,0)$,$B(0,b)$,$A' \equiv A$,$B'(0,a)$,从而有

$$\frac{椭圆的面积}{S_{\triangle AOB}} = \frac{圆的面积}{S_{\triangle OA'B'}}$$

即

$$\frac{椭圆的面积}{\dfrac{1}{2}ab} = \frac{\pi a^2}{\dfrac{1}{2}a^2}$$

于是椭圆的面积为 πab.

三、仿射变化的二重元素

定义 5.10　在仿射变化(5-9)下，映像点(线)与原象点(线)重合时，称为仿射变换的不动点(线)或称二重点(二重线).

二重点与二重线统称为仿射变换的二重元素.

注：不要求二重线上的每一点都是二重点.

二重点的坐标有关系

$$\begin{cases} x' = x \\ y' = y \end{cases} \tag{5-14}$$

将此条件代入(5-10)式得

$$\begin{cases} x' = a_{11}x + a_{12}y + a_{13} \\ y' = a_{21}x + a_{22}y + a_{23} \end{cases}$$

即

$$\begin{cases} (a_{11} - 1)x + a_{12}y + a_{13} = 0 \\ a_{21}x + (a_{22} - 1)y + a_{23} = 0 \end{cases} \tag{5-15}$$

方程组(5-15)表示的点，即为仿射变换(5-10)的二重点.

若方程组(5-15)中两方程的系数成比例，即

$$\frac{a_{11} - 1}{a_{21}} = \frac{a_{12}}{a_{22} - 1} = \frac{a_{13}}{a_{23}} \quad (非零常数)$$

这说明方程组(5-15)表示同一直线，所以直线上的所有点都是二重点.

例 13　求仿射变换

$$\begin{cases} x' = 3x - y + 2 \\ y' = 4x - y + 4 \end{cases}$$

的二重元素.

解　因为二重点的坐标满足

$$\begin{cases} x' = x \\ y' = y \end{cases}$$

所以有
$$\begin{cases} 2x - y + 2 = 0 \\ 4x - 2y + 4 = 0 \end{cases}$$

即
$$\frac{2}{4} = \frac{-2}{-4} = \frac{2}{4}$$

所以直线 $2x - y + 2 = 0$ 上的点都是二重点，故所给仿射变换有无穷多个二重点，它们组成一条直线 $2x - y + 2 = 0$.

四、仿射变换群与仿射几何

定理 5.4 平面上仿射变换的全体构成一个变换群.

证明 (1) 恒等变换为
$$\varepsilon : \begin{cases} x' = x \\ y' = y \end{cases}$$

由于 $\begin{vmatrix} 1 & 0 \\ 0 & 1 \end{vmatrix} \neq 0$，显然它是一个仿射变换.

(2) 对于任一仿射变换
$$\varphi : \begin{cases} x' = a_{11}x + a_{12}y + a_{13} \\ y' = a_{21}x + a_{22}y + a_{23} \end{cases}$$

由于 $|\boldsymbol{A}| = \begin{vmatrix} a_{11} & a_{12} \\ a_{21} & a_{22} \end{vmatrix} \neq 0$，解出 x, y 得

$$\begin{cases} x = a_{11}'x' + a_{12}'y' + a_{13}' \\ y = a_{21}'x' + a_{22}'y'' + a_{23}' \end{cases} \tag{5-16}$$

其中

$$\begin{cases} a_{11}' = \dfrac{1}{|\boldsymbol{A}|}a_{22}, \quad a_{12}' = -\dfrac{1}{|\boldsymbol{A}|}a_{12} \\[2mm] a_{21}' = -\dfrac{1}{|\boldsymbol{A}|}a_{21}, \quad a_{22} = \dfrac{1}{|\boldsymbol{A}|}a_{11} \\[2mm] a_{13}' = -\dfrac{1}{|\boldsymbol{A}|}(a_{22}a_{13} - a_{12}a_{23}) \\[2mm] a_{23}' = -\dfrac{1}{|\boldsymbol{A}|}(-a_{21}a_{13} + a_{11}a_{23}) \end{cases}$$

且

$$\begin{vmatrix} a'_{11} & a'_{12} \\ a'_{21} & a'_{22} \end{vmatrix} = \begin{vmatrix} \dfrac{a_{22}}{|\boldsymbol{A}|} & -\dfrac{a_{12}}{|\boldsymbol{A}|} \\ -\dfrac{a_{21}}{|\boldsymbol{A}|} & \dfrac{a_{11}}{|\boldsymbol{A}|} \end{vmatrix} = \dfrac{1}{|\boldsymbol{A}|^2}\begin{vmatrix} a_{22} & -a_{12} \\ -a_{21} & a_{11} \end{vmatrix} = \dfrac{|\boldsymbol{A}|}{|\boldsymbol{A}|^2} = \dfrac{1}{|\boldsymbol{A}|} \neq 0$$

因此 φ 的逆变换 φ^{-1} 也是仿射变换.

(3) 设 φ 与 ψ 都是仿射变换,

$$\varphi:\begin{cases} x' = a_{11}x + a_{12}y + a_{13} \\ y' = a_{21}x + a_{22}y + a_{23} \end{cases} \tag{7}$$

$$\psi:\begin{cases} x'' = b_{11}x' + b_{12}y' + b_{13} \\ y'' = b_{21}x' + b_{22}y' + b_{23} \end{cases} \tag{8}$$

且 $|\boldsymbol{B}| = \begin{vmatrix} b_{11} & b_{12} \\ b_{21} & b_{22} \end{vmatrix}$, 做 φ 与 ψ 的乘积 $\psi\varphi$. 将(7)式代入(8)式, 得

$$\begin{cases} x'' = C_{11}x + C_{12}y + C_{13} \\ y'' = C_{21}x + C_{22}y + C_{23} \end{cases} \tag{5-17}$$

其中

$$\begin{cases} C_{11} = b_{11}a_{11} + b_{12}a_{21} \\ C_{12} = b_{11}a_{12} + b_{12}a_{22} \\ C_{21} = b_{21}a_{11} + b_{22}a_{21} \\ C_{22} = b_{21}a_{12} + b_{22}a_{22} \\ C_{13} = b_{11}a_{13} + b_{12}a_{23} + b_{13} \\ C_{23} = b_{21}a_{23} + b_{22}a_{23} + b_{23} \end{cases}$$

且

$$\begin{vmatrix} C_{11} & C_{12} \\ C_{21} & C_{22} \end{vmatrix} = \begin{vmatrix} b_{11}a_{11} + b_{12}a_{21} & b_{11}a_{12} + b_{12}a_{22} \\ b_{21}a_{11} + b_{22}a_{21} & b_{21}a_{12} + b_{22}a_{22} \end{vmatrix}$$

$$= \begin{vmatrix} b_{11} & b_{12} \\ b_{21} & b_{22} \end{vmatrix}\begin{vmatrix} a_{11} & a_{12} \\ a_{21} & a_{22} \end{vmatrix} = |\boldsymbol{A}||\boldsymbol{B}| \neq 0$$

因此 $\psi\varphi$ 是一个仿射变换.

综上所述, 平面上仿射变换的全体构成一个变换群, 通常称为**仿射变换群**.

仿射几何就是研究在仿射变换群下图形的不变性与不变量的几何.

由上面的讨论可以得出, 正交变换都是仿射变换, 所以在仿射变换下不变的性质在正交变换下当然也不变. 换言之, 仿射性质(仿射概念、仿射不变量)

都是度量性质(度量概念、正交不变量). 反之, 度量性质不一定是仿射性质. 如图形的距离、角度、面积、对称轴等都不是仿射几何的范畴, 但图形的平行、相交、共线点的顺序、中心对称等是仿射几何的范畴.

关于二次曲线 Γ 的相关概念, 属于仿射概念的有: ①直线; ②线段、线段的中点; ③对称中心; ④二次曲线的渐近方向、非渐近方向; ⑤二次曲线的直径; ⑥二次曲线的切线; ⑦中心型二次曲线的共轭直径.

例 13　证明: 通过椭圆任一直径两端点所作该椭圆的切线必互相平行, 且平行于这条直径的共轭直径.

证明　因为椭圆的直径(一组平行弦中点的轨迹)、共轭直径、切线和平行都是仿射性质, 故只需在圆中证明上述命题就可.

圆的任意一对共轭直径都是互相垂直的, 而过直径两端点所作该圆的切线也都与该直径垂直, 所以这两条切线互相平行, 且平行于该直径的共轭直径.

例 14　从椭圆 E 外一点 P 引入它的切线 PA, PB; A, B 为切点, O 是椭圆 E 的中心, 射线 OP 交 E 于点 C, 证明: 面积 $S_{\triangle AOC} = S_{\triangle COB}$, $S_{\triangle AOP} = S_{\triangle POB}$.

证明　因为椭圆的切线、中心都是仿射性质, 故只需在圆中证明上述命题即可.

设题设中的条件是由圆的对应条件经过仿射变换 T 得到的, 如图 5-8 所示, 所以有

$$S_{\triangle A'O'C'} = kS_{\triangle AOC}, \quad S_{\triangle C'O'B'} = kS_{\triangle COB}$$

由圆可知 $S_{\triangle A'OC'} = S_{\triangle C'O'B'}$, 所以

$$S_{\triangle AOC} = S_{\triangle COB}$$

同理可得: $S_{\triangle AOP} = S_{\triangle POB}$.

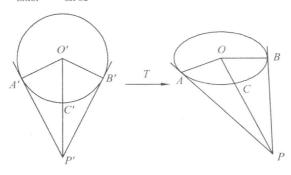

图 5-8

习 题 5-4

1. 写出使平面上点 $A(0,1)$，$B(-1,0)$，$C(-,1)$ 分别变换为 $A'(-3,5)$，$B'(-4,2)$，$C'(-4,2)$ 的仿射变换.

2. 在仿射变换 $\begin{cases} x' = 3x + y - 6, \\ y' = -x + y + 1 \end{cases}$ 下，求点 $(9,8)$ 的原象点的坐标.

3. 在仿射变换

$$\begin{cases} x' = 2x - 3y + 5 \\ y' = x + 3y - 7 \end{cases}$$

下，已知点 $O(0,0)$，$A(3,2)$，$B(1,-4)$ 及直线 $l:3x - y + 4 = 0$，试求：

(1) 点 O, A, B 的象点的坐标;

(2) 点 O, A, B 的原象点的坐标;

(3) 直线 l 的象直线;

(4) 直线 l 的原象直线.

4. 求仿射变换 $\begin{cases} x' = 3x + 4y - 12, \\ y' = 4x - 3y + 6 \end{cases}$ 的逆变换.

5. 在直角坐标系中，求下列各曲线在经过给定的仿射变换后，变成何种图形？

(1) $x^2 + y^2 = 1$，经过仿射变换 $\begin{cases} x' = 2x + 3, \\ y' = 3y - 2; \end{cases}$

(2) $x^2 - 2y + 1 = 0$，经过仿射变换 $\begin{cases} x' = x + 2, \\ y' = 3x - y - 1; \end{cases}$

(3) $x^2 - y^2 = 4$，经过仿射变换 $\begin{cases} x' = 2x - y, \\ y' = x - 2y + 1. \end{cases}$

6. 经过 $A(-3,2)$ 和 $B(6,1)$ 两点的直线被直线 $x + 3y - 6 = 0$ 交于 P 点，求简比 (ABP).

7. 证明：直线 $Ax + By + C = 0$ 将两点 $P_1(x_1, y_1)$ 和 $P_2(x_2, y_2)$ 的连线段分成的比是仿射不变量.

8. 证明：梯形在仿射变换下仍为梯形.

9. 证明：一直线上任两线段之比是仿射不变量.

10. 求下列仿射变换的二重元素.

(1) $\begin{cases} x' = 3x - y + 4, \\ y' = 4x - 2y; \end{cases}$ (2) $\begin{cases} x' = 2x + y + 1, \\ y' = -x - 1. \end{cases}$

11. 给定两个仿射变换

$$T_1 : \begin{cases} x' = 3x + 2, \\ y' = y - 2, \end{cases} \qquad T_2 : \begin{cases} x' = x \\ y' = x + y \end{cases}$$

求 $T_2 T_1$ 及 $T_1 T_2$ 的表达式.

12. 讨论三角形中哪些概念在欧氏几何里适用？哪些概念在仿射几何里适用？

13. 下列概念中，哪些是仿射性质？哪些是度量性质？

(1) 等边三角形;   (2) 平行四边形;

(3) 多边形;   (4) 三角形的中线

(5) 三角形的高线;   (6) 圆的半径;

(7) 线段中线   (8) 三角形的内心;

(9) 点的中心对称点;   (10) 三角形的角平分线;

(11) 三角形的重心;   (12) 抛物线的焦参数;

14. 设 AOA', BOB' 是椭圆的一对共轭直径，证明：面积 $S_{\triangle AOB} = S_{\triangle BOA'}$.

第五节　射影几何与射影变量

一、理想元素的引入

理想元素或无穷远元素，是理想点(无穷远点)与理想直线(无穷远直线)的总称. "在无穷远处有公共点的直线叫平行线"或"平行线在无穷远处相交"的说法最早见于德国的天文学家、数学家开普勒的著作中(1604 年)，后被笛沙格所采用. 笛沙格在将透视原理作为研究的一般方法时，不得不研究所谓的空间无穷远元素问题. 他认为所有平行线都相交于所谓的无限远点，即理想点；所有平行平面都相交于所谓的无穷远直线，即理想直线，并将无穷远点看做一个数或一个几何点；直线看成是具有无穷大半径的"圆"；平面看成"球"等. 由此笛沙格奠定了射影概念的基础(完全射影空间)，并且使研究射影变换成为可能.

在日常生活中，中心投影其实是点光源照射物体的自然现象的简化了的抽象模型. 如图 5-9 所示, 设 l 与 l' 是同一平面内的两条不同直线, O 为一定点, 且 $O \notin l$, $O' \notin l$, OA 称为投影线, A' 称为 A 在中心 O 下的射影.

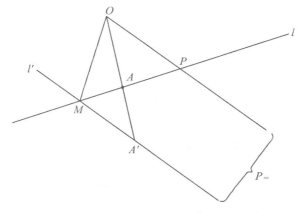

图 5-9

从图 5-9 可以看出, 当照射光线 $OP // l'$ 时, P 在 l' 上的投影不存在. 而引起 P 的投影不存在的原因是欧氏空间中两平行直线没有交点.

解决此问题的方法是: 取消平行直线无交点的限制, 即在直线 l' 上引入 "新点", 即 "理想点"(这是人为添加的), 从而使得中心投影能够在引入 "新点" 的欧氏空间中建立起与它的射影之间的一一对应. 也就是说, 将两直线平行改写成两直线相交于无穷远点, 或理想点, 此时 P 点的投影点为 P_∞; 两平面平行改写成为两平面相交于无穷远直线或理想直线.

定义 5.11　添加理想点后, 欧氏直线称为射影直线或拓广直线; 添加一条理想直线的平面称为射影平面或拓广平面, 平面上理想点的全体叫做理想直线.

由定义可以看出理想元素具有如下性质:

性质 1　两平行直线只有一个理想点.

性质 2　过同一个理想点的所有直线彼此平行或一组平行直线属于同一个理想点.

性质 3　平面上不同方向的直线, 其理想点不同. 所有理想点的集合就是平面上的理想直线.

在欧氏空间中引入 "理想元素" 后, 人们看待 "新元素" 的视角发生了变化, 产生了不同观点, 由此也有了不同几何的区分, 即欧氏几何、仿射几何、射影几何. 它们之间的区别用图 5-10 的数学模型来表示:

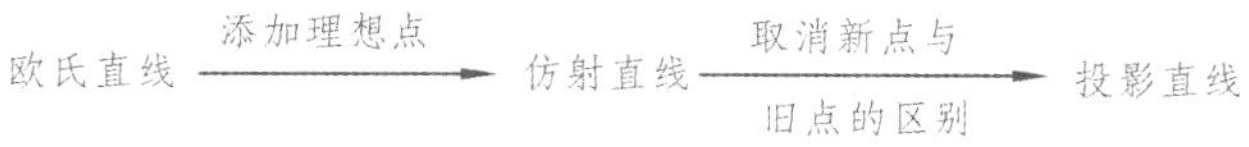

欧氏直线
添加理想点
仿射直线
取消新点与
旧点的区别
投影直线

图 5-10

也就是说，欧氏平面上没有理想元素，平行线存在而不相交；仿射平面上平行线存在，相交于无穷远处；射影平面上没有理想元素，平行线不存在.

射影直线的模型如图 5-11 所示，它建立了直线和圆之间点的一一对应关系. 运用同构思想，直线和圆可看成等同并且互相表示. 由此可知，射影直线是封闭的. 运用同构思想，可将直线上的某些性质通过中心投影“搬”到圆上，进而“搬”到二次曲线上；射影几何可以在欧氏几何中“引入”理想元素而得到，欧氏几何也可以从射影几何中“去掉”一部分元素而得到，从而为研究欧氏几何提供了全新的方法.

O
P
P∞
A
B
C
D
T(T′)
A′
B′
C′
D′
l

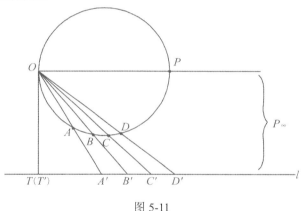

图 5-11

二、齐次坐标

为了适应几何拓广所产生的矛盾，代数也要拓广，进而产生了齐次坐标.

1．直线上点的齐次坐标

如图 5-12 所示，在直线 l 上，O 点为始点，E 为单位点，l 上任一点 P 的坐标为

$$x=\frac{|\overrightarrow{OP}|}{|\overrightarrow{OE}|}$$

l
O
E
P
P∞

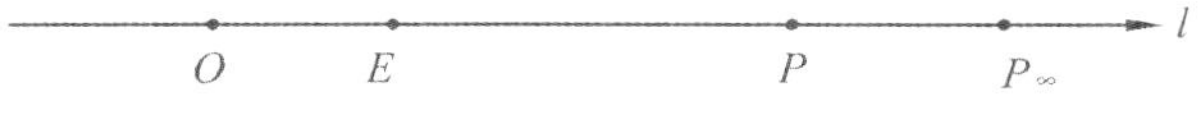

图 5-12

为了刻画直线 l 上理想点 P_∞ 的坐标(即 ∞), 由于 ∞ 不是一个数, 运用起来不便, 为此需要引进齐次坐标的概念. 直线 l 上一点 P 的坐标原先用一个数 x 来表示, 现在约定用两个数 (x_1,x_2) 来表示, 因此产生了坐标的不同叫法, 即 x 称为 P 点的非齐次坐标, (x_1,x_2) 称为 P 点的齐次坐标. 它们之间的关系为

$$x = \frac{x_1}{x_2} \quad (x_2 \neq 0) \tag{5-16}$$

其中规定: 在(5-16)式中, x_1, x_2 不同时为零, 全为零的点不存在, 即(0,0)不代表任何点. 对于任一个非零常数, 有

$$\lambda(x_1,x_2) = (\lambda x_1, \lambda x_2)$$

且与 (x_1,x_2) 表示直线上的同一点: 当 $x_2 \neq 0$ 时, P 点为直线 l 上的普通点或通常点或者是旧点; 当 $x_2=0$ 时, 即 $P(x_1,0)$ 表示直线 l 上的理想点 P_∞ 或无穷远点. (0,1)表示原点 O; (1,1)表示单位点 E.

2．平面上点的齐次坐标

定义 5.12　设平面上任一点 P 的非齐次坐标为 (x,y), 则称满足

$$\begin{cases} x = \dfrac{x_1}{x_3} \\ y = \dfrac{x_2}{x_3} \end{cases} \tag{5-17}$$

的三个数 x_1, x_2, x_3 (其中 $x_3 \neq 0$)叫做点 P 的齐次方程, 记作 $P(x_1,x_2,x_3)$.

注意: (1) 当 $x_3 \neq 0$ 时, P 点为平面上的通常点; 当 $x_3 = 0$ 时, P 为平面上的无穷远点; (0,0,0)不存在.

(2) 对于任意一个非零常数 λ, 有 $\lambda(x_1,x_2,x_3) = (\lambda x_1, \lambda x_2, \lambda x_3)$, 且与 (x_1,x_2,x_3) 表示平面上同一点.

(3) $(x_1,0,x_3)$ 表示 x 轴上的任一点, x 轴上的无穷远点 $(x_3 = 0)$ 为(1,0,0). 同理 y 轴上的无穷远点为(0,1,0).

(4) 原点的坐标为(0,0,1).

在欧氏平面上可使用齐次坐标或非齐次坐标; 在射影平面上, 只能使用齐次坐标. 一点为无穷远点的特征是 $x_3=0$, 所以 $x_3=0$ 取作无穷远直线的方程. 按射影观点, $x_3=0$ 的点与其他点没有任何区别, 因此, x 轴的方程为 $x_2=0$, y 轴的方程为 $x_1=0$.

3. 直线的齐次坐标

在射影平面 R^2 上，设直线方程为

$$u_1 x_1 + u_2 x_2 + u_3 x_3 = 0$$

其中 (x_1, x_2, x_3) 是直线上任一点的齐次坐标. 显然，当 $\lambda \neq 0$ 时，

$$(\lambda u_1) x_1 + (\lambda u_2) x_2 + (\lambda u_3) x_3 = 0$$

即 $(\lambda u_1, \lambda u_2, \lambda u_3)(\lambda \neq 0)$ 与 (u_1, u_2, u_3) 表示同一直线. 由此可见，直线方程的系数 u_1, u_2, u_3 具有与点的齐次坐标 x_1, x_2, x_3 类似的性质：它们不同时为零. 因此我们给出如下的定义.

定义 5.13　一直线的齐次点坐标方程中 x_1, x_2, x_3 的系数 u_1, u_2, u_3 叫做该直线的**齐次线坐标**，记为 (u_1, u_2, u_3).

通常以 x_i 表示点的坐标，以 u_i 表示直线的坐标(i=1,2,3).

注：在射影平面上，一次齐次方程 $u_1 x_1 + u_2 x_2 + u_3 x_3 = 0$ 有两种不同的解释：

(1) 若 u_1, u_2, u_3 是固定的，x_1, x_2, x_3 是变动的，这意味着动点 $P(x_1, x_2, x_3)$ 在定方向、定位置的直线上移动，此时该方程表示一条直线.

(2) 若 x_1, x_2, x_3 是固定的，u_1, u_2, u_3 是变动的，则过固定点 $P(x_1, x_2, x_3)$ 的直线 l 也随之变动，并构成以点 (x_1, x_2, x_3) 为中心的直线束. 直线束中的直线与实数 (u_1, u_2, u_3) 之间有一一对应关系，即直线由 (u_1, u_2, u_3) 确定，故 u_1, u_2, u_3 是直线的坐标.

由此有两种几何观点：点几何与线几何. 在以点为基本元素的点几何里，点有坐标，直线有方程；直线看作点移动的轨迹. 在以直线为基本元素的线几何里，直线有坐标，点有方程；点看作直线转动的包络. 由以上讨论可以得出下面的定理：

定理 5.5　一点 $x = (x_1, x_2, x_3)$ 在一直线 $u = (u_1, u_2, u_3)$ 上的充要条件是

$$u_2 x_1 + u_2 x_2 + u_3 x_3 = 0 \tag{5-18}$$

例 15　求直线 $x_1 + x_2 - x_3 = 0$ 和 $x_1 + 2x_3 = 0$ 的齐次线坐标.

解　$x_1 + x_2 - x_3 = 0$ 的齐次线坐标为 $u(1,1,-1)$.

$x_1 + 2x_3 = 0$ 的齐次线坐标为 $u(1,0,2)$.

例 16　写出点 $A(0,1,2)$、原点、x 轴上及 y 轴上无穷远点的方程.

解　点 $A(0,1,2)$ 的方程为 $0u_1+1u_2+2u_3=0$，即 $u_2+2u_3=0$.

原点 $(0,0,1)$ 的方程为 $u_1=0$.

x 轴上无穷远点 $(1,0,0)$ 的方程为 $u_1=0$.

y 轴上无穷远点 $(0,1,0)$ 的方程为 $u_2=0$.

例 17　写出 x 轴、y 轴和过原点且斜率为 $\frac{1}{2}$ 的直线的齐次方程和齐次线坐标.

解　x 轴的齐次方程为 $x_2=0$，线坐标为 $u(0,1,0)$.

y 轴的齐次方程为 $x_1=0$，线坐标为 $u(1,0,0)$.

过原点且斜率为 $\frac{1}{2}$ 的直线的齐次方程为 $x_1-2x_2=0$，线坐标为 $u(1,-2,0)$.

例 18　下列方程表示什么图形？

(1)　$u_2-u_3=0$；　　　　　　(2)　$u_1+u_2+u_3=0$；

(3)　$u_1^2-3u_1u_2-4u_2^2=0$；　　(4)　$x_1-x_3=0$.

解　(1) 方程 $u_2-u_3=0$ 表示点 $(0,1,-1)$.

(2) 方程 $u_1+u_2+u_3=0$ 表示点 $(1,1,1)$.

(3) 方程 $u_1^2-3u_1u_2-4u_2^2=0$ 变形为 $(u_1+u_2)(u_1-4u_2)=0$，则

$$u_1+u_2=0 \quad 或 \quad u_1-4u_2=0$$

方程 $u_1+u_2=0$ 表示点 $(1,1,0)$ 的方程；

方程 $u_1-4u_2=0$ 表示点 $(1,-4,0)$ 的方程.

(4) 方程 $x_1-x_3=0$ 表示直线 $(1,0,-1)$.

三、对偶原理及笛沙格定理

定义 5.14　通常把点与直线称为**射影平面的对偶元素**；点在直线上，或者直线通过点称为**点与直线结合**；射影平面上，只用点线结合表达的全部命题，构成**平面射影几何学**.

在一个命题中，将"点"与"直线"互相对调，并将结合关系按通常的语言来叙述，便得出另一个相对应的命题，这样的两个命题称为对偶命题. 如果两个命题一致，称为自对偶命题.

平面射影几何对偶原理：在射影平面内，如果一个命题成立，则它的对偶

命题也成立.

注意: 研究度量性质的初等几何不存在对偶原理.

下列我们列举一些命题和它的对偶命题(见表 5-1).

表 5-1

点几何(以点为基本几何元素)	线几何(以直线为基本元素)
命题 1 两点确定一条直线	命题 1' 两直线确定一点
命题 2 含点坐标的一次方程式是一直线, 即 $Ax_1 + Bx_2 + Cx_3 = 0$ 是一直线	命题 2' 含线坐标的一次方程式是一点, 即 $Au_1 + Bu_2 + Cu_3 = 0$ 是一点
命题 3 两点 $a(a_1,a_2,a_3)$, $b(b_1,b_2,b_3)$ 所确定的直线方程是 $$\begin{vmatrix} x_1 & x_2 & x_3 \\ a_1 & a_2 & a_3 \\ b_1 & b_2 & b_3 \end{vmatrix} = 0$$	命题 3' 两直线 $a(a_1,a_2,a_3)$, $b(b_1,b_2,b_3)$ 所确定的点方程是 $$\begin{vmatrix} u_1 & u_2 & u_3 \\ a_1 & a_2 & a_3 \\ b_1 & b_2 & b_3 \end{vmatrix} = 0$$
命题 4 三点 $a(a_1,a_2,a_3)$, $b(b_1,b_2,b_3)$, $c(c_1,c_2,c_3)$ 共线的条件是 $$\begin{vmatrix} a_1 & a_2 & a_3 \\ b_1 & b_2 & b_3 \\ c_1 & c_2 & c_3 \end{vmatrix} = 0$$ 即存在不全为零的三个数 λ, μ, v, 使 $\lambda a + \mu b + vc = 0$ 或 $c = la + mb$	命题 4' 三线 $a(a_1,a_2,a_3)$, $b(b_1,b_2,b_3)$, $c(c_1,c_2,c_3)$ 共点的条件是 $$\begin{vmatrix} a_1 & a_2 & a_3 \\ b_1 & b_2 & b_3 \\ c_1 & c_2 & c_3 \end{vmatrix} = 0$$ 即存在不全为零的三个数 λ, μ, v, 使 $\lambda a + \mu b + vc = 0$ 或 $c = la + mb$
命题 5 平面内不共线的三点, 每两点连线所组成的图形称为三点形.	命题 5' 平面内不共点的三直线, 每两直线相交所组成的图形称为三线形.

根据射影平面的对偶原理, 我们只要证明了一个命题, 那么它的对偶命题就必成立. 下面我们来证明笛沙格定理成立, 从而对偶命题(逆定理)也必然成立.

定理 5.6(Desargues) 在射影平面上有两个三角形 ABC 和 $A'B'C'$, 如果对应顶点的连线 AA', BB', CC' 共点, 则对应边的交点 $P = BC \times B'C'$, $Q = CA \times C'A'$, $R = AB \times A'B'$ 共线. 简记为: 若三线共点, 则三点共线(见图 5-13).

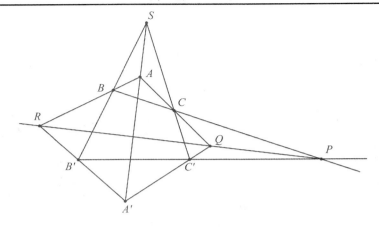

图 5-13

证明 设三点形 ABC 与 $A'B'C'$ 的对应顶点连线 AA', BB', CC' 交于点 S, 因为 S, A, A' 三点共线, 则

$$S = lA + l'A' \tag{9}$$

同理

$$S = mB + m'B' \tag{10}$$

$$S = nC + n'C' \tag{11}$$

(9)式–(10)式得

$$lA + l'A' - (mB - m'B') = 0$$

即

$$lA - mB = -(l'A' - m'B') = R \qquad (两直线 BA 与 B'A' 共点) \tag{12}$$

(11)式–(9)式有

$$-lA + nC = -(n'C' - l'A') = Q \tag{13}$$

(10)式–(11)式有

$$mB - nC = -(m'B' - n'C') = P \tag{14}$$

(12)式+(13)式+(14)式有

$$P + Q + R = 0$$

即 $P = -Q - R$, 所以三点 P, Q, R 共线.

定理 5.7(Desargues 逆定理) 如果两个三角形中三双对应边的交点共线, 则三双对应顶点的连线共点.

四、交比

定义 5.15　设 A,B,C,D 为共线不同四点，则 $\dfrac{AC \cdot BD}{AD \cdot BC}$ 称为这四点按此顺序的交比，记作

$$(AB,CD) = \frac{AC \cdot BD}{AD \cdot BC}$$

式子表示的均为有向线段，而非距离.

交比与简比的关系为：

$$(AB,CD) = \frac{AC}{BC} \cdot \frac{BD}{AD} = \frac{AC}{BC} \bigg/ \frac{AD}{BD} = \frac{(ABC)}{(ABD)}$$

所以交比是两个简比的比，其中 A,B 称为基础点偶，C,D 称为分点偶. 因此交比又称复比.

定理 5.8　取 A 和 B 为基底，将四点 A,B,C,D 的齐次坐标依次表示为 $a,b,a+\lambda_1 b,a+\lambda_2 b$ ，则其交比

$$(AB,CD) = \frac{\lambda_1}{\lambda_2}$$

分析　由定义可知，交比是两个简比的比，而简比又是分割比的负值.

证明　设点 A 的齐次坐标为 (a_1,a_2,a_3)，点 B 的齐次坐标为 (b_1,b_2,b_3)，则点 A 的非齐次坐标为

$$x_1 = \frac{a_1}{a_3}, \quad y_1 = \frac{a_2}{a_3}$$

点 B 的非齐次坐标为

$$x_2 = \frac{b_1}{b_3}, \quad y_2 = \frac{b_2}{b_3}$$

点 C 的非齐次坐标为

$$x = \frac{a_1 + \lambda_1 b_1}{a_3 + \lambda_1 b_3}, \quad y = \frac{a_2 + \lambda_1 b_2}{a_3 + \lambda_1 b_3}$$

下面求点 C 分割线段 AB 所得的分割比. 为此，将 x 的表达式中分子分母同除以 a_3，得

$$x = \frac{\dfrac{a_1}{a_3} + \lambda_1 \dfrac{b_1}{a_3}}{1 + \lambda_1 \dfrac{b_3}{a_3}} = \frac{x_1 + \lambda_1 \dfrac{b_3}{a_3} \cdot \dfrac{b_1}{b_3}}{1 + \lambda_1 \dfrac{b_3}{a_3}} = \frac{x_1 + \lambda_1 \dfrac{b_3}{a_3} x_2}{1 + \lambda_1 \dfrac{b_3}{a_3}}$$

仿此

$$y = \frac{y_1 + \lambda_1 \dfrac{b_3}{a_3} y_2}{1 + \lambda_1 \dfrac{b_3}{a_3}}$$

所以 C 点分 AB 的分割比为 $\lambda_1 \dfrac{b_3}{a_3}$，即

$$(ABC) = -\lambda_1 \frac{b_3}{a_3}$$

同理

$$(ABD) = -\lambda_2 \frac{b_3}{a_3}$$

于是

$$(AB,CD) = \frac{(ABC)}{(ABD)} = \frac{\lambda_1}{\lambda_2}$$

例 18 已知 $A(1,2,3)$，$B(5,-1,2)$，$C(11,0,7)$，$D(6,1,5)$，验证它们共线，并求 (AB,CD).

解 因为

$$\begin{array}{c} A \\ B \\ C \end{array} \begin{vmatrix} 1 & 2 & 3 \\ 5 & -1 & 2 \\ 11 & 0 & 7 \end{vmatrix} = 0 \quad 且 \quad \begin{array}{c} A \\ B \\ D \end{array} \begin{vmatrix} 1 & 2 & 3 \\ 5 & -1 & 2 \\ 6 & 1 & 5 \end{vmatrix} = 0$$

所以 A,B,C,D 共线.

设 $C = A + \lambda_1 B$，$D = A + \lambda_2 B$，由

$$\begin{cases} 11 = 1 + 5\lambda_1 \\ 0 = 2 - \lambda_1 \\ 7 = 3 + 2\lambda_1 \end{cases}$$

得 $\lambda_1 = 2$. 由

$$\begin{cases} 6 = 1 + 5\lambda_2 \\ 1 = 2 - \lambda_2 \\ 5 = 3 + 2\lambda_2 \end{cases}$$

得 $\lambda_2 = 1$. 因此

$$(AB, CD) = \frac{\lambda_1}{\lambda_2} = 2$$

例 18 已知共线三点 $P_1(3,1,-2)$，$P_2(1,3,1)$，$P_3(2,-2,-3)$，又知 $(P_1P_2, P_3P_4) = \frac{1}{2}$，求点 P_4 的坐标.

解 设 $P_3 = P_1 + \lambda_1 P_2$，容易得出

$$\lambda_1 = -1$$

设 $P_4 = P_1 + \lambda_2 P_2$，已知 $(P_1P_2, P_3P_4) = \frac{1}{2} = \frac{-1}{\lambda_2}$，所以

$$\lambda_2 = -2$$

所以 $P_4 = P_1 - 2P_2$，所以 P_4 的坐标为 $(1, -5, -4)$.

定理 5.9 设四个不同共线点 A, B, C, D 的坐标依次为 $p + \lambda_1 q$，$p + \lambda_2 q$，$p + \lambda_3 q$，$p + \lambda_4 q$，则

$$(P_1P_2, P_3P_4) = (\lambda_1, \lambda_2, \lambda_3, \lambda_4) = \frac{(\lambda_1 - \lambda_3)(\lambda_2 - \lambda_4)}{(\lambda_1 - \lambda_4)(\lambda_2 - \lambda_3)}$$

证明 利用定理 5.8 的结论即可.

由交比的定义，容易得出交比的以下性质.

性质 1 将某两点互换，同时互换其余两点，则交比值不变，

$$(AB, CD) = (BA, DC) = (CD, AB) = (DC, BA)$$

性质 2 只交换一对点之间的字母，则交比值为原交比值的倒数，即

$$(AB, DC) = \frac{1}{(AB, CD)}, \quad (BA, CD) = \frac{1}{(AB, CD)}$$

性质 3 交换中点两点，则交比值为 1 与原值之差，即

$$(AC, BD) = 1 - (AB, CD)$$

特别地，若 $(AB, CD) = -1$，则称 A, B, C, D 四点为**调和共轭点偶**，或称 C, D 调和分割线段 A, B.

结论 一线段被它的中点和这条直线上的无穷远点所调和分割.

例 19 求证：共线四点 $A(3,1)$，$B(7,5)$ 与 $C(6,4)$，$D(9,7)$ 成调和共轭.

证明 将 A, B, C, D 的坐标化为齐次坐标：

$$A(3,1,1)，\quad B(7,5,1)，\quad C(6,4,1)，\quad D(9,7,1)$$

设 $C = A\lambda_1 + B$，有

$$\frac{3+7\lambda_1}{6} = \frac{1+5\lambda_1}{4} = \frac{1+\lambda_1}{1}$$

解得 $\lambda_1 = 3$．

同理有

$$\frac{3+7\lambda_2}{9} = \frac{1+5\lambda_2}{7} = \frac{1+\lambda_2}{1}$$

解得 $\lambda_2 = -3$．所以 $(AB,CD) = -1$．

例 20　设 $(AB,CD) = -1$，O 为 CD 的中点，则 $OC^2 = OA \cdot OB$．

证明　因为 $(AB,CD) = -1$，所以

$$\frac{AC}{BC} = -\frac{AD}{BD}$$

即

$$AC \cdot BD + AD \cdot BC = 0$$

把所有线段都以 O 点做始点来表达，于是有

$$(OC - OA) \cdot (OD - OB) + (OD - OA) \cdot (OC - OB) = 0$$

展开得

$$OC \cdot OD - OC \cdot OB - OA \cdot OD + OA \cdot OB +$$
$$OD \cdot OC - OD \cdot OB - OA \cdot OC + OA \cdot OB = 0$$

即

$$2(OA \cdot OB + OC \cdot OD) = (OA + OB)(OC + OD) \qquad\qquad (*)$$

又因为 O 为 CD 的中点　即 $OD = -OC$．于是式(*)变为

$$2(OA \cdot OB - OC^2) = (OA + OB) \cdot 0$$

即

$$OC^2 = OA \cdot OB$$

五、平面内的射影坐标系

定义 5.16　在平面内，取一个三角形，称它为坐标三角形. 不在三角形的三边上取一点 E，称为单位点. 这样无三点共线的四点 A_1, A_2, A_3 所构成的图形称为**射影坐标系**，记为 $[A_1, A_2, A_3, E]$，如图 5-14 所示.

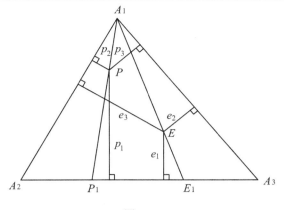

图 5-14

设 P 为平面内任一点，记坐标三角形三边到 E 的距离分别为 e_1, e_2, e_3，到 P 的距离分别为 p_1, p_2, p_3，规定

$$x_1 : x_2 : x_3 = \frac{p_1}{e_1} : \frac{p_2}{e_2} : \frac{p_3}{e_3} \tag{5-19}$$

则称 (x_1, x_2, x_3) 为点 P 的**射影坐标**(把直线到点的方向记为正向).

将(5-19)式写作

$$\frac{x_1}{\dfrac{p_1}{e_1}} = \frac{x_2}{\dfrac{p_2}{e_2}} = \frac{x_3}{\dfrac{p_3}{e_3}} \underset{\text{令公比为}}{=\!=\!=} \frac{1}{\rho}$$

则有

$$\rho x_1 = \frac{p_1}{e_1}, \quad \rho x_2 = \frac{p_2}{e_2}, \quad \rho x_3 = \frac{p_3}{e_3}$$

即 $(\rho x_1, \rho x_2, \rho x_3)$ 与 (x_1, x_2, x_3) 表示同一点.

在坐标系 $[A_1, A_2, A_3, E]$ 下，点有坐标和方程，直线也有坐标和方程.

若点 P 在直线 A_2A_3 上的充要条件是

$$p_1 = 0, \quad p_2, p_3 \neq 0$$

所以直线 A_2A_3 上的点满足 $x_1 = 0$，即直线 A_2A_3 的方程为

$$x_1 = 0$$

同理，直线 A_1A_3 的方程是

$$x_2 = 0$$

直线 $A_1 A_2$ 的方程是

$$x_3 = 0$$

若点 P 与 A_1 重合时，$p_2 = p_3 = 0$，而 $p_1 \neq 0$，所以 $x_1 \neq 0$，$x_2 = x_3 = 0$. 即 A_1 点的坐标为

$$(x_1, 0, 0) \equiv (1, 0, 0)$$

同理，A_2 的坐标为 $(0,1,0)$；A_3 的坐标为 $(0,0,1)$；单位点 E 的坐标为 $(1,1,1)$.

下面用交比来表示射影坐标. 如图 5-15 所示，设 $A_i P$，$A_i E$ $(i = 1, 2, 3)$ 与坐标三角形中 A_i 的对边相交于 P_i, E_i，则

$$(A_2 A_3, E_1 P_1) = A_1 (A_2 A_3, E_1 P_1) = \frac{\sin \angle A_2 A_1 E_1 \cdot \sin \angle A_3 A_1 P_1}{\sin \angle A_2 A_1 P_1 \cdot \sin \angle A_3 A_1 E_1}$$

$$\underset{\text{在Rt}\triangle\text{中考虑}}{=\!=\!=\!=} \frac{\dfrac{e_3}{A_1 E} \cdot \dfrac{p_2}{A_1 P}}{\dfrac{p_3}{A_1 P} \cdot \dfrac{e_2}{A_1 E}} = \frac{e_3 p_2}{p_3 e_2} = \frac{p_2}{e_2} \bigg/ \frac{p_3}{e_3} = x_2 : x_3$$

仿此有

$$(A_1 A_3, E_2 P_2) = x_1 : x_3, \qquad (A_1 A_2, E_3 P_3) = x_1 : x_2$$

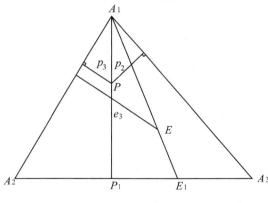

图 5-15

例 21　写出分别通过坐标三角形的顶点 A_1, A_2, A_3 的直线方程.

解　设平面上任意直线方程为

$$u_1 x_1 + u_2 x_2 + u_3 x_3 = 0$$

则过点 $A_1(1,0,0)$ 时，$u_1 = 0$，即过 A_1 点的直线方程为

$$u_2 x_2 + u_3 x_3 = 0$$

过点 $A_2(0,1,0)$ 时，$u_2 = 0$，即过 A_1 点的直线方程为

$$u_1 x_1 + u_3 x_3 = 0$$

过点 $A_3(0,0,1)$ 时，$u_3 = 0$，即过 A_1 点的直线方程为

$$u_1 x_1 + u_2 x_2 = 0$$

例 22　试证：适当地选择坐标系，将三角形的内心和三个旁心的坐标分别写为 $(1,1,1)$，$(-1,1,1)$，$(1,-1,1)$，$(1,1,-1)$.

证明　如图 5-16 所示，选择已知三角形 $A_1 A_2 A_3$ 为坐标三角形，内心 E 为单位点．P_1, P_2, P_3 分别为 A_1, A_2, A_3 所对的旁心，P_1 到 $A_2 A_3$，$A_3 A_1$，$A_1 A_2$ 的距离分别为 p_1, p_2, p_3，E 到 $A_2 A_3$，$A_3 A_1$，$A_1 A_2$ 的距离分别为 e_1, e_2, e_3．根据角平分线上点的性质，有

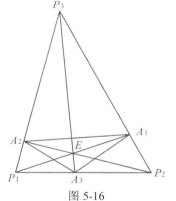

图 5-16

$$e_1 = e_2 = e_3, \quad -p_1 = p_2 = p_3$$

所以内心 E 的坐标为

$$x_1 : x_2 : x_3 = \frac{e_1}{e_1} : \frac{e_2}{e_2} : \frac{e_3}{e_3} = 1 : 1 : 1$$

P_1 点的坐标为

$$x_1 : x_2 : x_3 = -\frac{p_1}{e_1} : \frac{p_2}{e_2} : \frac{p_3}{e_3} = -1 : 1 : 1$$

同理，可求 P_2, P_3 的坐标分别为 $(1,-1,1)$，$(1,1,-1)$.

六、射影变换

定义 5.17　由公式

$$\begin{cases} \rho x_1' = a_{11} x_1 + a_{12} x_2 + a_{13} x_3 \\ \rho x_2' = a_{21} x_1 + a_{22} x_2 + a_{23} x_3 \\ \rho x_3' = a_{31} x_1 + a_{32} x_2 + a_{33} x_3 \end{cases} \tag{5-20}$$

且

$$|A| = \begin{vmatrix} a_{11} & a_{12} & a_{13} \\ a_{21} & a_{22} & a_{23} \\ a_{31} & a_{32} & a_{33} \end{vmatrix} \neq 0$$

给出的点变换称为射影变换, 其中 (x_1, x_2, x_3) 与 (x_1', x_2', x_3') 为点 P 与 P' 的齐次坐标.

(5-20)式或记为

$$\rho \begin{pmatrix} x_1' \\ x_2' \\ x_3' \end{pmatrix} = \begin{pmatrix} a_{11} & a_{12} & a_{13} \\ a_{21} & a_{22} & a_{23} \\ a_{31} & a_{32} & a_{33} \end{pmatrix} \begin{pmatrix} x_1 \\ x_2 \\ x_3 \end{pmatrix} \quad \text{且} \quad |a_{ij}| \neq 0$$

射影变换有如下性质:

性质 1 射影变换是可逆变换(或射影变换的逆变换是一个射影变换).

证明 设射影变换为 T(5-20), 即

$$\rho(x_1, x_2, x_3) \xrightarrow{\quad T \quad} \rho'(x_1', x_2', x_3')$$

下面求 $\rho'(x_1', x_2', x_3') \xrightarrow{\quad T^{-1} \quad} \rho(x_1, x_2, x_3)$. 因为

$$\rho \begin{pmatrix} x_1' \\ x_2' \\ x_3' \end{pmatrix} = \begin{pmatrix} a_{11} & a_{12} & a_{13} \\ a_{21} & a_{22} & a_{23} \\ a_{31} & a_{32} & a_{33} \end{pmatrix} \begin{pmatrix} x_1 \\ x_2 \\ x_3 \end{pmatrix} \quad \text{且} \quad |a_{ij}| \neq 0$$

设其逆变换 T^{-1} 为

$$\begin{cases} \delta x_1 = A_{11} x_1' + A_{21} x_2' + A_{31} x_3' \\ \delta x_2 = A_{12} x_1' + A_{22} x_2' + A_{32} x_3' \\ \delta x_3 = A_{13} x_1' + A_{23} x_2' + A_{33} x_3' \end{cases} \tag{5-21}$$

其中 A_{ij} 是 $|a_{ij}|$ 的代数余子式, 且 $|A_{ij}| = |a_{ij}|^2 \neq 0$, 即 T^{-1} 也是一个射影变换.

性质 2 射影变换保留原同性素, 接合性不变.

证明 (1)射影变换是点变换, 即在射影变换下, 点变为点, 且成一一对应.

(2)接合性: 设动点 x 在定直线 U 上, 即

$$u_1 x_1 + u_2 x_2 + u_3 x_3 = 0 \tag{15}$$

从(5-21)式给出的值 $x_i(i=1,2,3)$ 代入(15)式得

$$u_1(A_{11}x_1' + A_{21}x_2' + A_{31}x_3') + u_2(A_{12}x_1' + A_{22}x_2' + A_{32}x_3') +$$
$$u_3(A_{13}x_1' + A_{23}x_2' + A_{33}x_3') = 0$$

化简为

$$(u_1A_{11} + u_2A_{12} + u_3A_{31})x_1' + (u_1A_{21} + u_2A_{22} + u_3A_{23})x_2' +$$
$$(u_1A_{31} + u_2A_{32} + u_3A_{33})x_3' = 0$$

即

$$u_1'x_1' + u_2'x_2' + u_3'x_3' = 0$$

所以点 x' 在直线 U' 上.

(3)直线在方程(5-20)或(5-21)下，变为射影直线. 由接合性知，直线 U 与对应直线 U' 的变换关系为

$$\begin{cases} \tau u_1' = A_{11}u_1 + A_{12}u_2 + A_{13}u_3 \\ \tau u_2' = A_{21}u_1 + A_{22}u_2 + A_{23}u_3 \\ \tau u_3' = A_{31}u_1 + A_{32}u_2 + A_{33}u_3 \end{cases} \tag{5-22}$$

且 $|A_{ij}| = |a_{ij}|^2 \neq 0$. 其逆变换为

$$\begin{cases} \lambda u_1 = a_{11}u_1' + a_{21}u_2' + a_{31}u_3' \\ \lambda u_2 = a_{21}u_1' + a_{22}u_2' + a_{32}u_3' \\ \lambda u_3 = a_{13}u_1' + a_{23}u_2' + a_{33}u_3' \end{cases} \tag{5-23}$$

即射影变换将直线变为直线.

性质 3　射影变换保留共线四点的交比不变.

证明　设射影变换 T 是(5-20)，由射影变换保留同素性，接合性不变，又 A,B,C,D 是平面内共线四点，且齐次坐标依次为 $a, b, a+\lambda_1 b, a+\lambda_2 b$，则在射影变换 T 下，其对应点的坐标依次为

$$a', \quad b', \quad \rho_1 a' + \rho_2 \lambda_1 b', \quad \rho_1 a' + \rho_2 \lambda_2 b'$$

其中 ρ_1, ρ_2 是 C 点对应 C'，D 点对应 D' 的比例常数. 于是

$$(A'B', C'D') = \frac{\dfrac{\rho_2 \lambda_1}{\rho_1}}{\dfrac{\rho_2 \lambda_2}{\rho_1}} = \frac{\lambda_1}{\lambda_2} = (AB, CD)$$

七、射影变换群与射影几何

定理 5.10 平面上射影变换的全体构成一个变换群.

证明 (1) 恒等变换显然是一个射影变换.

(2) 射影变换的逆变换是一个射影变换(性质 18).

(3) 设 T_1 是一个射影变换

$$\rho x_i' = \sum_{j=1}^{3} a_{ij} x_j, \quad |a_{ij}| \neq 0, \quad P(x_1, x_2, x_3) \xrightarrow{T_1} P'(x_1', x_2', x_3')$$

T_2 是一个射影变换

$$\delta x_k'' = \sum_{i=1}^{3} b_{ki} x_i', \quad |b_{ki}| \neq 0, \quad P'(x_1', x_2', x_3') \xrightarrow{T_2} P''(x_1'', x_2'', x_3'')$$

下面求 $T_2 \cdot T_1$ 使点 $P(x_1, x_2, x_3) \xrightarrow{T_1} P'(x_1', x_2', x_3') \xrightarrow{T_2} P''(x_1'', x_2'', x_3'')$，则

$$T_2 \cdot T_1 : \rho \delta x_{ki}'' = \sum_{i=1}^{3} b_{ki}(\rho x_i') = \sum_{i=1}^{3} b_{ki} \left(\sum_{j=1}^{3} a_{ij} x_j \right) = \sum_{j=1}^{3} \left(\sum_{i=1}^{3} b_{ki} a_{ij} \right) x_j$$

$$= \sum_{j=1}^{3} c_{ki} x_j \qquad \left(\diamondsuit c_{kj} = \sum_{i=1}^{3} b_{ki} a_{ij} \right)$$

因为 $|a_{ij}| \neq 0$，$|b_{ki}| \neq 0$，所以 $|c_{kj}| = |b_{ki}||a_{ij}| \neq 0$，即两变换的积是一个射影变换.

由(1)(2)(3)可知，平面上射影变换的全体构成一个变换群，称为**射影变换群**.

所谓射影几何学是指研究在射影变换群下图形的不变性与不变量的几何学.

习 题 5-5

1. 已知点 $A(1,0)$， $B(1,2)$， $C\left(-\dfrac{1}{3}, \dfrac{1}{2}\right)$， $D(0,0)$， $E(1,0)$ 是由非齐次坐标表示的，求它们的齐次坐标.

2. 求以 k 为方向的无穷远点.

3. 求直线 $x - 4y = 0$ 上的无穷远点.

4. 求下列直线的齐次方程.

(1) $x-2y-1=0$;   (2) $3x-2y=0$;

(3) $y=k$;   (4) $x=1$

5. 求下列各线坐标表示的直线方程.

(1) $(0,0,1)$; (2) $(1,2,-1)$; (3) $(-1,0,0)$.

6. 求下列各点的方程.

(1) y 轴上的无穷远点;   (2) 斜率为 $-\dfrac{1}{2}$ 方向的无穷远点;

(3) 点 $(-2,-4,3)$;   (4) $(0,0,1)$.

7. 求连结点 $(1,2,-1)$ 与两直线 $(2,1,3)$，$(1,-1,0)$ 之交点的直线方程.

8. 求直线 $(1,-1,2)$ 与两点 $(3,4,-1)$，$(5,-3,1)$ 的连线的交点坐标.

9. 求两直线 $(3,1,-1)$，$(1,-1,1)$ 的交点与 $2x_1-x_2-x_3=0$ 上的无穷远点的连线方程.

10. 设三点 $P_1(1,4,-3)$，$P_2(0,2,5)$，$P_3(3,8,-19)$，

(1) 证明：P_1,P_2,P_3 三点共线.

(2) 求 P_1,P_2,P_3 所在直线的方程.

(3) 求 λ 的值，使得 $P_3=P_1+\lambda P_2$.

11. 下列各方程表示什么图形.

(1) $u_2=0$;   (2) $u_1-u_3=0$;

(3) $u_1^2-5u_1u_2+4u_2^2=0$;   (4) $x_2=0$;

(5) $x_2-x_3=0$;   (6) $x_1^2-5x_1x_2+4x_2^2=0$.

12. 设 $P_1(1,1,1)$，$P_2(1,-1,1)$，$P_4(1,0,1)$ 为共线三点，且 $(P_1P_2,P_3P_4)=2$，求点 P_3 的坐标.

13. 设 $(\lambda_1\lambda_2,\lambda_3\lambda_4)=-1$，证明：$\dfrac{2}{\lambda_2-\lambda_1}=\dfrac{1}{\lambda_3-\lambda_1}+\dfrac{1}{\lambda_4-\lambda_1}$.

一般地，如果 $(\lambda_1\lambda_2,\lambda_3\lambda_4)=k$，则 $\dfrac{1-k}{\lambda_2-\lambda_1}=\dfrac{1}{\lambda_4-\lambda_1}+\dfrac{k}{\lambda_3-\lambda_1}$.

14. 设 $ABCD$ 为平行四边形，过 A 的直线 AE 与对角线 BD 平行，证明：$A(BD,CE)=-1$.

15. 设点偶 C,D 调和分割点偶 A,B, 证明: $\dfrac{1}{CD} = \dfrac{1}{2}\left(\dfrac{1}{CA} + \dfrac{1}{CB}\right)$.

16. 设 A,B,C,D,E 为共线五点, 求证: $(AB,CD) \cdot (AB,DE) \cdot (AB,EC) = 1$.

17. 下列概念或性质各是哪种几何讨论的对象:

(1) 线段长度;　　　　　　　　(2) 二直线的交角;

(3) 平行;　　　　　　　　　　(4) 垂直;

(5) 共点线或共线点;　　　　　(6) 调和性质;

(7) 不共线的三点决定一个圆;　(8) 平行四边形的对角线互相平分.

附录 I　矩阵与行列式

在附录 I 里，我们将本书所用到的代数知识作一简单的介绍，即只给叙述而不加以证明. 关于代数知识的详细内容与严格的论证，读者可以在高等代数或线性代数的有关章节里查找.

一、行列式

1. 二阶和三阶行列式

定义 1

$$D_2 = \begin{vmatrix} a_1 & a_2 \\ b_1 & b_2 \end{vmatrix} = a_1 b_2 - a_2 b_1$$

其中 D_2 称为二阶行列式，a_1, a_2, b_1, b_2 称为元素.

定义 2

$$D_3 = \begin{vmatrix} a_1 & a_2 & a_3 \\ b_1 & b_2 & b_3 \\ c_1 & c_2 & c_3 \end{vmatrix} = a_1 b_2 c_3 + a_2 b_3 c_1 + a_3 b_1 c_2 - a_1 b_3 c_2 - a_2 b_1 c_3 - a_3 b_2 c_1$$

其中 D_3 称为三阶行列式.

2. n 阶行列式

$$D_n = \begin{vmatrix} a_{11} & a_{12} & \cdots & a_{1j} & \cdots & a_{1n} \\ a_{21} & a_{22} & \cdots & a_{2j} & \cdots & a_{2n} \\ \vdots & \vdots & & \vdots & & \vdots \\ a_{i1} & a_{i2} & \cdots & a_{ij} & \cdots & a_{in} \\ \vdots & \vdots & & \vdots & & \vdots \\ a_{n1} & a_{n2} & \cdots & a_{nj} & \cdots & a_{nn} \end{vmatrix}$$

其中 a_{ij} 是在第 i 行，第 j 列的元素，D_n 中共有 n^2 个元素.

3. 代数余子式

如果将 D_n 中的第 i 行，第 j 列的所有元素去掉，由剩下的 $(n-1)^2$ 个元素(保持原位置)所成的 $(n-1)$ 阶行列式乘以 $(-1)^{i+j}$ 叫做 D_n 中元素 a_{ij} 的代数余子式，记作 A_{ij}，即

$$A_{ij} = (-1)^{i+j} \begin{vmatrix} a_{11} & a_{12} & \cdots & a_{1,j-1} & a_{1,j+1} & \cdots & a_{1n} \\ a_{21} & a_{22} & \cdots & a_{2,j-1} & a_{2,j+1} & \cdots & a_{2n} \\ \vdots & \vdots & & \vdots & \vdots & & \vdots \\ a_{i-1,1} & a_{i-1,2} & \cdots & a_{i-1,j-1} & a_{i-1,j+1} & \cdots & a_{i-1,n} \\ a_{i+1,1} & a_{i+1,2} & \cdots & a_{i+1,j-1} & a_{i+1,j+1} & \cdots & a_{i+1,n} \\ \vdots & \vdots & & \vdots & \vdots & & \vdots \\ a_{n1} & a_{n2} & \cdots & a_{n,j-1} & a_{n,j+1} & \cdots & a_{nn} \end{vmatrix}$$

例 1　在四阶行列式

$$D = \begin{vmatrix} a_{11} & a_{12} & a_{13} & a_{14} \\ a_{21} & a_{22} & a_{23} & a_{24} \\ a_{31} & a_{32} & a_{33} & a_{34} \\ a_{41} & a_{42} & a_{43} & a_{44} \end{vmatrix}$$

中 a_{23} 的代数余子式为

$$A_{23} = (-1)^{2+3} \begin{vmatrix} a_{11} & a_{12} & a_{14} \\ a_{31} & a_{32} & a_{34} \\ a_{41} & a_{42} & a_{44} \end{vmatrix}$$

其中

$$D = \begin{vmatrix} a_{11} & a_{12} & a_{13} & a_{14} \\ a_{21} & a_{22} & a_{23} & a_{24} \\ a_{31} & a_{32} & a_{33} & a_{34} \\ a_{41} & a_{42} & a_{43} & a_{44} \end{vmatrix} = a_{11}A_{11} + a_{12}A_{12} + a_{13}A_{13} + a_{14}A_{14}$$

简称为行列式 D 按第一行的代数余子式的展开式，或简称为按第一行展开.

二、行列式的性质

性质 1　把行列式的各行变为相应的列，所得行列式与原行列式相等.

性质 2　把行列式的两行(或两列)对调，行列式的绝对值不变而符号相反.

性质 3　如果行列式中某两行(或两列)的对应元素相同，则这个行列式的值等于零.

性质 4　把行列式的某一行(或某一列)的所有元素同乘以某个数 k，等于用数 k 乘原行列式.

性质 5　如果行列式某两行(或某两列)的对应元素成比列, 则这个行列式等于零.

性质 6　把行列式某一行(或某一列)的所有元素同乘以一个数 k, 加到另一行(或另一列)的对应元素上, 所得行列式与原行列式相等.

性质 7　如果行列式的某一行(或某一列)的元素都是二项式, 则这个行列式等于把这些二项式各取一项作成相应列(或行), 而其余各列(或行)不变的两行列式的和.

性质 8　行列式等于它的任意一行(或一列)的所有元素与它们各自对应的代数余子式乘积的和.

三、矩阵

1. 矩阵的定义

定义 3　由 mn 个数排成 m 行 n 列的表

$$A = \begin{pmatrix} a_{11} & a_{12} & \cdots & a_{1n} \\ a_{21} & a_{22} & \cdots & a_{2n} \\ \vdots & \vdots & & \vdots \\ a_{m1} & a_{m2} & \cdots & a_{mn} \end{pmatrix}$$

叫做 m 行 n 列的矩阵, 或称 $m \times n$ 矩阵. 矩阵 A 中的每个数都叫做矩阵的元素; 元素的横排叫做行, 竖排叫做列. 每个元素 a_{ij}, 其中 i 表示它所在的行数, j 表示它所在的列数. 以 a_{ij} 为元素的 $m \times n$ 矩阵可记作 A_{mn} 或 A, 或 (a_{ij}).

定义 4　将 $m \times n$ 矩阵

$$A = \begin{pmatrix} a_{11} & a_{12} & \cdots & a_{1n} \\ a_{21} & a_{22} & \cdots & a_{2n} \\ \vdots & \vdots & & \vdots \\ a_{m1} & a_{m2} & \cdots & a_{mn} \end{pmatrix}$$

的各行(列)依次变成列(行), 所得到的 $n \times m$ 矩阵

$$A^{\mathrm{T}} = \begin{pmatrix} a_{11} & a_{21} & \cdots & a_{m1} \\ a_{12} & a_{22} & \cdots & a_{m2} \\ \vdots & \vdots & & \vdots \\ a_{1n} & a_{2n} & \cdots & a_{mn} \end{pmatrix}$$

叫做 A 的转置矩阵.

显然, $(\mathbf{A}^{\mathrm{T}})^{\mathrm{T}} = \mathbf{A}$.

特别地, (1) 当 $m=1$ 或 $n=1$ 时, $m \times n$ 矩阵 $\mathbf{A}$ 只有一行或一列, 即

$$\mathbf{A} = (a_{11} \quad a_{12} \quad \cdots \quad a_{1n}) \quad \text{或} \quad \mathbf{A} = \begin{pmatrix} a_{11} \\ a_{21} \\ \vdots \\ a_{m1} \end{pmatrix}$$

它们分别叫做 n 元行矩阵或 m 元列矩阵.

(2) 当 $m=n$, 即 $n \times n$ 矩阵 $\mathbf{A}$ 叫做一个 n 阶方阵.

定义 5　如果两个 $m \times n$ 矩阵 $\mathbf{A}$ 和 $\mathbf{B}$ 的对应元素都相等, 即

$$a_{ij} = b_{ij} \quad (i = 1, 2, \cdots, m; j = 1, 2, \cdots, n),$$

则称矩阵 $\mathbf{A}$ 和矩阵 $\mathbf{B}$ 相等, 记作 $\mathbf{A} = \mathbf{B}$.

定义 6　如果一个 n 阶矩阵与它的转置矩阵 $\mathbf{A}^{\mathrm{T}}$ 相等, 即 $\mathbf{A} = \mathbf{A}^{\mathrm{T}}$, 则把 $\mathbf{A}$ 叫做 n 阶对称矩阵.

例如, $\mathbf{A} = \begin{pmatrix} 1 & 2 & 3 \\ 2 & 4 & 5 \\ 3 & 5 & 6 \end{pmatrix}$ 是一个三阶对称矩阵.

2. 矩阵的加法及减法

定义 7　两个 $m \times n$ 矩阵 $\mathbf{A} = (a_{ij})$, $\mathbf{B} = (b_{ij})$ 的和指的是一个 $m \times n$ 矩阵 $(a_{ij} + b_{ij})$, 记作 $\mathbf{A} + \mathbf{B} = (a_{ij} + b_{ij})$.

例如, $\mathbf{A} = \begin{pmatrix} 1 & 2 & 3 \\ 4 & 5 & 6 \end{pmatrix}$, $\mathbf{B} = \begin{pmatrix} 2 & 3 & 4 \\ 5 & 6 & 7 \end{pmatrix}$, 则

$$\mathbf{A} + \mathbf{B} = \begin{pmatrix} 3 & 5 & 7 \\ 9 & 11 & 13 \end{pmatrix}$$

注: 只有行数与列数完全相同的两个矩阵才能相加、减.

定义 8　一个 $m \times n$ 矩阵 $\mathbf{A} = (a_{ij})$ 与一个 $n \times p$ 矩阵 $\mathbf{B} = (b_{jk})$ 的乘积是一个 $m \times p$ 矩阵 $\mathbf{C} = (c_{ik})$, 记作 $\mathbf{C} = \mathbf{AB}$. 矩阵 $\mathbf{C}$ 的第 i 行, 第 k 列 $(i = 1, 2, \cdots, m; k = 1, 2, \cdots, p)$ 的元素 c_{ik} 等于矩阵 $\mathbf{A}$ 的第 i 行的 n 个元素与矩阵 $\mathbf{B}$ 的第 k 列的对应的 n 个元素的乘积之和, 即

$$c_{ik} = a_{i1}b_{1k} + a_{i2}b_{2k} + \cdots + a_{in}b_{nk}$$

或

$$c_{ik} = \sum_{j=1}^{n} a_{ij} b_{jk}, \quad (i = 1, 2, \cdots, m; k = 1, 2, \cdots, p)$$

注意: (1) 两个矩阵, 只有当前一个矩阵的列数等于后一个矩阵的行数时, 才能相乘; 否则不能相乘, 积的行数与前一矩阵的行数相同, 积的列数与后一矩阵的列数相同.

(2) 矩阵的乘法不满足交换律.

例 2　$A = \begin{pmatrix} a_{11} & a_{12} \\ a_{21} & a_{22} \\ a_{31} & a_{32} \end{pmatrix}$, $B = \begin{pmatrix} b_{11} & b_{12} \\ b_{21} & b_{22} \end{pmatrix}$, 则

$$A \cdot B = \begin{pmatrix} a_{11} & a_{12} \\ a_{21} & a_{22} \\ a_{31} & a_{32} \end{pmatrix} \begin{pmatrix} b_{11} & b_{12} \\ b_{21} & b_{22} \end{pmatrix} = \begin{pmatrix} a_{11}b_{11} + a_{12}b_{21} & a_{11}b_{12} + a_{12}b_{22} \\ b_{21}b_{11} + b_{22}b_{21} & a_{21}b_{12} + a_{22}b_{22} \\ a_{31}b_{11} + a_{32}b_{21} & a_{31}b_{12} + a_{32}b_{22} \end{pmatrix}$$

而 BA 无意义.

例 3　$A = \begin{pmatrix} 1 & 2 & 3 \\ 4 & 5 & 6 \end{pmatrix}$, $B = \begin{pmatrix} 3 & 2 \\ 2 & 1 \\ 1 & 5 \end{pmatrix}$, 则

$$AB = \begin{pmatrix} 1 & 2 & 3 \\ 4 & 5 & 6 \end{pmatrix} \begin{pmatrix} 3 & 2 \\ 2 & 1 \\ 1 & 5 \end{pmatrix} = \begin{pmatrix} 19 & 19 \\ 46 & 43 \end{pmatrix}$$

$$BA = \begin{pmatrix} 3 & 2 \\ 2 & 1 \\ 4 & 5 \end{pmatrix} \begin{pmatrix} 1 & 2 & 3 \\ 4 & 5 & 6 \end{pmatrix} = \begin{pmatrix} 11 & 16 & 21 \\ 6 & 9 & 12 \\ 24 & 33 & 42 \end{pmatrix}$$

可见 $AB \neq BA$.

四、线性方程组

1. n 元 n 个线性方程组

一般地, 线性方程组是指下面的 m 个 n 元一次方程组:

$$\begin{cases} a_{11}x_1 + a_{12}x_2 + \cdots + a_{1n}x_n = b_1 \\ a_{21}x_1 + a_{22}x_2 + \cdots + a_{2n}x_n = b_2 \\ \cdots\cdots\cdots\cdots \\ a_{m1}x_1 + a_{m2}x_2 + \cdots + a_{mn}x_n = b_m \end{cases} \tag{1}$$

我们把方程组(1) 的系数所组成的矩阵

$$A = \begin{pmatrix} a_{11} & a_{12} & \cdots & a_{1n} \\ a_{21} & a_{22} & \cdots & a_{2n} \\ \vdots & \vdots & & \vdots \\ a_{m1} & a_{m2} & \cdots & a_{mn} \end{pmatrix}$$

叫做方程组(1) 的系数矩阵.

利用(1) 的系数和常数项所组成的矩阵

$$B = \begin{pmatrix} a_{11} & a_{12} & \cdots & a_{1n} & b_1 \\ a_{21} & a_{22} & \cdots & a_{2n} & b_2 \\ \vdots & \vdots & & \vdots & \vdots \\ a_{m1} & a_{m2} & \cdots & a_{mn} & b_m \end{pmatrix}$$

叫做方程组(1) 的增广矩阵.

特别地, 当 $m=n$ 时, 方程组(1) 为 n 个 n 元一次方程组, 它的系数矩阵 A 为一个 n 阶方阵.

定义 9　在 $m \times n$ 阶矩阵中, 任意取 k 行, k 列 $(k \leqslant m, k \leqslant n)$, 位于这些交叉处的元素, 按原来行列的先后次序构成一个 k 阶行列式, 这个 k 阶行列式叫做 $m \times n$ 阶矩阵的 k 阶子式.

定义 10　n 阶矩阵的不为零的最高阶子式的阶数叫做这个 n 阶矩阵的秩.

例 4　在矩阵

$$A = \begin{pmatrix} a_1 & b_1 & c_1 & d_1 \\ a_2 & b_2 & c_2 & d_2 \\ a_3 & b_3 & c_3 & d_3 \end{pmatrix}$$

中取 $k=3$, 则可做成四个三阶子行列式:

$$A_1 = \begin{vmatrix} b_1 & c_1 & d_1 \\ b_2 & c_2 & d_2 \\ b_3 & c_3 & d_3 \end{vmatrix}, \quad A_2 = \begin{vmatrix} a_1 & c_1 & d_1 \\ a_2 & c_2 & d_2 \\ a_3 & c_3 & d_3 \end{vmatrix}, \quad A_3 = \begin{vmatrix} a_1 & b_1 & d_1 \\ a_2 & b_2 & d_2 \\ a_3 & b_3 & d_3 \end{vmatrix}, \quad A_4 = \begin{vmatrix} a_1 & b_1 & c_1 \\ a_2 & b_2 & c_2 \\ a_3 & b_3 & c_3 \end{vmatrix}$$

例 5　在矩阵

$$A = \begin{pmatrix} 0 & 1 & 2 & 3 \\ 1 & 2 & 3 & 4 \\ 2 & 3 & 4 & 5 \end{pmatrix}$$

中，它的三阶子行列式

$$A_1 = \begin{vmatrix} 1 & 2 & 3 \\ 2 & 3 & 4 \\ 3 & 4 & 5 \end{vmatrix} = 0, \quad A_2 = \begin{vmatrix} 0 & 2 & 3 \\ 1 & 3 & 4 \\ 2 & 4 & 5 \end{vmatrix} = 0, \quad A_3 = \begin{vmatrix} 0 & 1 & 3 \\ 1 & 2 & 4 \\ 2 & 3 & 5 \end{vmatrix} = 0, \quad A_4 = \begin{vmatrix} 0 & 1 & 2 \\ 1 & 2 & 3 \\ 2 & 3 & 4 \end{vmatrix} = 0$$

但二阶子行列式

$$\begin{vmatrix} 0 & 1 \\ 1 & 2 \end{vmatrix} \neq 0$$

故矩阵 A 的秩是 2.

定理 1 n 元 n 个线性方程组

$$\begin{cases} a_{11}x_1 + a_{12}x_2 + \cdots + a_{1n}x_n = b_1 \\ a_{21}x_1 + a_{22}x_2 + \cdots + a_{2n}x_n = b_2 \\ \cdots\cdots\cdots\cdots \\ a_{n1}x_1 + a_{n2}x_2 + \cdots + a_{nn}x_n = b_n \end{cases}$$

有唯一解的充要条件是

$$D = \begin{vmatrix} a_{11} & a_{12} & \cdots & a_{1n} \\ a_{21} & a_{22} & \cdots & a_{22} \\ \vdots & \vdots & & \vdots \\ a_{n1} & a_{n2} & \cdots & a_{nn} \end{vmatrix} \neq 0$$

其中(克莱姆法则(Cramer)公式)

$$x_1 = \frac{\begin{vmatrix} b_1 & a_{12} & \cdots & a_{1n} \\ b_2 & a_{22} & \cdots & a_{2n} \\ \vdots & \vdots & & \vdots \\ b_n & a_{n2} & \cdots & a_{nn} \end{vmatrix}}{D}, \quad x_2 = \frac{\begin{vmatrix} a_{11} & b_1 & \cdots & a_{1n} \\ a_{21} & b_2 & \cdots & a_{2n} \\ \vdots & \vdots & & \vdots \\ a_{n1} & b_n & \cdots & a_{nn} \end{vmatrix}}{D}, \quad \dots, \quad x_n = \frac{\begin{vmatrix} a_{11} & a_{12} & \cdots & b_1 \\ a_{21} & a_{22} & \cdots & b_2 \\ \vdots & \vdots & & \vdots \\ a_{n1} & a_{n2} & \cdots & b_n \end{vmatrix}}{D}$$

简记为

$$x_i = \frac{D_i}{D}$$

其中 $D_i(i=1,2,\cdots,n)$ 是把行列式 D 的第 i 列的元素换成方程组的常数项 $b_1, b_2, \cdots, b_n$ 而得到的 n 阶行列式.

2. 线性方程组有解的判定定理

定理 2 线性方程组

$$\begin{cases} a_{11}x_1 + a_{12}x_2 + \cdots + a_{1n}x_n = b_1 \\ a_{21}x_1 + a_{22}x_2 + \cdots + a_{2n}x_n = b_2 \\ \cdots\cdots\cdots\cdots \\ a_{m1}x_1 + a_{m2}x_2 + \cdots + a_{mn}x_n = b_m \end{cases}$$

有解的充要条件是它的系数矩阵 A 和增广矩阵 B 的秩相等.

3．齐次线性方程组

定理 3　齐次线性方程组

$$\begin{cases} a_{11}x_1 + a_{12}x_2 + \cdots + a_{1n}x_n = 0 \\ a_{21}x_1 + a_{22}x_2 + \cdots + a_{2n}x_n = 0 \\ \cdots\cdots\cdots\cdots \\ a_{m1}x_1 + a_{m2}x_2 + \cdots + a_{mn}x_n = 0 \end{cases}$$

有唯一零解的充要条件是系数行列式不等零；有非零解的充要条件是系数行列式等于零.

定理 4　齐次线性方程组

$$\begin{cases} a_{11}x_1 + a_{12}x_2 + \cdots + a_{1n}x_n = 0 \\ a_{21}x_1 + a_{22}x_2 + \cdots + a_{2n}x_n = 0 \\ \cdots\cdots\cdots\cdots \\ a_{m1}x_1 + a_{m2}x_2 + \cdots + a_{mn}x_n = 0 \end{cases}$$

有非零解的充要条件是它的系数矩阵的秩小于 n.

附录 II 坐标变换

引例: 对给定的一个式子

$$\begin{cases} x' = x + 2 \\ y' = y + 1 \end{cases} \qquad (1)$$

有两种不同观点:

(1). 点变换观点(有一个坐标系).

在坐标系 Oxy 下, 平面上一点 $P(x,y)$ 按此公式

$$\begin{cases} x' = x + 2 \\ y' = y + 1 \end{cases}$$

变到 $P'(x',y')$, 那么不同的两个点与在同一个坐标系下这两个点之间的关系有(1) 式. 这种坐标不动, 点产生变动的观点称为点变换(见图 1)

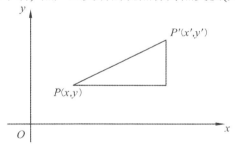

图 1

(2) 坐标变换观点(有两个坐标系).

这种观点是指在平面上同一点, 在两个笛氏直角坐标系 Oxy 与 $O'x'y'$ 下坐标之间的关系. 也就是说, 将坐标系 Oxy 的原点 O 变到 $O'(-2,-1)$ 处, 得到新的坐标系 $O'x'y'$, 则同一点 P 在不同坐标系下的坐标关系有(1) 式. 这种点不同, 坐标系产生变动的观点称为坐标变换(见图 2).

本节主要研究同一个点在两个坐标系中坐标之间的关系, 即坐标变换公式. 下面以平面坐标变换为例, 介绍仿射坐标变换及直角坐标变换.

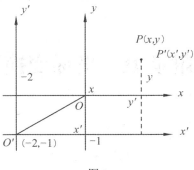

图 2

一、平面的仿射坐标变换

如图 3 所示，平面上给定了两个仿射坐标系：$[O,\overrightarrow{e_1},\overrightarrow{e_2}]$ 及 $[O',\overrightarrow{e_1'},\overrightarrow{e_2'}]$，为了方便起见，将前一个坐标系 $[O,\overrightarrow{e_1},\overrightarrow{e_2}]$ 称为旧坐标系，简记 I ；后一个坐标系 $[O',\overrightarrow{e_1'},\overrightarrow{e_2'}]$ 简称为新坐标系，简记 II.

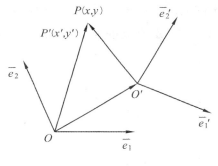

图 3

设新坐标系 II 的原点 O' 在旧坐标系下的坐标为 (a_{13},a_{23})，II 的两个坐标向量 $\overrightarrow{e_1'},\overrightarrow{e_2'}$ 在 I 下的坐标分别为 (a_{11},a_{21})，(a_{12},a_{22})，则平面上任一点 P 在 I 下的坐标为 (x,y)，在 II 下的坐标为 (x',y')，求 (x,y) 与 (x',y') 之间的关系.

因为

$$\overrightarrow{OP} = \overrightarrow{OP'} = \overrightarrow{OO'} + \overrightarrow{O'P'} = (a_{13}\overrightarrow{e_1} + a_{23}\overrightarrow{e_2}) + (x'\overrightarrow{e_1'} + y'\overrightarrow{e_2'})$$

$$= (a_{13}\overrightarrow{e_1} + a_{23}\overrightarrow{e_2}) + x'(a_{11}\overrightarrow{e_1} + a_{21}\overrightarrow{e_2}) + y'(a_{12}\overrightarrow{e_1} + a_{22}\overrightarrow{e_2})$$

$$= (a_{11}x' + a_{12}y' + a_{13})\overrightarrow{e_1} + (a_{21}x + a_{22}y' + a_{23})\overrightarrow{e_2}$$

所以

$$\begin{cases} x = a_{11}x' + a_{12}y' + a_{13} \\ y = a_{21}x' + a_{22}y' + a_{23} \end{cases} \tag{1}$$

且

$$\begin{vmatrix} a_{11} & a_{12} \\ a_{21} & a_{22} \end{vmatrix} \neq 0$$

公式(1)称为平面上坐标系 I 变化到 II 的点的仿射坐标变换公式.

二、平面直角坐标变换

设 I$[O, \vec{e_1}, \vec{e_2}]$, II$[O', \vec{e_1'}, \vec{e_2'}]$ 都是笛氏正交右手系, 如果 I 与 II 中, 只是原点不同, 而它们的坐标轴方向相同, 即 $\vec{e_1} /\!/ \vec{e_1'}$, $\vec{e_2} /\!/ \vec{e_2'}$, 那么这样的两个坐标系称为平移, 即将旧坐标系的原点 O 移到了 O'; 如果 I 与 II 中, 它们的原点相同, 而坐标轴方向不同, 即 $\vec{e_1}$ 与 $\vec{e_1'}$ 不平行, $\vec{e_2}$ 与 $\vec{e_2'}$ 不平行, 且 $\left|\vec{e_1}\right| = \left|\vec{e_1'}\right| = \left|\vec{e_2}\right| = \left|\vec{e_2'}\right|$, 那么这样的两个坐标系称为旋转或转轴.

1. 平移变换

如图 4 所示, 设有旧坐标系 I $[O, \vec{e_1}, \vec{e_2}]$ 与新坐标系 II $[O', \vec{e_1'}, \vec{e_2'}]$, 并设新坐标系的原点 O' 在旧坐标系 I 下的坐标为 (x_0, y_0), 则对平面上任意一点 P, 求它在两个坐标系下的坐标 (x, y) 与 (x', y') 之间的关系.

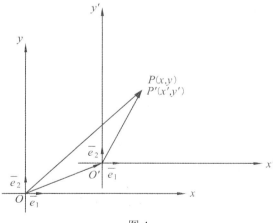

图 4

因为 $\overrightarrow{OP} = \overrightarrow{OP'} = \overrightarrow{OO'} + \overrightarrow{O'P'}$, 所以

$$x\vec{e_1} + y\vec{e_2} = (x_0\vec{e_1} + y_0\vec{e_2}) + (x'\vec{e_1} + y'\vec{e_2}) = (x' + x_0)\vec{e_1} + (y' + y_0)\vec{e_2}$$

所以

$$\begin{cases} x = x' + x_0 \\ y = y' + y_0 \end{cases} \tag{2}$$

或因为 $\overrightarrow{OP'} = \overrightarrow{OP} - \overrightarrow{OO'}$，所以

$$x'\overrightarrow{e_1} + y'\overrightarrow{e_2} = (x\overrightarrow{e_1} + y\overrightarrow{e_2}) - (x_0\overrightarrow{e_1} + y_0\overrightarrow{e_2})$$

所以

$$\begin{cases} x' = x - x_0 \\ y' = y - y_0 \end{cases} \tag{3}$$

(2)和(3)式叫做坐标轴平移下的坐标变换公式，简称平移公式.

注：空间坐标系的平移，与平面坐标系的平移非常类似.

2. 旋转变换

设有旧坐标系 I $[O, \overrightarrow{e_1}, \overrightarrow{e_2}]$ 与新坐标系 II $[O, \overrightarrow{e_1'}, \overrightarrow{e_2'}]$，它们的坐标原点相同，但坐标向量不同，并设 $\overrightarrow{e_1'}$ 在旧坐标系 I 下的坐标为 (a_{11}, a_{21})，$\overrightarrow{e_2'}$ 在旧坐标系 I 下的坐标为 (a_{12}, a_{22})，即

$$\overrightarrow{e_1'} = a_{11}\overrightarrow{e_1} + a_{21}\overrightarrow{e_2}$$

$$\overrightarrow{e_2'} = a_{12}\overrightarrow{e_1} + a_{22}\overrightarrow{e_2}$$

且 从 $\overrightarrow{e_1}$ 到 $\overrightarrow{e_1'}$ 的夹角为 θ (见图5)，则

$$a_{11} = \overrightarrow{e_1'} \cdot \overrightarrow{e_1} = \cos\theta$$

$$a_{21} = \overrightarrow{e_1'} \cdot \overrightarrow{e_2} = \cos\left(\frac{\pi}{2} - \theta\right) = \sin\theta$$

$$a_{12} = \overrightarrow{e_2'} \cdot \overrightarrow{e_1} = \cos\left(\frac{\pi}{2} + \theta\right) = -\sin\theta$$

$$a_{22} = \overrightarrow{e_2'} \cdot \overrightarrow{e_2} = \cos\theta$$

而对于平面上任一点 P，有

$$\begin{aligned} \overrightarrow{OP} &= x\overrightarrow{e_1} + y\overrightarrow{e_2} = x'\overrightarrow{e_1'} + y'\overrightarrow{e_2'} \\ &= x'(a_{11}\overrightarrow{e_1} + a_{21}\overrightarrow{e_2}) + y'(a_{12}\overrightarrow{e_1} + a_{22}\overrightarrow{e_2}) \\ &= (a_{11}x' + a_{12}y')\overrightarrow{e_1} + (a_{21}x' + a_{22}y')\overrightarrow{e_2} \\ &= (x'\cos\theta - y'\sin\theta)\overrightarrow{e_1} + (x'\sin\theta + y'\cos\theta)\overrightarrow{e_2} \end{aligned}$$

所以

$$\begin{cases} x = x'\cos\theta - y'\sin\theta \\ y = x'\sin\theta + y'\cos\theta \end{cases} \tag{4}$$

(4)式称为坐标旋转下的坐标变换公式, 简称转轴公式, 其中 θ 称为坐标轴的旋转角.

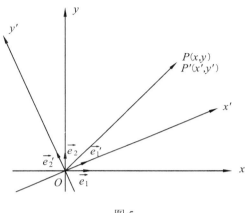

图 5

3. 一般坐标变换公式

设有一般的两个平面笛氏正交坐标系 I $[O, \overrightarrow{e_1}, \overrightarrow{e_2}]$ 与 II $[O', \overrightarrow{e_1'}, \overrightarrow{e_2'}]$, 其中新坐标系 II 的原点 O' 关于旧坐标系 I 的坐标为 (x_0, y_0), $\overrightarrow{e_1}$ 到 $\overrightarrow{e_1'}$ 的旋转角为 θ, 作辅助坐标系 $[O', \overrightarrow{e_1}, \overrightarrow{e_2}]$ (见图 6), 于是由公式(2) 有

$$\begin{cases} x = x'' + x_0 \\ y = y'' + y_0 \end{cases} \tag{①}$$

由公式(4)有

$$\begin{cases} x'' = x'\cos\theta - y'\sin\theta \\ y'' = x'\sin\theta + y'\cos\theta \end{cases} \tag{②}$$

将②代入①式, 有

$$\begin{cases} x = x'\cos\theta - y'\sin\theta + x_0 \\ y = x'\sin\theta + y'\cos\theta + y_0 \end{cases} \tag{5}$$

公式(5)称为一般情形的坐标变换公式, 其中 (x_0, y_0) 是新坐标系 II 的原点 O' 在旧坐标系 I 下的坐标, θ 是从 x 轴到 x' 轴的转角.

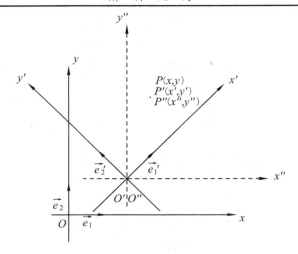

图 6

由上面分析可以得出, 平面上任一笛氏正交右手系坐标变换可以经过平移和旋转得到, 即对坐标系 I $[O, \vec{e_1}, \vec{e_2}]$ 与 II $[O', \vec{e_1}', \vec{e_2}']$, 有

$$[O, \vec{e_1}, \vec{e_2}] \xrightarrow{\text{平移}} [O', \vec{e_1}, \vec{e_2}] \xrightarrow{\text{旋转}} [O', \vec{e_1}', \vec{e_2}']$$

或

$$[O, \vec{e_1}, \vec{e_2}] \xrightarrow{\text{旋转}} [O, \vec{e_1}', \vec{e_2}'] \xrightarrow{\text{平移}} [O', \vec{e_1}', \vec{e_2}']$$

习题答案与提示 k

第一章　向量与坐标

习　题　1-1

1. (1) 互为反向量; (2) 相等向量; (3) 相等向量; (4) 互为反向量; (5) 相等向量.

2. 共线向量为: $\overrightarrow{AB}$与$\overrightarrow{A'B'}$; $\overrightarrow{BC}$与$\overrightarrow{B'C'}$; $\overrightarrow{CA}$与$\overrightarrow{C'A'}$.

　　共面向量为: $\overrightarrow{AB},\overrightarrow{BC},\overrightarrow{CA},\overrightarrow{A'B'},\overrightarrow{B'C'}$ 与 $\overrightarrow{C'A'}$; $\overrightarrow{AB},\overrightarrow{A'B'},\overrightarrow{AA'}$ 与 $\overrightarrow{BB'}$; $\overrightarrow{BC},\overrightarrow{B'C'},\overrightarrow{BB'}$ 与 $\overrightarrow{CC'}$; $\overrightarrow{CA},\overrightarrow{C'A'},\overrightarrow{CC'}$ 与 $\overrightarrow{AA'}$.

3. (1) 过始点平行于已知直线的直线; (2) 以始点为中心的单位球面.

4. (1) $\vec{a},\vec{b}$反向; (2) $\vec{a},\vec{b}$同向, 且$|\vec{a}|\geqslant|\vec{b}|$; (3) $\vec{a}\perp\vec{b}$.

5. $4\overrightarrow{e_1}+\overrightarrow{e_3}$; $-2\overrightarrow{e_1}+4\overrightarrow{e_2}-3\overrightarrow{e_3}$; $-3\overrightarrow{e_1}+10\overrightarrow{e_2}-7\overrightarrow{e_3}$.

6. $\overrightarrow{EF}=3\vec{a}+3\vec{b}-5\vec{c}$.

8. 只要证 $\overrightarrow{AD}+\overrightarrow{BE}+\overrightarrow{CF}=\vec{0}$ 即可.

习　题　1-2

1. $\overrightarrow{AD}=\dfrac{2}{3}\overrightarrow{e_1}+\dfrac{1}{3}\overrightarrow{e_2}$; $\overrightarrow{AE}=\dfrac{1}{3}\overrightarrow{e_1}+\dfrac{2}{3}\overrightarrow{e_2}$.

2. $\overrightarrow{BC}=\dfrac{4}{3}\vec{q}-\dfrac{2}{3}\vec{p}$; $\overrightarrow{CD}=\dfrac{2}{3}\vec{q}-\dfrac{4}{3}\vec{p}$.

3. $\vec{a}=(\lambda+v)\overrightarrow{e_1}+(\lambda+\mu)\overrightarrow{e_2}+(\mu+v)\overrightarrow{e_3}$.

4. 仿第二节定理 1.3 的推论的证明.

5. 应用定理 1.4.

6. 仿例 1 的证明.

习　题　1-3

1．射影 $\vec{b}^{\vec{a}} = \dfrac{3}{2}$.

2．射影 $\vec{e}^{\vec{a}} = -2$.

3．$\vec{a} \cdot \vec{b} = 6\sqrt{3}$;　　$\vec{a}^2 = 9$;　　$\vec{b}^2 = 16$;　　$(\vec{a} + 2\vec{b}) \cdot (\vec{a} - \vec{b}) = 6\sqrt{3} - 23$.

4．$-\dfrac{3}{2}$.

5．$\sqrt{14}$;　$\arccos \dfrac{\sqrt{14}}{14}$;　　$\arccos \dfrac{\sqrt{14}}{7}$;　　$\arccos \dfrac{3\sqrt{14}}{14}$.

6．$\dfrac{\pi}{3}$.

7．$\lambda = 40$.

8．(1)　$3\vec{b} \times \vec{a}$; (2)　$5\vec{b} \times \vec{a}$; (3)　$2(\vec{c} - \vec{b}) \times \vec{a}$.

9．(1) 4;　　　　(2) 64;　　　　(3) 144.

12．$\dfrac{15}{2}$.

习　题　1-4

2．$3(\vec{a}, \vec{b}, \vec{c})$.

3．等号成立的条件为 $\vec{a}, \vec{b}, \vec{c}$ 两两互相垂直.

习　题　1-5

1．在标架 $\{ A, \vec{e_1}, \vec{e_2} \}$ 下, $A(0,0), B(1,0), C(1,1), D(0,1)$; 在标架 $\{ C, \vec{e_1'}, \vec{e_2'} \}$ 下, $A(1, 1), B(1,0), C(0, 0), D(0,1)$

2．(1) (1, 3);　　　　(2) (-2, 2, 1).

习　题　1-6

1．$\overrightarrow{BP} = \left\{ -\dfrac{1}{2}, 1, \dfrac{1}{2} \right\}, \overrightarrow{EP} = \left\{ \dfrac{1}{2}, 1, -\dfrac{1}{2} \right\}, B(1,0,0), E(0,0,1), P\left(\dfrac{1}{2}, 1, \dfrac{1}{2} \right),$

$\left(\dfrac{1}{2}, \dfrac{1}{3}, \dfrac{1}{2}\right)$.

2. (1) $(2, -3, 1), (-2, -3, -1), (2, 3, -1)$ 与 $(a, b, -c), (-a, b, c), (a, -b, c)$;

(2) $(2, 3, 1), (-2, -3, 1), (-2, 3, -1)$ 与 $(a, -b, -c), (-a, b, -c), (-a, -b, c)$;

(3) $(-2, 3, 1)$ 与 $(-a, -b, -c)$.

3. $\overrightarrow{AB} = \{-5, 9, -5\}, |\overrightarrow{AB}| = \sqrt{131}, \overrightarrow{OA} + \overrightarrow{OB} = \{3, 7, 5\}$.

4. $\{-4, 3, 3\}$.

5. $\angle(\vec{i}, \vec{a}) = 60°, \angle(\vec{j}, \vec{a}) = 45°, \angle(\vec{k}, \vec{a}) = 60°$.

6. $\{-48, 45, -36\}$.

7. $B(18, 17, -17)$.

8. (1) 不共面;   (2) 共面, $\vec{c} = \dfrac{1}{2}\vec{a} + \dfrac{2}{3}\vec{b}$.

9. (1) $\vec{d} = \vec{a} + \vec{b} - \vec{c}$;   (2) $\vec{d} = 5\vec{a} + 4\vec{b}$.

10. $\cos\alpha = \dfrac{1}{\sqrt{3}}, \cos\beta = -\dfrac{1}{\sqrt{3}}, \cos\gamma = \dfrac{1}{\sqrt{3}}, \overrightarrow{a^0} = \left\{\dfrac{1}{\sqrt{3}}, -\dfrac{1}{\sqrt{3}}, \dfrac{1}{\sqrt{3}}\right\}$.

11. (1) $\sqrt{6}, \sqrt{6}, \arccos\dfrac{1}{6}, \pi - \arccos\dfrac{1}{6}$;   (2) $\sqrt{10}, \sqrt{14}, \dfrac{\pi}{2}$.

12. (1) $\dfrac{1}{2}\sqrt{161}, 4\sqrt{2}, \dfrac{1}{2}\sqrt{353}$;   (2) $\left\{\dfrac{8}{3}, \dfrac{8}{3}, -4\right\}$.

13. (1) $\{5, 1, 7\}$;   (2) $\{10, 2, 14\}$;   (3) $\{20, 4, 28\}$.

14. (1) $12\sqrt{2}$;   (2) $\dfrac{8\sqrt{33}}{11}, 8, 2\sqrt{3}$.

15. (1) $3\sqrt{6}$;   (2) $\dfrac{3\sqrt{21}}{7}, \dfrac{3\sqrt{462}}{77}$.

16. (1) 共面;   (2) 不共面, $V = 19\dfrac{1}{3}, h = 4\dfrac{1}{7}$.

17. $\{-46, 29, -12\}$, $\{-7, 7, 7\}$

18. 提示: 可设 $\overrightarrow{AB} = \vec{e_1}, \overrightarrow{AC} = \vec{e_2}, \overrightarrow{AD} = \vec{e_3}$, 取仿射标架 $\{A, \vec{e_1}, \vec{e_2}, \vec{e_3}\}$.

第二章　平面与空间直线

习　题　2-1

1. (1) $x = 2 - v, y = 4 + 2\mu - 2v, z = 3 + 4\mu + v$;　$5x - 2y + z - 5 = 0$.

(2) $x = 3 - \mu + 2v, y = 1 + v, z = 1 + 2\mu + 2v$;　$2x - 6y + z - 1 = 0$.

(3) $x = 1 + \mu + 3v, y = -\mu - 3v, z = 3 - \mu + 4v$;　$x + y - 1 = 0$.

2. $\dfrac{x}{-4} + \dfrac{y}{-2} + \dfrac{z}{4} = 1$.

3. (1) $z - 1 = 0, z - 1 = 0, x + y - 1 = 0$.

(2) $2y + z = 0, 2x + 5z = 0, x - 5y = 0$.

(3) $x - y - 3z + 2 = 0$.

(4) $2x + 9y - 6z - 121 = 0$.

4. (1) $\dfrac{1}{\sqrt{14}} x - \dfrac{2}{\sqrt{14}} y + \dfrac{3}{\sqrt{14}} z - \dfrac{1}{\sqrt{14}} = 0$;

(2) $-\dfrac{1}{3} x + \dfrac{2}{3} y + \dfrac{2}{3} z = 0$;

(3) $-x - 2 = 0$;

(4) $-\dfrac{1}{\sqrt{2}} x + \dfrac{1}{\sqrt{2}} y - \dfrac{1}{\sqrt{2}} = 0$.

5. $\dfrac{1}{2} \sqrt{a^2 b^2 + a^2 c^2 + b^2 c^2}$.

习　题　2-2

1. (1) $\dfrac{x-2}{3} = \dfrac{y-3}{-1} = \dfrac{z+1}{-5}$;

(2) $\dfrac{x-1}{4} = \dfrac{y}{2} = \dfrac{z+2}{-3}$;

(3) $\dfrac{x-1}{1} = \dfrac{y-1}{0} = \dfrac{z-1}{0}, \dfrac{x-1}{0} = \dfrac{y-1}{1} = \dfrac{z-1}{0}, \dfrac{x-1}{0} = \dfrac{y-1}{0} = \dfrac{z-1}{1}$

(4) $\dfrac{x-1}{1} = \dfrac{y}{1} = \dfrac{z-2}{2}$;

(5) $\dfrac{x-2}{6}=\dfrac{y+3}{-3}=\dfrac{z+5}{-5}$.

2. (1) $\dfrac{x-2}{0}=\dfrac{y}{1}=\dfrac{z-2}{1}$, $\cos\alpha=0$, $\cos\beta=\pm\dfrac{1}{\sqrt{2}}$, $\cos\gamma=\pm\dfrac{1}{\sqrt{2}}$.

(2) $\dfrac{x}{1}=\dfrac{y-5}{-3}=\dfrac{z-4}{-5}$, $\cos\alpha=\pm\dfrac{1}{\sqrt{35}}$, $\cos\beta=\mp\dfrac{3}{\sqrt{35}}$, $\cos\gamma=\mp\dfrac{5}{\sqrt{35}}$.

(3) $\dfrac{x}{4}=\dfrac{y}{3}=\dfrac{z-6}{-4}$, $\cos\alpha=\pm\dfrac{4}{\sqrt{41}}$, $\cos\beta=\pm\dfrac{3}{\sqrt{41}}$, $\cos\gamma=\mp\dfrac{4}{\sqrt{41}}$.

3. $(6,-2,6)$.

4. $(9,12,20)$, $\left(-\dfrac{117}{7},-\dfrac{6}{7},-\dfrac{130}{7}\right)$.

5. (1) $x-2y-1=0$;   (2) $11x+2y+z-15=0$.

6. 提示: $\cos^2\alpha+\cos^2\beta+\cos^2\gamma=1$.

习 题 2-3

1. (1) 重合;   (2) 平行;   (3) 相交.

2. (1) $l=\dfrac{7}{9},m=\dfrac{13}{9},n=\dfrac{37}{9}$;   (2) $l=-4,m=3$.

3. $k=-1$, 两平面平行; $k=1$, 两平面重合; $k\neq\pm1$, 两平面相交

4. (1) 平行;   (2) 相交;   (3) 直线在平面上.

5. (1) $\lambda=-1$; (2) $\lambda=5$; (3) $\lambda=\dfrac{5}{4}$.

6. (1) $A_1=A_2=D_1=D_2=0$;

(2) $A_1=A_2=0$, D_1,D_2 不全为零;

(3) A_1,A_2 不全为零, $A_1D_2=A_2D_1$

7. (1) $(3,7,-6)$;   (2) $(1,1,2)$

8. $Ax+By+Cz+\dfrac{1}{3}(D_1+D_2+D_3)=0$.

9. $x+5y+z-1=0$.

10. $7x-2y-2z+1=0$.

11. $\dfrac{x-4}{15}=\dfrac{y}{3}=\dfrac{z+1}{8}$.

12. (1) $\begin{cases} x-8z+303=0, \\ 8x-9y-z-31=0; \end{cases}$ (2) $\begin{cases} 2x-3y+5z+21=0, \\ x-y-z-17=0. \end{cases}$

习　题　2-4

1. (1) $\delta=-\dfrac{1}{3}, d=\dfrac{1}{3}$; (2) $\delta=d=0$.

2. (1) $(0,0,0)$或$\left(0,-\dfrac{30}{17},0\right)$; (2) $(0,0,-2)$或$\left(0,0,-6\dfrac{4}{13}\right)$.

3. $35y+12z=0$ 或 $3y-4z=0$.

4. (1) $x^2+y^2+z^2-xy-xz-yz-12x-12y-12z-72=0$;

(2) $x^2+y^2-2xy-2x-2y-1=0$;

(3) $13x-51y+10z=0$ 或 $4x+9y-10z-70=0$.

5. 点 O,B,E 在平面的一侧, 点 A,D 在平面的另一侧; 点 C,F 在平面上.

6. (1) 相邻二面角内; (2) 对顶二面角内.

7. 应用公式(1-28).

8. (同 7 题).

9. $d=15$.

10. $\dfrac{\sqrt{66}}{6}$.

11. (1) $d=1$, 公垂线 $\begin{cases} x+y+4z+3=0, \\ x-2y-2z+3=0; \end{cases}$

(2) $d=\dfrac{2\sqrt{2}}{5}$, 公垂线 $\begin{cases} 7x-5y-z-14=0, \\ 27x-5y-14z+10=0. \end{cases}$

12. (1) $\dfrac{\pi}{3}$ 或 $\dfrac{2\pi}{3}$; (2) $\arccos\dfrac{8}{21}$ 或 $\pi-\arccos\dfrac{8}{21}$.

13. (1) $x\pm\sqrt{3}z=0$; (2) $x\pm\sqrt{26}y+3z-3=0$; (3) $3x-y-z-6=0$.

14. (1) 交点$(-1,-3,-4)$, $\angle(l,\pi)=\arcsin\dfrac{\sqrt{6}}{21}$.

(2) $l\,/\!/\,\pi$.

(3) 交点$(0,0,0)$, $\angle(l,\pi)=\arcsin\dfrac{\sqrt{6}}{3}$.

16. (1) $\cos\angle(l_1,l_2)=\pm\dfrac{72}{77}$; (2) $\cos\angle(l_1,l_2)=\pm\dfrac{67}{69}$.

17. $\dfrac{x-2}{120}=\dfrac{y-1}{131}=\dfrac{z}{311}$.

习 题 2-5

1. (1) $9x+3y+5z=0$; (2) $21x-11y+5z-5=0$; (3) $21x+14z-3=0$.

2. $x-2y-z-4=0$.

3. (1) $x-2y+3z-14=0$; (2) $x-2y+3z\pm3\sqrt{14}=0$,

4. $11x-4y+6=0$; $9x-z+7=0$; $36y-11z+23=0$.

5. $3x-3z+4=0$.

6. $3x+24y+16z+19=0$ 或 $6x-3y-2z+4=0$

7. $x+3y+2z\pm6=0$

8. $A_1:A_2=C_1:C_2=D_1:D_2$

第三章 特殊曲面和二次曲面

习 题 3-1

1. $\dfrac{x^2}{b^2-c^2}+\dfrac{y^2}{b^2-c^2}+\dfrac{z^2}{b^2}=1$.

2. $x^2+y^2-2cz+c^2=0$.

3. (1) 球心$(1,-2,3)$, 半径 6; (2) 球心$(-4,0,0)$, 半径 4.

4. (1) $x^2+(y-4)^2+(z+1)^2=21$;

(2) $2x^2+2y^2+2z^2-7x-4y-3z=0$;

(3) $(x-2)^2+(y-3)^2+(z+1)^2=9$ 或 $x^2+(y+1)^2+(z+5)^2=9$;

(4) $(x+1)^2+(y-2)^2+(z-1)^2=49$.

5. $x=a+R\cos\theta\sin\varphi, y=b+R\cos\theta\sin\varphi, z=c+R\sin\theta,$

$\left(-\dfrac{\pi}{2}\leqslant\theta\leqslant\dfrac{\pi}{2},-\pi<\varphi\leqslant\pi\right)$.

6. (1) $x^2+y^2+z^2=1,(z\geqslant0)$;

(2) $\dfrac{x^2}{a^2} + \dfrac{y^2}{b^2} = 1$.

7. 提示: 将两参数方程化为普通方程.

8. (1) $\begin{cases} x - 3z - 1 = 0, \\ z^2 - 4y + 4z + 4 = 0; \end{cases}$ (2) $\begin{cases} 5x - 3y = 0, \\ 16x^2 + 9z^2 - 144 = 0. \end{cases}$

9. $c<0$ 或 $c>0$ 时, 无图形; $c=0$ 时, 轨迹为 z 轴; $0<c<2$ 时, 轨迹为两条平行于 z 轴的直线; $c=2$ 时, 轨迹为过点$(2, 0, 0)$且平行于 z 轴的直线.

10. (1) 圆、椭圆、椭圆;

(2) 椭圆、双曲线、双曲线;

(3) 双曲线、双曲线、无图形;

(4) 点、抛物线、抛物线;

(5) 两条相交直线、抛物线、抛物线;

(6) 点、两条相交直线、两条相交直线.

习 题   3-2

1. $2(x^2 + y^2 + z^2 - xy - xz - yz) = 3$.

2. $4x^2 + 25y^2 + z^2 + 4xz - 20x - 10z = 0$.

3. (1) 对 xOy 面: $2x^2 + 5y^2 = 25$; 对 xOz 面: $3x^2 + 5z^2 = 100$; 对 yOz 面: $3y^2 - 2z^2 = -25$.

(2) $8x^2 + y^2 - 8 = 0, x^2 - z + 2 = 0, y^2 + 8z - 12 = 0$.

4. $11x - 4y + 6 = 0, 9x - z + 7 = 0, 36y - 11z + 23 = 0$.

7. (1) $x^2 + y^2 - z^2 = 0$;

(2) $3(x-3)^2 - 5(y+1)^2 + 7(x+2)^2 - 6(x-3)(y+1) + 10(x-3)(z+2) - 2(y+1)(z+2) = 0$;

(3) $f\left(\dfrac{kx}{z}, \dfrac{ky}{z}\right) = 0$.

习 题   3-3

1. (1) $9x^2 + 9y^2 - 10z^2 - 6z - 9 = 0$;

(2) $4(x^2 + y^2 + z^2) - 16(x + y + z - 1)^2 - (x + y + z - 1)^2 - (3x + 3y + 3z - 5)^2 = 0$

(3) $5x^2 + 5y^2 + 5z^2 + 2xy - 4xz + 4yz + 4x - 4y - 4z - 6 = 0$

(4) $x^2 + y^2 = 1 \ (0 \leqslant z \leqslant 1)$.

2． $x^2 + y^2 - \alpha^2 z^2 = \beta^2$． 当 $\alpha \neq 0, \beta \neq 0$ 时 为 单 叶 旋 转 双 曲 面； 当 $\alpha = 0, \beta \neq 0$ 时为圆柱面； $\alpha \neq 0, \beta = 0$ 时为圆锥面； 当 $\alpha = 0, \beta = 0$ 时曲面退化为直线(z 轴)

习 题 3-4

1. $\begin{cases} \dfrac{x^2}{9} + \dfrac{z^2}{3} = 1, \\ x = 2; \end{cases}$ $b = 3, c = \sqrt{3}, (2, \pm 3, 0), (2, 0, \pm \sqrt{3})$.

2. 提示: 设点 $P(x_1, y_1, z_1)$ ， 则 $x_1 = \lambda r, y = \mu r, z = \nu r$.

3. 应用第 2 题的结论.

4. $x = \pm 2y$.

6. $x = \pm 2, y = \pm 3$.

7. $\lambda < c^2$ 时为椭球面； $c^2 < \lambda < b^2$ 时为单叶双曲面； $b^2 < \lambda < a^2$ 时为双叶双曲面； $\lambda > a^2$ 无图形.

8. $x^2 + 20y^2 - 24x - 116 = 0$.

9. $\dfrac{x^2}{4} - \dfrac{y^2}{12} - \dfrac{z^2}{12} = 1$.

11. $18x^2 + 3y^2 = 5z$.

12. $\lambda < b$ 时为椭圆抛物面； $b < \lambda < a$ 时为双曲抛物面.

13.选定平面为 xOy 面, 过定点与 xOy 垂直的直线为 z 轴, 设定点为$(0,0,h)$, 常数为 $\lambda(\lambda > 0)$ ， 动点为 $M(x,y,z)$, 得方程 $x^2 + y^2 + (1 - \lambda^2)z^2 - 2hz + h^2 = 0$.

(1) $h \neq 0, \lambda < 1$ 时, 为旋转椭球面； $\lambda = 1$ 时为旋转抛物面； $\lambda > 1$ 时为双叶旋转双曲面.

(2) $h = 0, \lambda < 1$ 时为原点； $\lambda = 1$ 时为 z 轴； $\lambda > 1$ 时为圆锥面.

习　题　3-5

1.　(1) $\begin{cases} \omega\left(\dfrac{x}{a}+\dfrac{y}{b}\right)=\mu, \\ \mu\left(\dfrac{x}{a}-\dfrac{y}{b}\right)=\omega; \end{cases}$
   　(2) $\begin{cases} \omega(x+y)=\mu z, \\ \mu(x-y)=\omega z; \end{cases}$

(3) $\begin{cases} \omega y=2p\mu, \\ \mu y=\omega x; \end{cases}$
   　(4) $\begin{cases} x=\mu, \\ z=a\mu y, \end{cases}$ 与 $\begin{cases} y=\mu, \\ z=a\mu x. \end{cases}$

2.　$\begin{cases} 4x-12y+3z-24=0, \\ 4x+3y-3z-6=0 \end{cases}$ 及 $\begin{cases} y=2, \\ 4x-3z=0. \end{cases}$

3.　(1) $z^2=x+y,$　　　　(2) $x^2+4y^2-16z^2-16=0$.

4.　$\begin{cases} x-2y-8=0, \\ x+2y-2z=0 \end{cases}$ 与 $\begin{cases} x+2y-4=0, \\ x-2y-4z=0. \end{cases}$

5.　$\dfrac{x^2}{18}-\dfrac{y^2}{8}=2z$.

第四章　二次曲线的一般理论

习　题　4-1

1.　$A=\begin{pmatrix} \dfrac{1}{a^2} & 0 & 0 \\ 0 & \dfrac{1}{b^2} & 0 \\ 0 & 0 & -1 \end{pmatrix}$,

$F_1(x,y)=\dfrac{x}{a^2}$, $F_2(x,y)=\dfrac{y}{b^2}$, $F_3(x,y)=-1$,

$I_1=\dfrac{1}{a^2}+\dfrac{1}{b^2}$, $I_2=\dfrac{1}{a^2}\dfrac{1}{b^2}$, $I_3=-\dfrac{1}{a^2}\dfrac{1}{b^2}$, $K_1=-\dfrac{1}{a^2}-\dfrac{1}{b^2}$

2.　$A=\begin{pmatrix} 0 & 0 & -p \\ 0 & 1 & 0 \\ -p & 0 & 0 \end{pmatrix}$,

$F_1(x,y)=-p$, $F_2(x,y)=y$, $F_3(x,y)=-px$, $I_1=1$, $I_2=0$, $I_3=-p^2$, $K_1=-p^2$.

3.　$A = \begin{pmatrix} 1 & -\dfrac{3}{2} & 5 \\ -\dfrac{3}{2} & 1 & -5 \\ 5 & -5 & 21 \end{pmatrix}$

$F_1(x,y) = x - \dfrac{3}{2}y + 5,\ F_2(x,y) = -\dfrac{3}{2}x + y - 5,\ I_1 = 2,\ I_2 = -\dfrac{5}{4},\ I_3 = -\dfrac{5}{4},\ K_1 = -8.$

习 题 4-2

1.　(1)　$k = -5 \pm 2\sqrt{5}$,(2)　$k < -4$.

2.　整条直线在二次曲线上.

3.　切线方程　$3x - y = 0$, 法线方程　$x + 3y - 10 = 0$.

4.(1)　切线方程 $x=0$;

(2)　$9x + 10y - 28 = 0$;

(3)　$y + 1 = 0, x + y + 3 = 0$;

(4)　$x - y + 2\sqrt{2} = 0, 11x + 5y - 10\sqrt{2} = 0$.

5.　(1)　$x + 4y - 8 = 0, x + 4y - 5 = 0$; 切点坐标为$(-4, 3)$或$(1, 1)$;

(2)　$x \pm 2 = 0$, 切点坐标为$(2, -1)$或$(-2, 1)$

6.　(1)$(-1,1)$;　　(2)$(-1, 1)$;　　(3) 直线 $x - y - 1 = 0$ 上的点都是奇异点.

7.　提示: 先求出抛物线在点 (x_1, y_1) 的切线方程, 再求交点.

8.　$6x^2 + 3xy - y^2 + 2x - y = 0$.

习 题 4-3

1.　(1)　$I_2 < 0$, 双曲型, 渐近方向$(1,0)$, $(0,1)$;

(2)　$I_2 > 0$, 椭圆型, 渐近方向$\left(\dfrac{-2 + i\sqrt{2}}{3}, 1\right)$, $\left(\dfrac{-2 - i\sqrt{2}}{3}, 1\right)$;

(3)$I_2 = 0$, 抛物型, 渐近方向 $(1, -1)$.

2.　(1)　渐近方向: $\left(\dfrac{ai}{b}, 1\right)$, $\left(-\dfrac{ai}{b}, 1\right)$;

(2) 渐近方向：$\left(\dfrac{a}{b},1\right)\left(-\dfrac{a}{b},1\right)$；

(3) 渐近方向：$(0,1)$

3．(1) $(1,1)$；　　　(2) $(-1,2)$；　　　(3) 无中心；　　　(4) $4x+2y-5=0$．

4．提示：设 (x,y) 为渐近线上任意点，那么由曲线的渐近方向为 $X:Y=(x-x_0):(y-y_0)$，即 $\Phi(x-x_0,y-y_0)=0$．

5．(1) 渐近线 $x+y+1=0$；

(2) 渐近线 $3x+y=0$，$2x-y+1=0$；

(3) 渐近线 $x-2y-1=0$，$x-y+2=0$．

习 题　4-4

1．$2x+y+6=0$，$4x-12y-5=0$．

2．(1) $6x+7x+4=0$；　　　(2) $7x+10y+5=0$．

3．$4x+y+3=0$．

4．$x-1=0$，$x-2y+3=0$．

5．提示：设圆的方程为 $x^2+y^2=r^2$，于是共轭于方向 (X_1,Y_1) 的直径方程为 $X_1x+Y_1y=0$，此直径的方向为 $(Y_1,-X_1)$，共轭于方向 $(Y_1,-X_1)$ 的直径方程为 $Y_1x-X_1y=0$，由此可知，圆的任意一对共轭直径互相垂直．

6．设弦的方向为 (X,Y)，则共轭于此方向的直径的方程为 $y=\dfrac{1}{2}x$，又为 $\left(\dfrac{1}{9}x\right)X+\left(\dfrac{1}{4}y\right)Y=0$，由此可得出 (X,Y). 这条弦的斜率是 $-\dfrac{8}{9}$．

7．设抛物线的方程为 $y^2=2px$，渐近方向为 $(1,0)$，沿渐近方向的直线方程为 $y=b$，考虑方向 $(b,2p)$，因为 $p\neq0$，所以 $(b,2p)$ 与 $(1,0)$ 不共线，从而 $(b,2p)$ 是非渐近方向，共轭此方向的直径的方程为 $b(-2p)+2py=0$，即 $y=b$．

8．(1) $1:0,0:1,x=0,y=0$；

(2) $1:0,0:1,x=0,y=0$；

(3) $0:1,1:0,y=0$．

9．(1) 主方向 $(1,1)$, $(1,-1)$，主轴 $x+y=0,x-y=0$；

(2) 主方向 $(1,-2)$，主轴 $2x-4y-1=0$.

10. 略.

11. 略.

习　题　4-5

1. $\dfrac{x'^2}{24}-\dfrac{y'^2}{8}=1$.

2. (1) $\left(-\dfrac{3}{\sqrt{2}},\dfrac{1}{\sqrt{2}}\right)$; 　　　(2) 曲线的新方程为 $x'^2-y'^2=12$;

3. (1) $(-2,-2)$; 　　　(2) 曲线的新方程为 $x'^2-y'^2+3=0$

4. $a=\dfrac{\pi}{4}$.

5. (1) $2x''^2+7y''^2-7=0$; 　　(2) $-x''+\dfrac{y''^2}{4}=1$;

(3) $y''^2+2x''=0$; 　　(4) $x''^2=-\dfrac{\sqrt{2}}{2}y''$.

6. $\begin{cases} x'=\dfrac{1}{5}(4x+3y-17), \\ y'=-\dfrac{1}{5}(3x-4y+6); \end{cases}$ 　　A 点新坐标为 $\left(-\dfrac{14}{5},-\dfrac{2}{5}\right)$

第五章　变换群与几何学

习　题　5-1

1. (1) $(5,-7),(5,2)$; 　　　(2) $\left(\dfrac{2}{3},\dfrac{19}{9}\right),\left(-\dfrac{1}{3},\dfrac{22}{9}\right)$

2. $\phi_1\phi:\begin{cases} x'=3x-4y+8, \\ y'=7x-11y+24; \end{cases}$ $\phi_2\phi_1:\begin{cases} x'=-5x+5y-7, \\ y'=4x-3y+4. \end{cases}$

3. (1) $\begin{cases} x'=\dfrac{1}{2}x+\dfrac{\sqrt{3}}{2}y+1+\dfrac{\sqrt{3}}{2}, \\ y'=-\dfrac{\sqrt{3}}{2}x+\dfrac{1}{2}y+\dfrac{1}{2}-\sqrt{3}; \end{cases}$ 　(2) $\begin{cases} x'=5x-3y+8, \\ y'=-3x+2y-3. \end{cases}$

4. $x'\cos\theta + y'\sin\theta - p = 0$.

习 题 5-3

1. 提示: 用正交变换的定义.

2. $(1-\sqrt{3})x + (1+\sqrt{3})y + 4\sqrt{3} - 6 = 0$.

3. 提示: 由正交变换的定义及相关性质得证.

4. $y'^2 - x'^2 = a^2$.

习 题 5-4

1. $\begin{cases} x' = 2x + y - 2 \\ y' = -x + 2y + 1 \end{cases}$ 且 $K = \begin{vmatrix} 2 & 1 \\ -1 & 2 \end{vmatrix} \neq 0$.

2. $(4, 3)$.

3. (1) $(5, -7)$, $(5, 2)$, $(19, -18)$;   (2) $\left(\frac{2}{3}, \frac{19}{9}\right), \left(\frac{7}{3}, \frac{20}{9}\right), \left(-\frac{1}{3}, \frac{10}{9}\right)$;

(3) $10x + 7y + 35 = 0$;   (4) $5x - 12y + 26 = 0$.

4. $\begin{cases} x = \frac{1}{25}(3x' + 4y' + 12), \\ y = \frac{1}{25}(4x' - 3y' + 66). \end{cases}$

5. (1) $\frac{(x'-3)^2}{2^2} + \frac{(y'+2)^2}{3^2} = 1$;   (2) $(x'-5)^2 = -2(y'-3)$;

(3) $x'^2 - (y'-1)^2 = 12$.

6. $(ABP) = -1$.

10. (1) 二重点为 $(-6, -8)$, 无二重直线;

(2) 二重直线为 $x+y+1=0$, 该直线上所有点都为二重点.

11. $T_2T_1: \begin{cases} x'' = 3x + 2, \\ y'' = 3x + y - 1 \end{cases}$ 且 $K = \begin{vmatrix} 3 & 0 \\ 3 & 1 \end{vmatrix} = 3 \neq 0$;

$T_1T_2: \begin{cases} x'' = 3x + 2, \\ y'' = x + y - 3 \end{cases}$ 且 $K = \begin{vmatrix} 3 & 0 \\ 1 & 1 \end{vmatrix} = 3 \neq 0$

13. 仿射性质: (2), (3), (4), (7), (9);

度量性质: (1), (5), (6), (8), (10), (11), (12).

习 题 5-5

1. $A(1,0,1), B(1,2,1), C\left(-\dfrac{1}{3}, \dfrac{1}{2}, 1\right), D(0,0,1), E(1,0,1)$.

2. $(1, k, 0)$

3. $\left(1, \dfrac{1}{4}, 0\right)$

4. (1) $x_1 - 2x_2 - x_3 = 0$;　　　(2) $3x_1 - 2x_2 = 0$;　　　(3) $x_2 - kx_3 = 0$; (4) $x_1 - x_3 = 0$.

5. (1) $y + 1 = 0$;　　　(2) $x + 2y - 1 = 0$;　　　(3) $x - 1 = 0$.

6. (1) $u_2 = 0$;　　　(2) $u_1 - \dfrac{1}{2} u_2 = 0$;　　　(3) $2u_1 + 4u_2 - 3u_3 = 0$;

(4) $u_3 = 0$.

7. $x_1 + x_3 = 0$.

8. $(45,\ 31,\ -7)$

9. $2x_1 - x_2 + x_3 = 0$.

10. (2) $26x_1 - 5x_2 + 2x_3 = 0$;　　　(3) $\lambda = -\dfrac{2}{3}$.

11. (1) 点$(0, 1, 0)$;　　　(2) 点$(1, 0, -1)$;

(3) 点$(1, -1, 0)$及$(1, -4, 0)$;　　　(4) 直线$(0, 1, 0)$;

(5) 直线$(0, 1, -1)$;　　　(6) 直线$(1, -1, 0)$及$(1, -4, 0)$.

12. $\left(1, -\dfrac{1}{3}, 1\right)$.

14. 提示: 将线束 $A(BD, CE)$ 转化为点列来证明, 利用对偶原则.